U0150020

江苏省高等学校重点教材（编号：2021-114）
普通高等教育人工智能专业系列教材

大数据技术导论

第2版

主编　程显毅　任越美
参编　曲豫宾　孙丽丽　陈伏兵　蔡艳婧　朱　敏

机械工业出版社

本书以面向应用、面向实战为指导思想，紧扣企业技术人才培养的特点，在知识点讲解和实验中避免复杂的理论，使读者能够快速上手，感受大数据处理的魅力，以激发读者的学习兴趣。

本书覆盖了大数据生命周期的主要技术要点。全书共 8 章，第 1 章介绍了大数据的产生、特点、价值、产业、思维等，第 2 章介绍了大数据生态，第 3～7 章按照大数据的生命周期，分别介绍了大数据采集与预处理、大数据管理、数据可视化、大数据分析、大数据应用的基本原理和方法，第 8 章介绍了大数据安全面临的挑战。

本书可作为本科、高职院校大数据技术或数据科学及相关课程的参考书或教材，也可供数据科学相关技术人员阅读。

本书配有授课电子课件，需要的教师可登录 www.cmpedu.com 免费注册，审核通过后下载，或联系编辑索取（微信：15910938545，电话：010-88379739）。

图书在版编目（CIP）数据

大数据技术导论 / 程显毅，任越美主编. —2 版. —北京：机械工业出版社，2022.8（2024.7 重印）

普通高等教育人工智能专业系列教材

ISBN 978-7-111-71183-4

Ⅰ. ①大… Ⅱ. ①程… ②任… Ⅲ. ①数据处理-高等学校-教材

Ⅳ. ①TP274

中国版本图书馆 CIP 数据核字（2022）第 118870 号

机械工业出版社（北京市百万庄大街 22 号　邮政编码 100037）

策划编辑：汤　枫　　责任编辑：汤　枫　解　芳

责任校对：张艳霞　　责任印制：单爱军

北京虎彩文化传播有限公司印刷

2024 年 7 月第 2 版 • 第 5 次印刷

184mm×260mm • 13.25 印张 • 326 千字

标准书号：ISBN 978-7-111-71183-4

定价：55.00 元

第 2 版前言

党的二十大报告着重总结了过去五年的历史成就，勾画了未来中国经济和社会发展前进的方向：“建设现代化产业体系。坚持把发展经济的着力点放在实体经济上，推进新型工业化，加快建设制造强国、质量强国、航天强国、交通强国、网络强国、数字中国”。数字中国是数字时代国家信息化发展的新战略，是驱动引领经济高质量发展的新动力，涵盖经济、政治、文化、社会、生态等各领域信息化建设，涉及千行百业。构建以大数据为关键要素的数字经济，推动实体经济和数字经济融合发展，是建设数字中国的核心要点。在此纲领指导下，本书强调导方法、导思维、导意识和导职业，弱化导技术，目的是把大数据思维、应用传递到想实践大数据的读者手中，将注意力完全集中在用大数据技术解决实际问题上，这样可以用最少的时间、最快的速度部署大数据应用项目。

本版在第 1 版的基础上做了以下修订。

1）导思维。以往的“导论”教材或者过于注重导“专业技术”，或者把教材作为科普。本次修订的原则以导思维为主线，让读者从大数据思维中理解大数据生态。

2）导前沿。大数据是一门日新月异的技术，通过导论让读者理解大数据演变的规律，这样读者在今后学习、创新、创业中才不会迷失方向。

3）重体验。本书以实践为主，将增强体验感放在首位，这样可以增强读者学习的信心。

4）书证融通。在国家大力推动“1+X”证书实施的背景下，出现了考证内容和上课内容分离的情况，增加了读者的学习成本，本书对应“大数据运维师”证书，所以，修订内容以国家“大数据运维师”（初级）大纲为根本，调整教学内容，增加自测题目，便于读者应对“大数据运维师”考证。

5）考虑到有的读者没有语言基础，将编程部分由第 1 版 R 语言修改为 Excel。实验平台使用开源的章鱼大数据云平台，其稳定、免费，方便教学和读者体验。

6）融入了一些课程思政元素。针对大数据技术导论课程具有用数据讲故事的特点，讲好与思政有关的数据故事，既能学习专业知识，又能将思政元素融入课程中，让读者潜移默化接受家国情怀的熏陶。

全书由程显毅统稿，参加编写和资料整理的人员还包括任越美、曲豫宾、孙丽丽、陈伏兵、蔡艳婧、朱敏。

本书得到了江苏省自然基金（21KJB520001）和 2021 年江苏省高等学校重点教材项目的资助。

由于编者经验和水平有限，书中难免存在不足之处，希望广大读者批评指正。

编　者

第 1 版前言

“大数据”已经成为近年来备受关注的热词，越来越多的人逐渐认识到，大数据将是新一轮产业革命的新动力、新引擎。相关报告预计未来 5 年，大数据或者数据工作者的岗位需求将激增，其中大数据分析师的缺口在 140 万～190 万。但大数据人才培养以及数据科学研究似乎远未做好准备。据教育部公布数据显示：继 2016 年北京大学、中南大学、对外经贸大学首批设立大数据相关学科后，2017 年中国人民大学、北京邮电大学、复旦大学等 32 所高校成为第二批成功申请“数据科学与大数据技术”本科新专业的高校。2018 年新增“数据科学与大数据技术”专业的高校达 248 所，2019 年又新增 406 所高校开设“数据科学与大数据技术”专业。

“大数据技术导论”是“数据科学与大数据技术”专业必修的第一门专业基础课，本书的宗旨是导知识、导方法、导思维、导意识和导职业，而不是导技术。目的是把大数据思维、原理传递到想实践大数据的读者手中，而不是让读者掌握大数据深奥的数学理论和复杂的环境搭建细节。因此，本书重点是在已搭建好的大数据平台下，实施大数据应用方案，注意力完全集中在能有效工作的大数据技术应用上，这样可以用最少的时间、最快的速度消化和部署大数据应用项目。

本书具有以下特点：

1）让读者从实践中学习大数据思维、原理和方法。书中给出了大量的故事和实验指导案例，指导读者一步一步迈向大数据世界。

2）学习大数据不需要很深的数学基础。无论你是谁，无论你来自哪里，无论你的受教育背景如何，都有能力使用书中提供的方法，解决大数据应用问题。

3）每一章都提供了一定数量的习题，用于检查学习效果。

4）为了减轻读者对编程基础的依赖，使文科专业也能学习大数据，本书采用 R 语言作为编程环境。

5）大数据生态环境 Hadoop 采用集群安装，实验更接近实际应用。

6）不仅理工科学生要掌握大数据技术，非理工科的学生也要掌握最基本的大数据技术，本书适合各类专业学习大数据技术。

由于大数据领域发展迅猛，对许多问题编者并未做深入研究，一些有价值的新内容也来不及收入本书。加上编者知识水平和实践经验有限，书中难免存在不足之处，敬请读者批评指正。

编　者

目　录

第1章　绪　　论

大数据作为继云计算、物联网之后 IT 领域又一个颠覆性的理念，备受人们的关注。大数据已经渗透到各行各业众多领域，对人类的社会生产和生活产生重大而深远的影响。那么大数据是如何产生的？什么是大数据？大数据能做什么？本章将回答这些问题。

1.1　认识大数据

1.1.1　大数据产生的历史必然

1．数据产生方式的变革促成大数据时代的来临

数据产生方式经历了被动产生→主动产生→自动产生三个阶段（见图 1.1）。

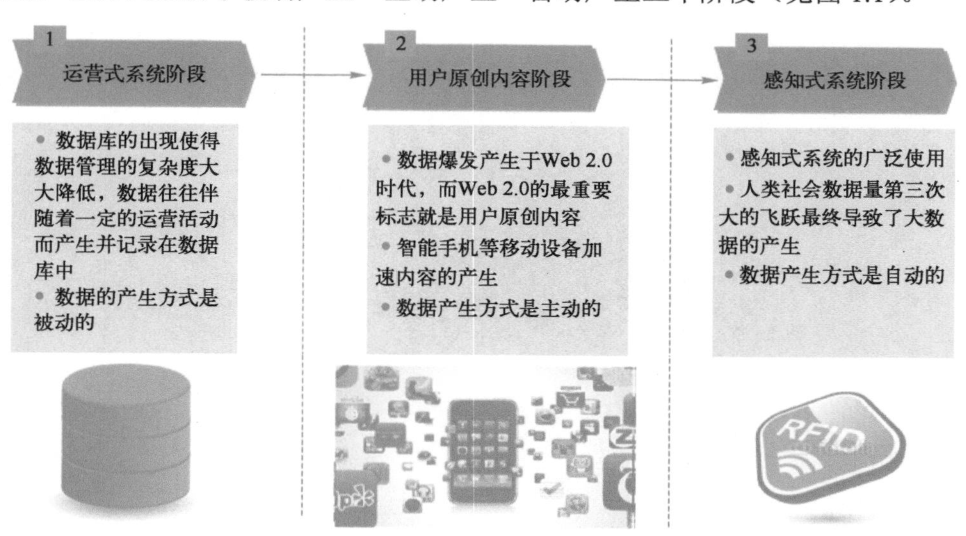

图 1.1　数据产生方式的三个阶段

2．云计算是大数据诞生的前提和必要条件

在云计算出现之前，传统的计算机无法处理如此大量的“非结构数据”。以云计算为基础的信息存储、分享和挖掘手段，可以低成本、有效地将这些大量、快速变化的数据存储下来，并实时进行分析与计算。云计算转变了数据的服务方式。图 1.2 给出了云计算的发展历程。

因此，大数据的出现是历史的必然，它必将为全人类的生产生活方式带来一次深刻的变革。

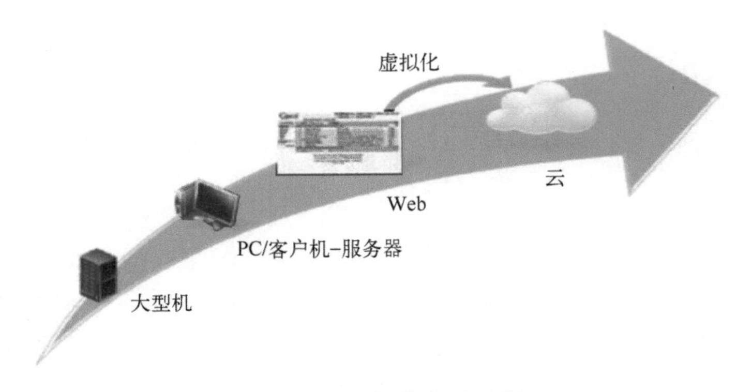

图 1.2　云计算的发展历程

1.1.2　大数据概念和特征

大数据（Big Data）指无法在一定时间范围内用常规软件工具进行捕捉、管理和处理的数据集合。

大数据具有 4V 特征，如图 1.3 所示。

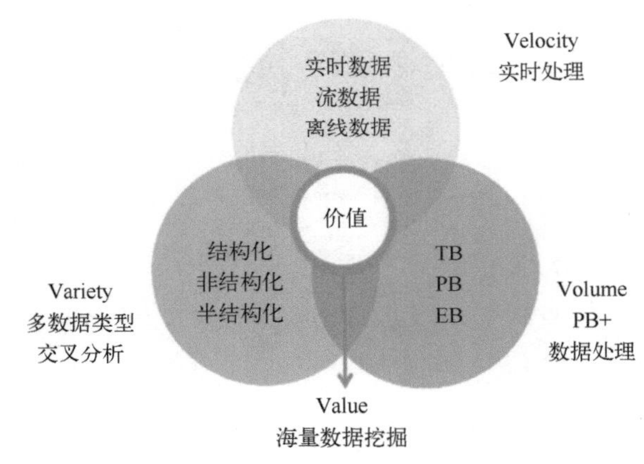

图 1.3　大数据 4V 特征

几点说明如下。

1）数据度量的最小单位是 bit，1B=8bit，1KB=1024B，按从小到大的顺序给出常用度量单位：bit、B、KB、MB、GB、TB、PB、EB、ZB、YB、BB、NB、DB。从 KB 开始它们按照进率 1024 来计算。

为了让读者理解数据量有多大，用图 1.4 示例（来自 Domo 的年度信息图）来说明互联网 1min 内正在进行的活动量以及用户生成的数据量。

以下是 1min 内发生的事情的一些关键数据。

亚马逊用户花费 283000 美元。

1200 万人发送信息。

600 万人在线购物。

Slack 用户发送 148000 条消息。

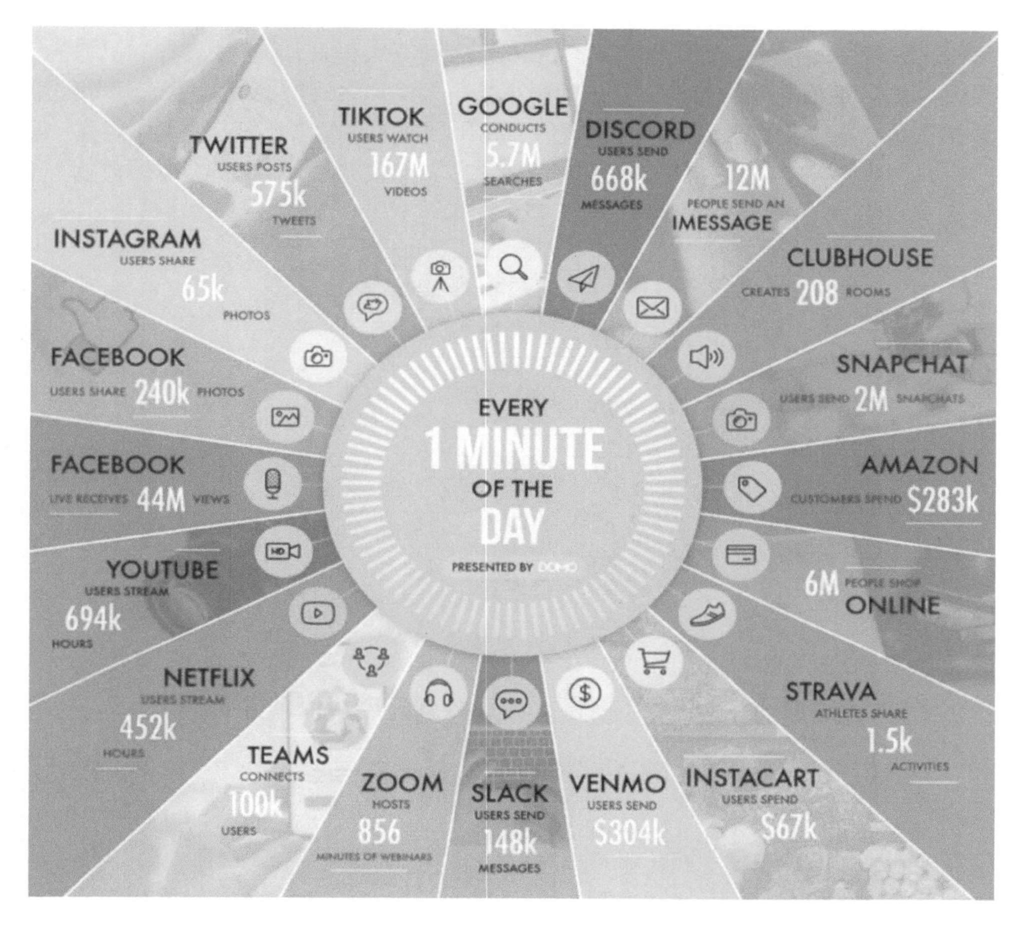

图 1.4　互联网每分钟产生的数据量

Microsoft Teams 连接 100000 名用户。

YouTube 用户播放了 694000 个视频。

Facebook Live 获得 4400 万次观看。

Instagram 用户分享了 65000 张照片。

TikTok 用户观看了 1.67 亿个视频。

从这些数据可以看到，大型科技公司对人们的生活有着相当大的影响。

以下是 1min 内科技巨头赚钱的一些关键数据。

亚马逊每分钟收入 955517 美元。

苹果每分钟收入 848090 美元。

Alphabet（谷歌）每分钟收入 433014 美元。

微软每分钟收入 27823 美元。

Facebook 每分钟收入 213628 美元。

特斯拉每分钟收入 81766 美元。

奈飞每分钟收入 50566 美元。

2021 年互联网用户总数增长了 5 亿，比 2020 年的 45 亿增长了大约 11%，即每分钟增加 950 名新用户。

从长远来看，随着基础设施的完善，新兴市场中某些地区的网民数量将更加快速增长。可以预期未来的数据会变得更加惊人，之后可能需要用秒作为单位来计算互联网上发生的事情。

2）数据种类多种多样，可分为结构化数据、半结构化数据和非结构化数据。其中，75%的数据是非结构化数据（见图 1.5）。

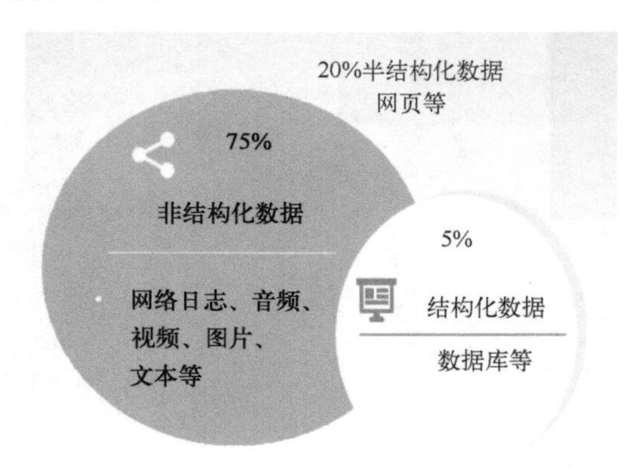

图 1.5　数据种类

3）速度快，包括产生速度快（见图 1.6）和处理速度快两个方面。

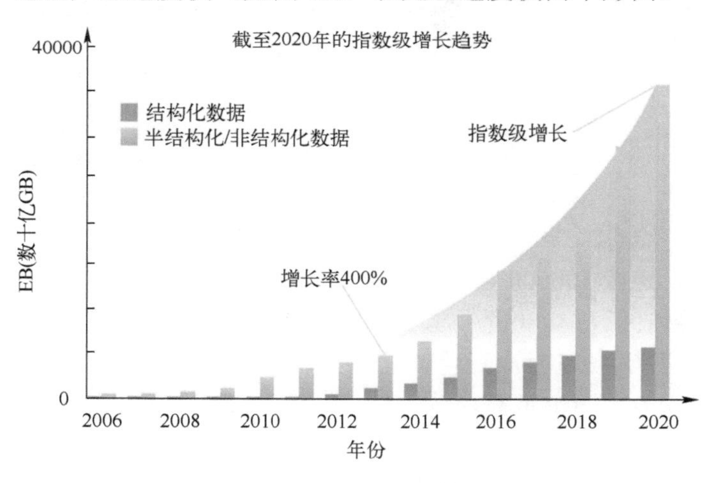

图 1.6　数据的增长速度

4）价值是指洞察数据后得到的结论和决策建议，或者是对数据的解释。价值密度稀疏，隐藏较深，需要专门的工具和技术来挖掘。

1.1.3　大数据生命周期

大数据采集、存储、处理、解释和应用形成了大数据生命周期，如图 1.7 所示。

1）数据采集：对分布的异构数据源中的数据进行清洗、转换、集成，最后加载到数据仓库中，成为专家数据。

2）数据存储：数据存储的类型有多种，如关系型数据库 SQL、非关系型数据库 NoSQL、分布式数据库 NewSQL 等。

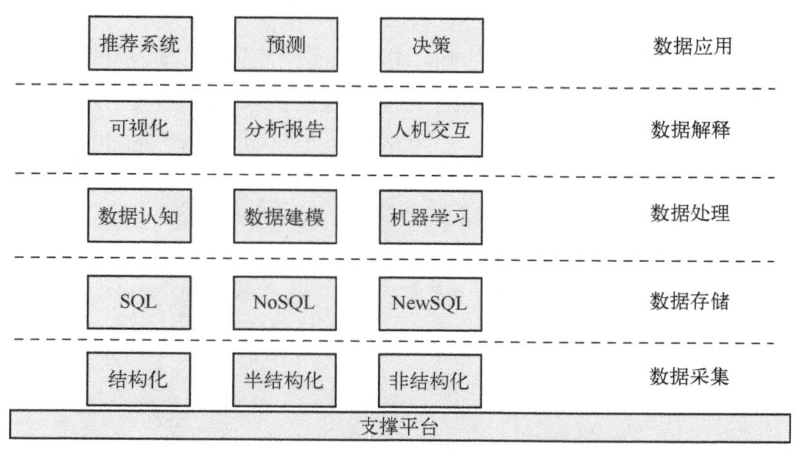

图 1.7 大数据生命周期

3）数据处理：数据认知包括统计分析、分布分析、相关分析、主成分分析等。数据建模包括回归分析、因子分析、聚类分析、关联分析等。数据处理是大数据生命周期最重要的阶段。

4）数据解释：包括可视化、分析报告和人机交互等。

5）数据应用：指数据价值的落地，包括推荐系统、预测、决策等。

表 1.1 给出了大数据生命周期各个阶段的产品。

表 1.1 大数据生命周期各个阶段的产品

类别		产品
支撑平台	本地	Hadoop、MapR、Hortonworks
	云端	Gloudera、AWS、Google Compute Engine
数据采集	日志采集	Flume
	数据迁移	Sqoop
数据存储	关系型数据库 SQL	Greenplum、Aster Data、Vertica
	非关系型数据库 NoSQL	云数据库：DataStore
		键值对数据库：Redis
		文档数据库：MongoDB
		图数据库：Neo4j、GraphDB
		列式数据库：HBase
	分布式数据库 NewSQL	AmazonDB、Azure、Spanner、VoltDB
数据处理	数据仓库	Hive
	批模式	MapReduce、Spark
	流模式	Storm、Kafka、Spark
	图模式	GraphX、Pregel
	查询分析模式	Hive
	机器学习	Mahout、Weka、R、Python
数据解释	可视化	Tableau、R
	数据分析报告	RMarkdown

1.1.4 大数据、物联网与云计算之间的关系

物联网、云计算和大数据三者互为基础，相互促进，三者可视为一个整体（见图 1.8）。物联网将物品和互联网连接起来，进行信息交换和通信，以实现智能化识别、定位、跟踪、监控和管理，这个过程会产生大量数据，云计算可以处理物联网产生的海量数据。

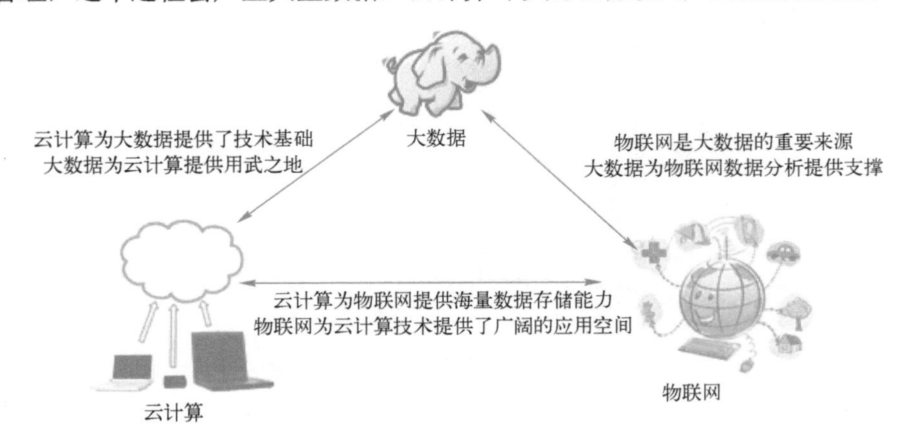

图 1.8 云计算、大数据与物联网之间的关系

1.2 大数据时代带来的变化

1.2.1 决策方式

传统科学思维中，决策制定往往是“目标”驱动的。然而，大数据时代出现了另一种决策方式，即数据驱动型决策，数据成为决策制定的主要“触发条件”和“重要依据”。以天气预测为例，假如现在需要预测某天某地的天气如何，这个时候如果不掌握任何数据，只能像抛硬币一样进行猜测，也就是说预测对的可能性是 50%。但如果知道前一天是晴天，那么结果是晴天的可能性就大一些。如果又知道大气云层、空气湿度、气温、风速等情况，就能更加准确地做出预测。在这个过程中，掌握的数据越多，做出的决策也就更准确。

1.2.2 计算方式

“只要拥有足够多的数据，我们可以变得更聪明”是大数据时代的一个新认知。因此，在大数据时代，原本复杂的“智能问题”变成了简单的“数据问题”——只要对大数据进行简单分析就可以达到“基于复杂算法的智能计算的效果”。为此，很多学者曾讨论过一个重要话题——“大数据时代需要的是更多数据还是更好的模型”。机器翻译是传统自然语言技术领域的难点，虽曾提出过很多种“算法”，但应用效果并不理想。近年来，Google 翻译不再仅靠复杂算法进行翻译，而是采用对它们之前收集的跨语言语料库进行简单分析的方式，提升了机器翻译的效果和效率。

2007 年，图灵奖获得者 Jim Gray 提出了科学研究的第四范式——数据科学。在他看来，人类科学研究活动已经历过三种范式的演变过程（早期的“实验科学范式”、以模型和归纳为特征的“理论科学范式”和以模拟仿真为特征的“计算科学范式”），目前正在从“计算科学范式”转向“数据科学范式”，即第四范式。

1.2.3 思维方式

1. 什么是思维

思维是思维主体处理信息及意识的活动。思维作为一种心理现象，是认识世界的一种高级反映形式。具体地说，思维（Thinking）是人脑对客观事物的一种概括的、间接的反映，它反映了客观事物的本质和规律。语言是思维活动的工具。

思维有多种类型。按照思维的维度，思维可分为横向思维、纵向思维、发散思维、收敛思维等；按照思维的抽象程度，思维可分为直观行动思维、具体形象思维和抽象逻辑思维；按照思维的形成和应用领域，思维可分为科学思维与日常思维。一般来说，科学思维比日常思维更具有严谨性与科学性。

2. 科学思维

科学思维通常是指理性认识及其过程，即对感性阶段获得的大量材料进行整理和改造，形成概念、判断和推理，以便反映事物的本质和规律。科学思维的主要表现有以下几个方面。

（1）理性思维

人的认识可分为感性认识和理性认识，感性认识与人的直觉思维相联系，理性认识则与人的理性思维相关联。感性认识是理性认识的基础，理性认识是感性认识的深化。作为科学思维的表现方式之一的理性思维，其主要意义在于为认识主体认识客观事物的内在规律和本质提供手段。

（2）逻辑思维

逻辑思维是人类特有的一种思维方式，它是利用逻辑工具对思维内容进行抽象的思维活动。逻辑思维过程得以形式化、规则化和通用化，就是要求创造出与科学相适应的科学逻辑，如形式逻辑、数理逻辑和辩证逻辑等。

（3）系统思维

系统思维是指考虑到客体联系的普遍性和整体性，认识主体在认识客体的过程中，将客体视为一个相互联系的系统，以系统的观点来考查研究客体，并主要从系统的各个要素之间的联系、系统与环境的相互作用综合地考查客体的认识心理过程。

（4）创造性思维

创造性思维是指在科学研究过程中，形成一种不受或较少受传统思维和范式的束缚，超越常规思维、构筑新意、独树一帜、捕捉灵感或相信直觉，用以实现科学研究突破的一种思维方式。科学思维不仅是一切科学研究和技术发展的起点，而且始终贯穿科学研究和技术发展的全过程，是创新的灵魂。

3. 大数据思维

数据思维注重事物间的相关关系；科学思维注重事物间的因果关系。

舍恩伯格在《大数据时代：生活、工作与思维的大变革》中最具洞见之处在于，他明确指出，大数据时代最大的转变就是放弃对因果关系的渴求，而取而代之关注相关关系。也就是说，只要知道“是什么”，而不需要知道“为什么”。有人说，这颠覆了千百年来人类的思维惯例，对人类的认知和与世界交流的方式提出了全新的挑战。

大数据思维可更进一步细分为整体思维、相关思维、容错思维等。

（1）整体思维

整体思维就是根据全部样本得到的结论，即“样本=总体”。因为大数据是建立在掌握所有数据（至少是尽可能多的数据）的基础上的，所以整体思维可以正确地考查细节并进行新的分析。如果数据足够多，它会让人们觉得有足够的能力把握未来，从而做出自己的决定。

结论：从抽样中得到的结论总是有水分的，而根据全部样本得到的结论水分就很少，数据越大，真实性也就越高。

启示：理解整体思维源自量变到质变。大事业都是从点滴小事积累起来的。

大数据启示 1

（2）相关思维

相关思维要求人们只需要知道是什么，而不需要知道为什么。在这个充满不确定的时代里，可能等我们找到准确的因果关系再去办事时，这个事情早已经不值得办了。所以，有时社会需要放弃它对因果关系的渴求，而仅需关注相关关系。

结论：为了得到即时信息、实时预测，寻找到相关性信息比寻找因果关系信息更重要。

启示：理解相关思维源自善于抓住机遇，良机只有一次，错过就不再来。

大数据启示 2

（3）容错思维

实践表明，只有 5%的数据是结构化且适用于传统数据库的。如果不接受容错思维，剩下 95%的非结构化数据都将无法被利用。

对小数据而言，因为收集的信息量比较少，必须确保记下来的数据尽量精确。然而，在大数据时代，放松了容错的标准，人们可以利用这 95%数据做更多新的事情，当然，数据不可能完全错误。

结论：容错思维让人们可以利用 95%的非结构化数据，帮助人们进一步接近事实的真相。

启示：理解容错思维源自上善若水。学习别人的优点，完善自身。

大数据启示 3

1.3 大数据价值

在大数据时代，数据不仅是一种“资源”，更是一种重要的“资产”，因为“资产”才能体现价值。从企业角度看，价值来自三个方面：增加额外收入、减少支出、降低风险。

1.3.1 增加额外收入

一个数据产品能否帮助客户增加额外收入是判断数据价值的金标准。请注意，这里的关键词是“额外”。这里举两个例子。

1）客户是卖豆浆的，以前没有你的数据分析，他每天卖 100 碗。后来有了数据分析，每天卖多少？还是 100 碗。那价值在哪里？相反，如果客户开始每天销售豆浆 150 碗，那么价值就体现出来了。这个价值便是那额外的 50 碗豆浆。

2）个性化推荐。客户是一个电商网站，他的主页上有一个推荐栏。过去这个推荐栏的转化率是 2%。但是，通过数据分析，可以把推荐栏的转化率提高到 5%，直接大幅度提高了客户的销售收入。

1.3.2 减少支出

如果数据产品不能给客户增加收入，但是有可能给客户节约不必要的支出，也就是降低成本。这样更好，因为收入的增加往往具有很强的不确定性，但是成本的控制相对而言却可以做到非常准确。

假如超市现有 100 个收银员，但是通过技术改造、数据分析、合理排班，发现 20 个收银员就可以满足需求，直接节省了 80 个人工成本，这是非常确定的事情。

支出包括方方面面，如原材料、工资、办公场地、营销活动等。收入减去支出，就是利润。

1.3.3 降低风险

如果数据产品第一不能直接增加收入，第二不能直接节省成本，但是可以控制风险。这样的数据有商业价值吗？当然有。事实上，风险就是连接收入和支出的一个转化器。对风险的把控，或者可以增加收入，或者可以降低成本。

看一个具体的例子。很多商业银行都有网上申请系统，允许用户通过互联网直接申请信用卡或其他金融信贷产品。为什么要在网上做？因为流量大、成本低、效率高，但缺点是风险比较大，有些线下才能提供的材料无法获得。因此，需要提高在线申请的门槛，降低通过率。这样做的优点是安全，把“坏人”拦在外面；缺点是错杀了很多“好人”。为什么错杀“好人”？这是因为不了解他们，缺乏信任，无法实现风险管控。如果能够为这家银行提供独特的数据和分析，帮助它更加准确地辨别线上申请者的个人诚信，银行便可以放心大胆地给更多的人发卡、放贷，进而增加收入。

这样的数据分析，是把对风险的把控转化为收入的提高。同时，因为风控做得好，所以坏账率就低，还节省了催收成本。对风险的把控，还可以转化为对支出的节省。

1.3.4 参照系

收入、支出和风险这三方面刻画数据价值是否就足够了？很遗憾，还不够。还缺少可以量化的参照系，那什么叫作可以量化的参照系？

看一个例子。如果给客户做一个客户流失预警模型，准确度为 75%。客户很不满意，认为准确度太差，连90%都不到。

这里的困难在于客户对预测精度没有一个合理的预期。为什么没有？因为他没有合理的参照系。在没有参照系的情况下，客户便认为 90%才优秀。那么应该怎么做？答案是应该给他建立一个合理的参照系。

为此，可以摸清楚客户在没有你的情况下，他自己能做多好？在你到来之前，客户自己是有流失预警得分的，这个得分准确度如何？

很多时候，客户自己都从来没有评价过。这时候，你可以说："之前的精度是 65%，已经做得非常不错了。但是，现在经过双方的共同努力，这个精度提高到了 75%。为此可以节省很多不必要的支出，或者增加多少额外的收入，等等。"

这样更有说服力。为什么更有说服力？因为确立了一个可以量化的参照系。而这个参照系就是客户现有的系统。如果没有这个参照系，而又想说明 75%的精度是有价值的，就会无比艰难。

1.4 大数据产业及岗位

大数据产业是以大数据生命周期为主的战略性新兴产业，是加快经济社会发展质量变革、效率变革、动力变革的重要引擎。

大数据产业包括数据资源建设，大数据软硬件产品开发、销售和租赁活动，以及相关信息技术服务。

1.4.1 大数据产业链条

大数据产业链条如图 1.9 所示，包含综合应用产业、基础支撑产业及数据服务产业三个方面。

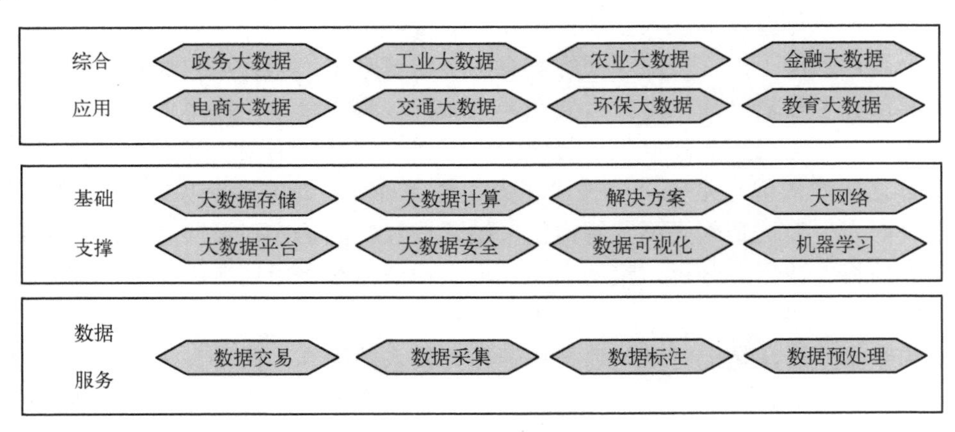

图 1.9　大数据产业链条

1）综合应用产业：在业务应用中产生大数据，并与行业资源相结合开展商业经营的企业，如百度、阿里、腾讯、中国移动等。

2）基础支撑产业：提供直接应用于大数据处理的软硬件、解决方案及其他工具的企业，如浪潮、华为等。

3）数据服务产业：以大数据为核心资源开展商业经营的企业，如数据堂、百分点、美林数据等。

1.4.2 大数据产业分析

1. 市场规模分析

2020—2025 年中国产业大数据市场规模预测如图 1.10 所示（数据由中国通信院前瞻产业研究院整理）。

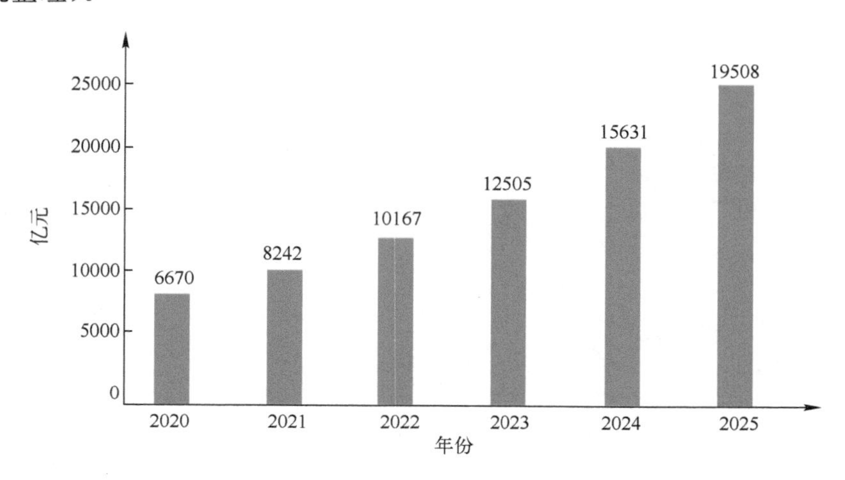

图 1.10 2020—2025 年中国产业大数据市场规模预测

2. 产业占比分析

2020 年我国产业大数据应用占比如图 1.11 所示（数据由中国通信院前瞻产业研究院整理）。

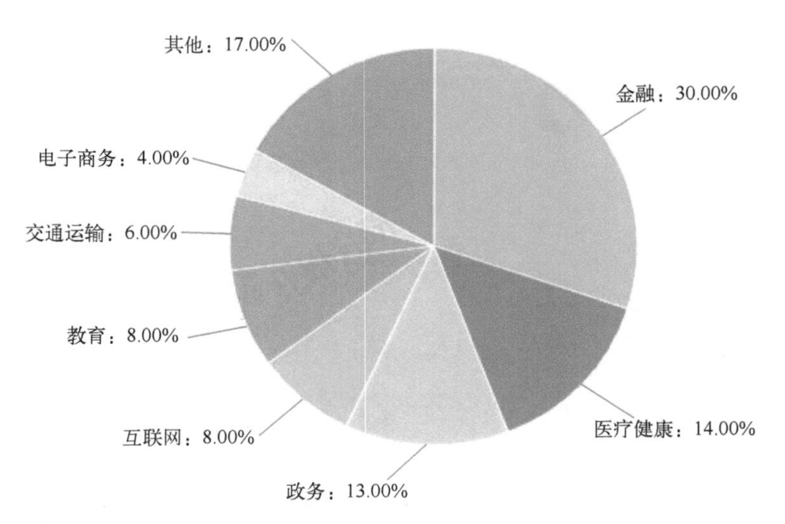

图 1.11 2020 年我国产业大数据应用占比分析

3．商业模式分析

大数据多元化商业模式如图 1.12 所示。

图 1.12　大数据多元化商业模式

1.4.3　大数据岗位

大数据岗位金字塔模型如图 1.13 所示。

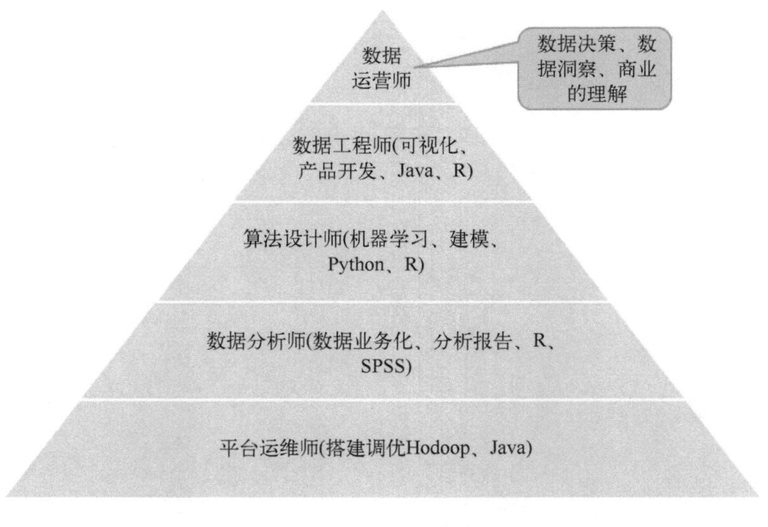

图 1.13　大数据岗位金字塔模型

1．平台运维师岗位职责

1）负责服务的稳定性，确保服务可以 7×24h 不间断地为用户提供服务。

2）负责维护并确保整个服务的高可用性，同时不断优化系统架构提升部署效率、提高资源利用率。

3）常用操作系统、应用软件及公司所开发的软件安装、调试、维护，还有少部分硬件、网络的工作。

4）现场软件应用培训。

5）协助项目验收。

2．数据分析师岗位职责

1）参与数据库建设和软硬件系统架构，负责数据库商业智能开发及沿革。

2）对会员数据进行分析关联，分析消费行为特征，提供相应的运营建议，增强会员黏性。

3）以数据为依托预制精准营销方案，对营销数据进行分析和评估，提供数据报表和改善建议，最终提升响应率和销售效率。

4）深入发掘业务需求，开发各类营销数据模型。

5）研究、创新、开发和实践新技术应用。

3．算法设计师岗位职责

1）负责大数据建模、算法设计及实现工作，并将研究成果形成应用，推进实际业务发展。

2）独立完成机器学习的模型构建、数据采集和整理、特征抽取以及各种代码编写，不仅能够完成离线的模型训练，而且能够完成线上数据收集、模型部署和系统维护。

3）负责大数据算法框架体系架构设计和相关技术路线规划。

4）并行算法的设计和实现、调试和优化。

5）跨团队/部门协作，系统分析并解决各类大数据平台相关的运行或数据问题。

4．数据工程师岗位职责

1）根据业务状况构建数据仓库体系和数据指标体系。

2）沉淀算法和数据分析思路，提炼数据产品需求，协作并推动数据产品的落地。

3）与相关团队协作进行数据建模工作，推动业务部门的数据化运营。

5．数据运营师岗位职责

1）制定面向产品的数据设计规范和流程，制定数据设计所需的各种文档模板。

2）负责数据仓库建模、数据库优化、数据部署、数据抽取、ETL 的设计，编写专业的系统设计文档。

3）对于 IT 系统应对大数据量和大并发所要求的性能指标，从数据模型和部署等方面给出设计和持续的优化支持。

4）参与产品架构设计文档和详细设计文档的评审。

1.5 虚拟机

1.5.1 安装虚拟机

（1）下载虚拟机

首先访问官网地址 https://www.vmware.com/cn.html，如图 1.14 所示。注意：没有账

号必须先注册才能下载。

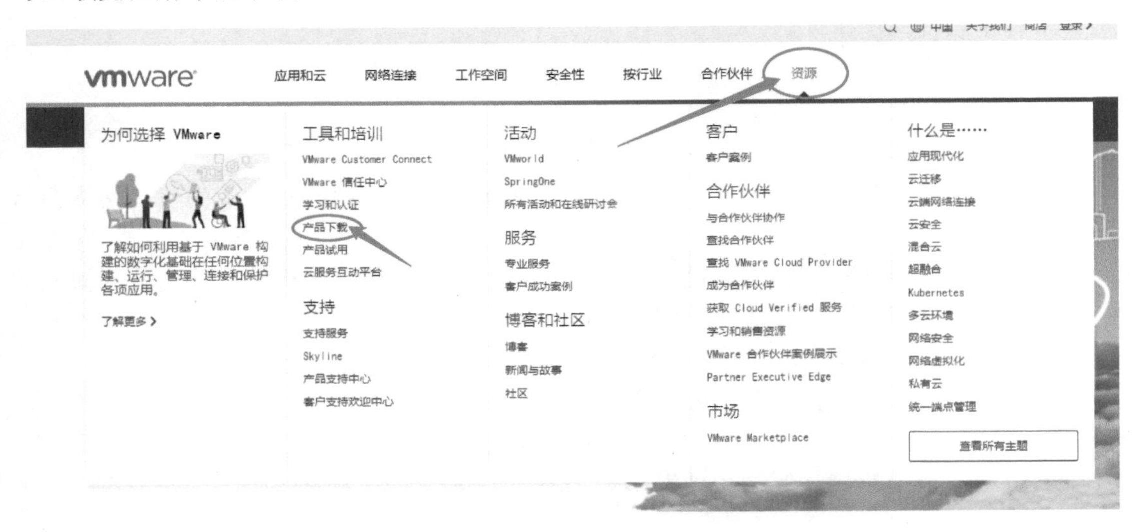

图 1.14　VMware 官网

进入产品选择页面，如图 1.15 所示。

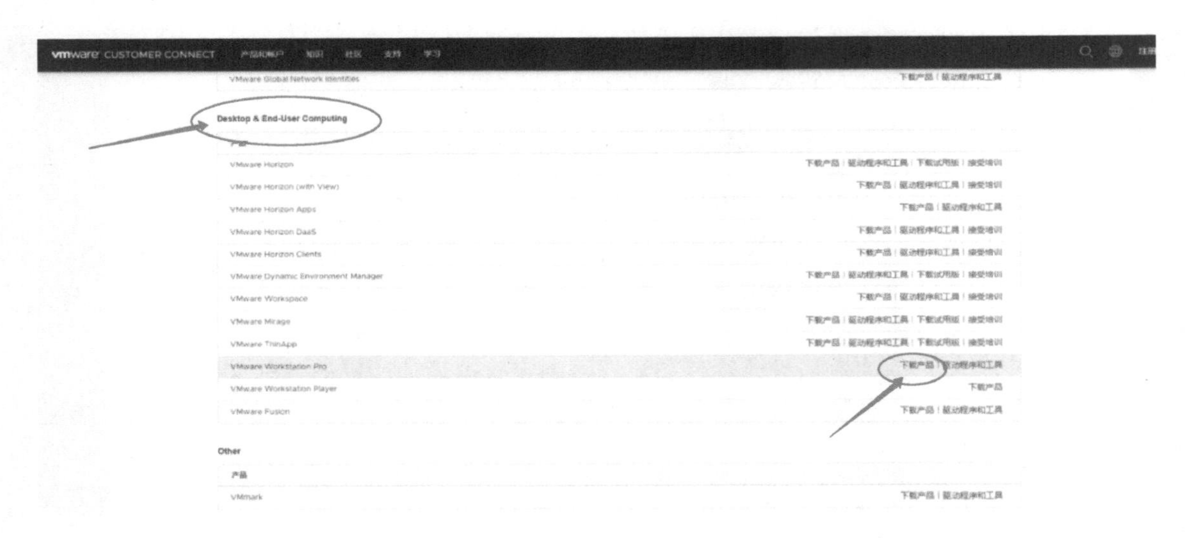

图 1.15　VMware 产品选择页面

选择版本，进入下载页面，如图 1.16 所示。

（2）虚拟机安装

打开下载好的 exe 文件，弹出安装界面，如图 1.17 所示。

单击“下一步”按钮，进入安装进程，如图 1.18 所示。

图 1.16　VMware 下载页面

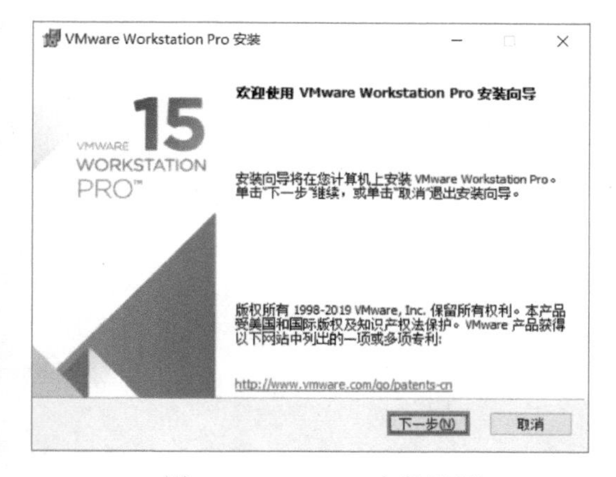

图 1.17　VMware 安装界面

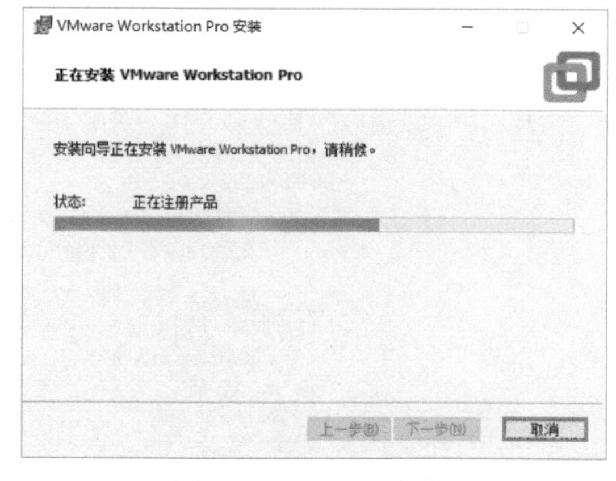

图 1.18　VMware 安装进程

1.5.2　安装 CentOS

（1）下载 CentOS

下载界面如图 1.19 所示。

Index of /centos/7.9.2009/isos/x86_64/

File Name ↓	File Size ↓
Parent directory/	-
0_README.txt	2.4 KiB
CentOS-7-x86_64-DVD-2009.iso	4.4 GiB
CentOS-7-x86_64-DVD-2009.torrent	176.1 KiB
CentOS-7-x86_64-Everything-2009.iso	9.5 GiB

图 1.19　CentOS 下载界面

（2）CentOS 安装

第 1 步：创建虚拟机，选择“自定义”安装，如图 1.20 所示。

图 1.20　创建虚拟机

第 2 步：选择操作系统和 CentOS 版本，如图 1.21 所示。

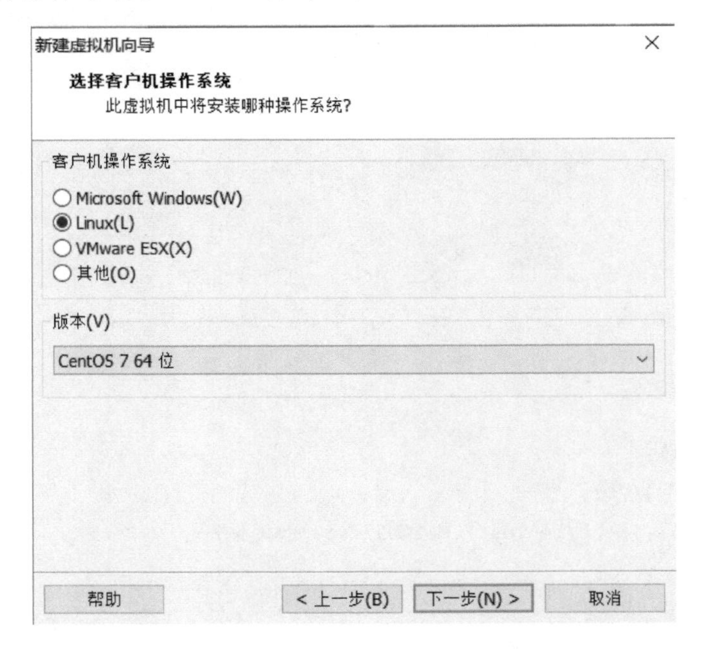

图 1.21　选择操作系统和 CentOS 版本

第 3 步：选择网络类型，如图 1.22 所示。

第 4 步：选择 I/O 控制器类型，如图 1.23 所示。

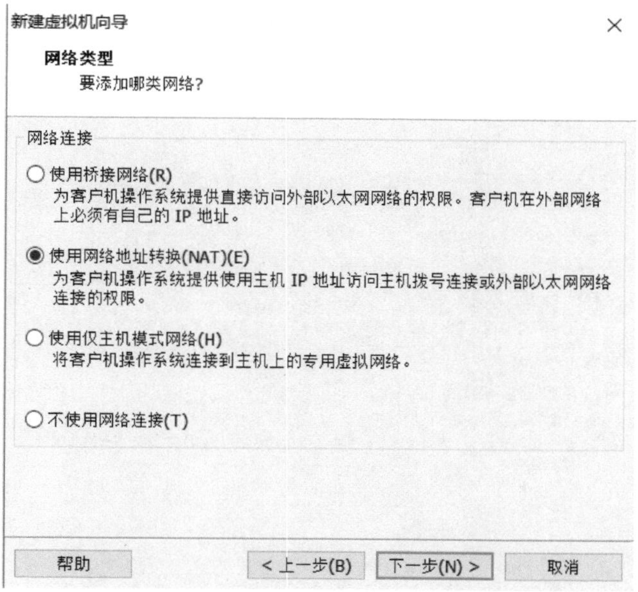

新建虚拟机向导
网络类型
要添加哪类网络?
网络连接
使用桥接网络(R)
为客户机操作系统提供直接访问外部以太网网络的权限。客户机在外部网络上必须有自己的 IP 地址。
使用网络地址转换(NAT)(E)
为客户机操作系统提供使用主机 IP 地址访问主机拨号连接或外部以太网网络连接的权限。
使用仅主机模式网络(H)
将客户机操作系统连接到主机上的专用虚拟网络。
不使用网络连接(T)
帮助
< 上一步(B)
下一步(N) >
取消

图 1.22　选择网络类型

新建虚拟机向导
选择 I/O 控制器类型
您希望将哪种 SCSI 控制器类型用于 SCSI 虚拟磁盘?
I/O 控制器类型
SCSI 控制器:
BusLogic(U)　(不适用于 64 位客户机)
LSI Logic(L)　(推荐)
LSI Logic SAS(S)
准虚拟化 SCSI(P)

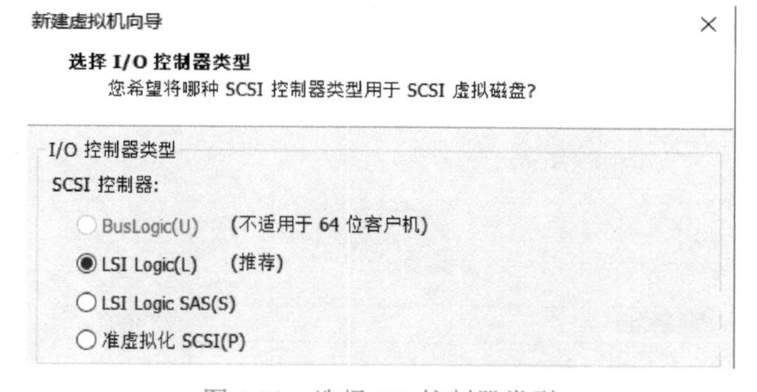

图 1.23　选择 I/O 控制器类型

第 5 步：选择创建新的磁盘，如图 1.24 所示。

新建虚拟机向导
选择磁盘
您要使用哪个磁盘?
磁盘
创建新虚拟磁盘(V)
虚拟磁盘由主机文件系统上的一个或多个文件组成，客户机操作系统会将其视为单个硬盘。虚拟磁盘可在一台主机上或多台主机之间轻松复制或移动。
使用现有虚拟磁盘(E)
选择此选项可重新使用以前配置的磁盘。
使用物理磁盘 (适用于高级用户)(P)
选择此选项可为虚拟机提供直接访问本地硬盘的权限。需要具有管理员特权。

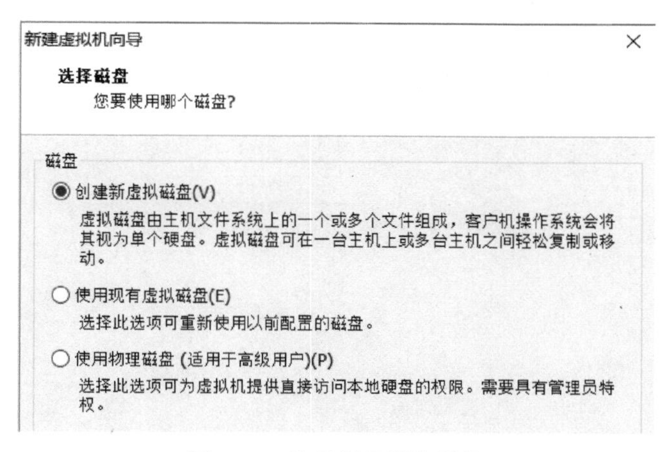

图 1.24　选择创建新的磁盘

第 6 步：指定磁盘容量和分配方式，如图 1.25 所示。

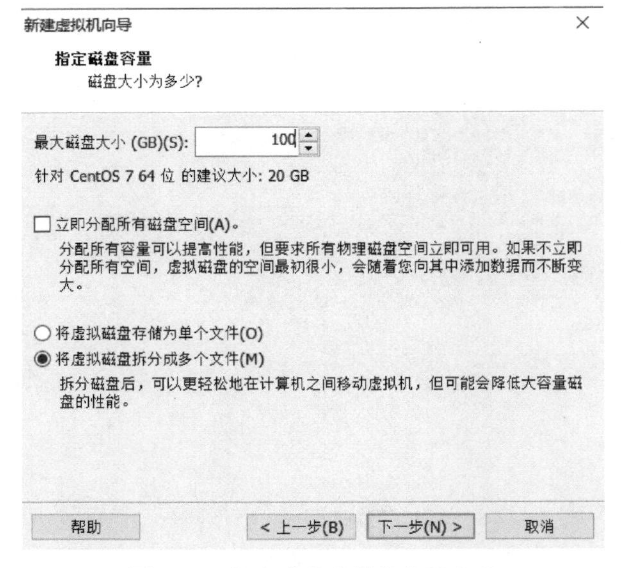

图 1.25　指定磁盘容量和分配方式

第 7 步：指定磁盘文件名称，如图 1.26 所示。

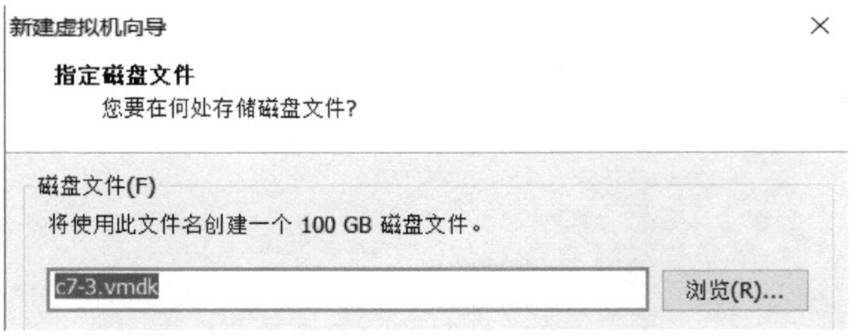

新建虚拟机向导

指定磁盘文件

您要在何处存储磁盘文件?

磁盘文件(F)

将使用此文件名创建一个 100 GB 磁盘文件。

c7-3.vmdk　浏览(R)...

图 1.26　指定磁盘文件名称

第 8 步：自定义硬件，选择安装光盘，如图 1.27 所示。

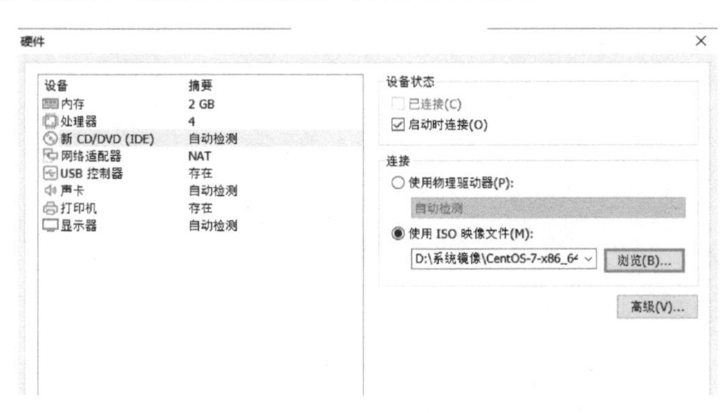

图 1.27　自定义硬件，选择安装光盘

第 9 步：开始安装，如图 1.28 所示。

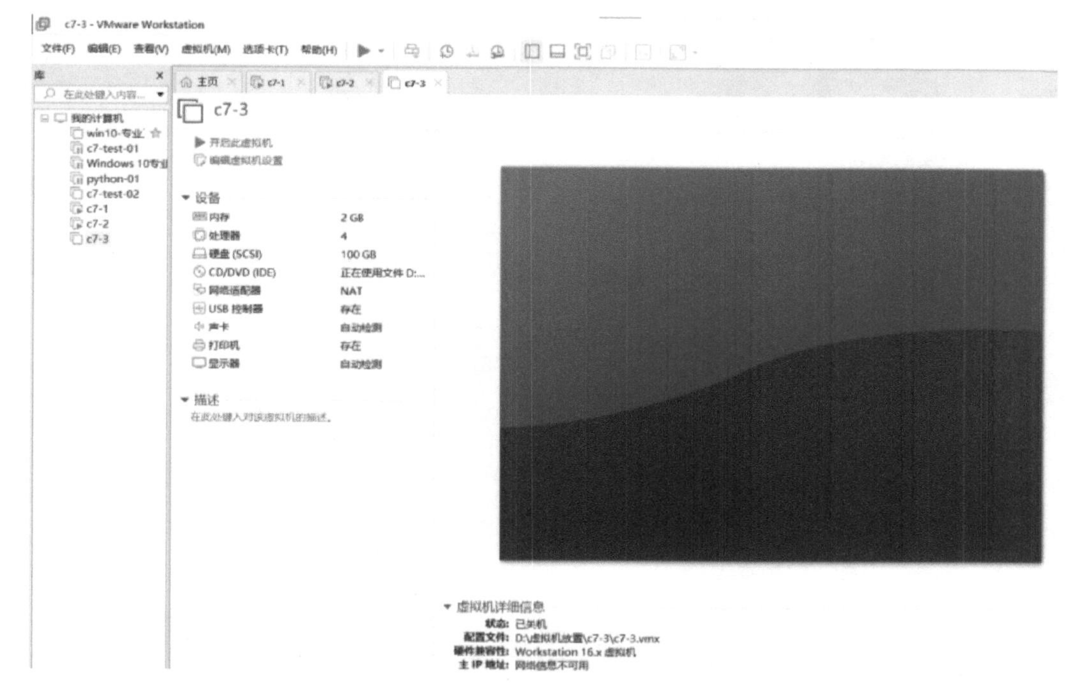

图 1.28　开始安装

单击“开启此虚拟机”，出现如图 1.29 所示的参数选择页面。

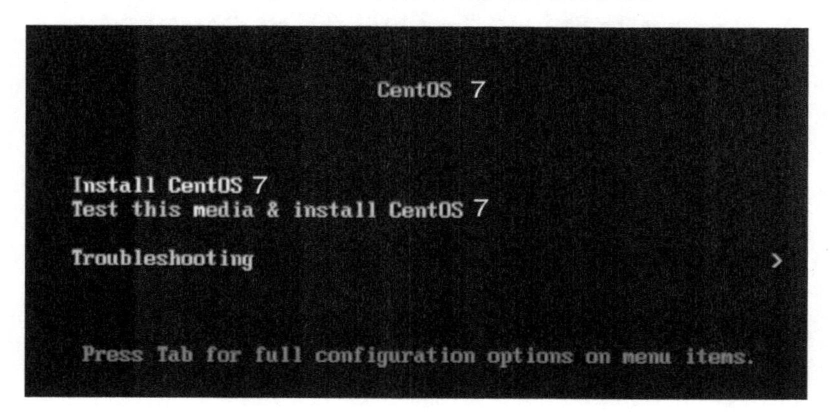

图 1.29　参数选择

默认是第二个，测试光盘镜像的完整性，不想测试则调整为直接安装（在虚拟机范围内单击光标就可以操作虚拟机，按上、下、左、右键调整，按〈Ctrl+Alt〉键光标跳出虚拟机）。

第 10 步：创建普通用户和密码，如图 1.30 所示。

这里要设置 ROOT 用户的密码并且创建一个普通用户，等待安装完成后显示要重启，单击 reboot，重启后同意许可证，单击完成配置，这样 CentOS 7 系统就安装完成了。

图 1.30　创建普通用户和密码

第 11 步：CentOS 7 安装完成测试，如图 1.31 所示。

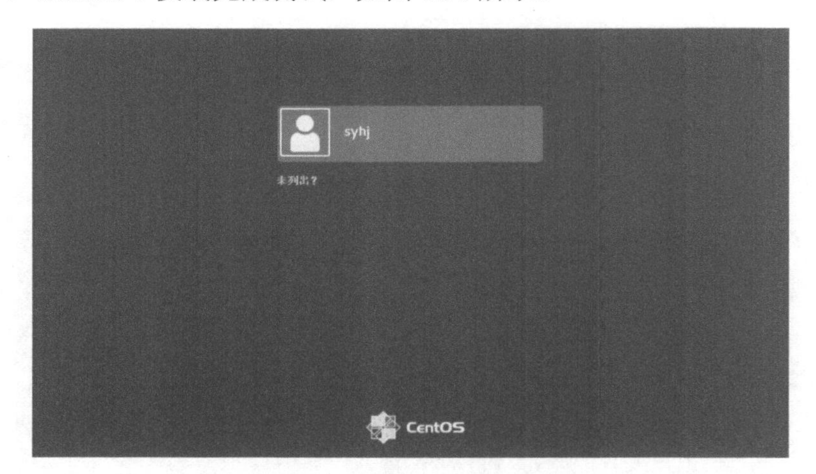

图 1.31　CentOS 7 安装完成测试

默认普通用户登录，可以切换 ROOT 用户登录。

1.5.3　安装虚拟机常见问题

1）is not in the sudoers file 解决方法。

答案：su。

2）安装火狐。

答案：yum -y install firefox

　　　重启即可。

3）启动图形界面。

答案：startx。

4）安装汉字包。

答案：su

yum install kde-l10n-Chinese 或 yum groupinstall "fonts"。

修改配置文件如图 1.32 所示。配置文件生效。

```
1  [root@centos ~]# vim /etc/locale.conf
2
3  LANG=zh_CN.gbk                                  //如果
```

图 1.32　配置文件

1.5.4　大数据实验平台概述

本书的实验环境使用开源的章鱼大数据云平台（https://www.ipieuvre.com）。注册账号，登录后选择课程，章鱼大数据实验平台首页如图 1.33 所示。

图 1.33　章鱼大数据实验平台首页

选择课程后，进入课程学习章节选择，如图 1.34 所示。

图 1.34　学习章节选择

单击 04 章节，显示该章节的任务说明和操作指导，如图 1.35 所示。

图 1.35 实验平台左侧是实验手册，右侧是虚拟机，单击“终端模拟器”就可以进行相应的实验了。

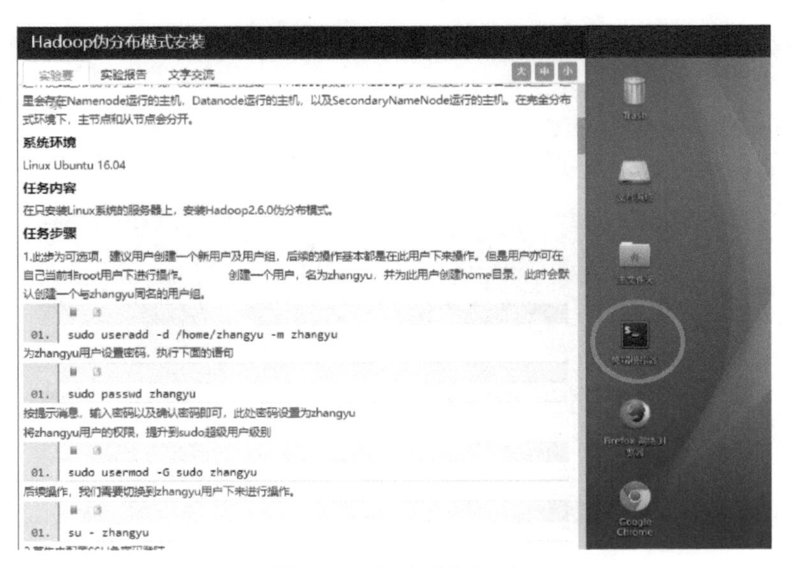

图 1.35 实验平台界面

1.6 Linux 操作系统

1.6.1 Linux 版本

在 Linux 系统各个发行版中，CentOS 系统和 Ubuntu 系统在服务端和桌面端使用占比最高，网络上资料最齐全，所以建议使用 CentOS 6.4 系统或 Ubuntu LTS 14.04。

一般来说，如果要做服务器，则选择 CentOS 或 Ubuntu Server；如果做桌面系统，则选择 Ubuntu Desktop。但是在学习 Hadoop 方面，虽然两个系统没有太大区别，但是推荐新手读者使用 CentOS 操作系统。图 1.36 为选择安装 CentOS 后 Desktop 使用界面。

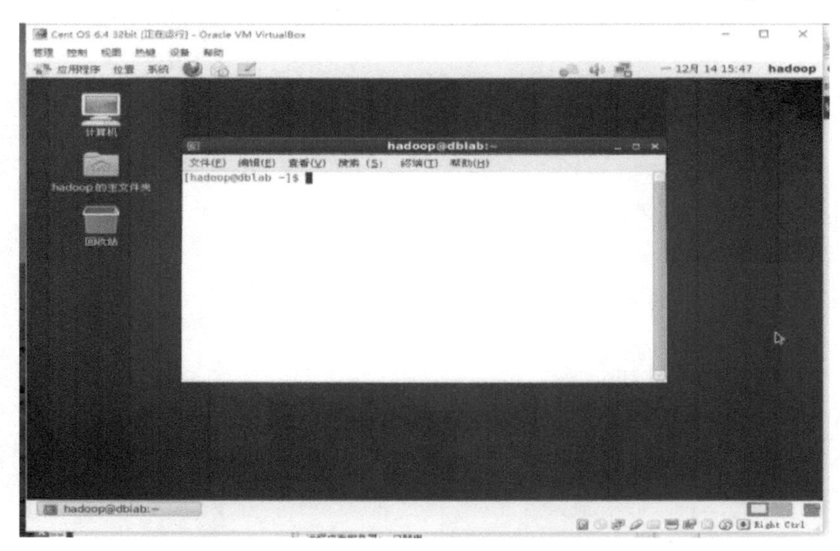

图 1.36 选择安装 CentOS 后 Desktop 使用界面

1.6.2 Linux 系统目录结构

登录系统后，在当前命令窗口输入以下命令。

```
#ls /
```

就会看到如图 1.37 所示结果。

图 1.37 执行 ls 命令结果

Linux 系统目录结构如图 1.38 所示。

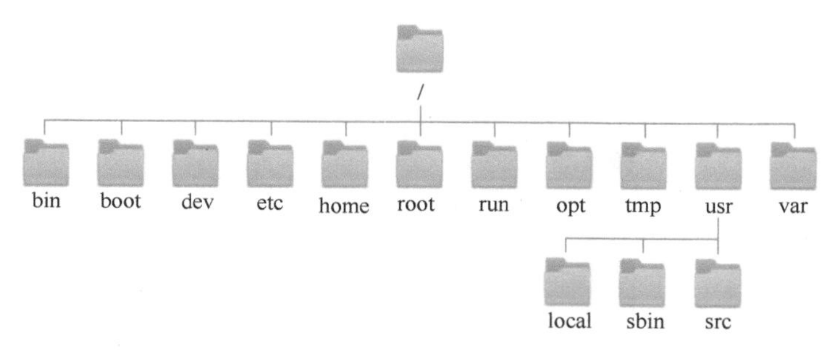

图 1.38 Linux 系统目录结构

1）/bin：bin 是 Binary 的缩写，这个目录存放着最常使用的命令。

2）/boot：存放启动 Linux 时使用的一些核心文件，包括一些镜像文件。

3）/dev：dev 是设备（Device）的英文缩写。/dev 这个目录对所有的用户都十分重要。因为在这个目录中包含了 Linux 系统中使用的所有外部设备。但是这里存放的并不是外部设备的驱动程序，这一点和 Windows、DOS 操作系统不一样。它实际上是一个访问这些外部设备的端口。人们可以非常方便地去访问这些外部设备，和访问一个文件、一个目录没有任何区别。

4）/etc：这个目录用来存放所有的系统管理所需要的配置文件和子目录，示例如下。

① profile：环境变量配置文件，修改后需要执行 source 命令，让修改生效。

② hostname：主机名配置文件。

③ hosts：IP 映射配置文件。

④ sysconfig/network：指定服务器上的网络配置信息。

5）/home：用户的主目录，在 Linux 中，每个用户都有一个自己的目录，一般该目录名是以用户的账号命名的。

6）/root：该目录为系统管理员（也称作超级权限者）的用户主目录。

7）/run：是一个临时文件系统，存储系统启动以来的信息。当系统重启时，这个目录下的文件应该被删除或清除。如果系统上有/var/run 目录，应该让它指向 run。

8）/opt：这是给主机额外安装软件所存放的目录。

9）/tmp：这个目录是用来存放一些临时文件的。

10）/usr：这是一个非常重要的目录，用户的很多应用程序和文件都存放在这个目录下，类似于 Windows 下的 program files 目录。

11）/usr/local：用户级的软件目录，用来存放用户安装编译的软件，用户自己编译安装的软件也默认存放在这里。

12）/usr/sbin：超级用户使用的比较高级的管理程序和系统守护程序。

13）/usr/src：内核源代码默认的放置目录。

14）/var：这是一个非常重要的目录，系统上运行了很多程序，每个程序都会有相应的日志产生，而这些日志就被记录到这个目录下，即在/var/log 目录下，另外 mail 的预设放置也是在这里。

如果一个目录或文件名以一个点.开始，则表示这个目录或文件是一个隐藏目录或文件（如.bashrc）。

1.6.3 文本编辑器 vi

vi 的 3 种模式转换关系如图 1.39 所示。

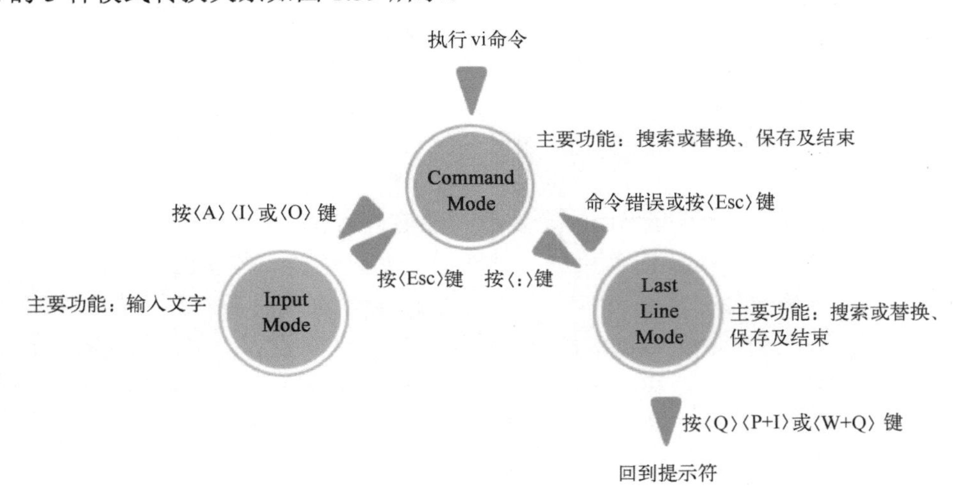

图 1.39 vi 的 3 种模式转换关系

vim 是一个加强版的 vi，因为其操作与传统的 vi 完全相同，所以一般用简单的 vi 来表示。输入 vim 也会出现与上面完全相同的界面。如果想下载更新的版本，可以访问 vi 的网站（http://www.vim.org/），Linux 下所有程序都是通过互联网分发、修改与完善的。如果要查看 vim 的在线帮助，在启动 vi 后输入“:help”即可。

注意：必须先输入冒号，将光标停在屏幕的下方后，才可进行命令输入；若事先没有输入冒号，系统则不接收任何命令。

1.6.4 文件权限解读

输入 ll 命令后显示如图 1.40 所示的文件属性和权限，权限的解读如图 1.41 所示。

```
hadoop@ubuntu:/etc$ ll
total 1300
drwxr-xr-x 147 root root    12288 12月 28 04:37 ./
drwxr-xr-x  24 root root     4096 12月 28 04:36 ../
drwxr-xr-x   3 root root     4096 4月  20  2016 acpi/
-rw-r--r--   1 root root     3028 4月  20  2016 adduser.conf
drwxr-xr-x   2 root root    12288 11月 30 14:49 alternatives/
-rw-r--r--   1 root root      401 12月 28  2014 anacrontab
drwxr-xr-x   3 root root     4096 4月  20  2016 apache2/
-rw-r--r--   1 root root      112 1月  10  2014 apg.conf
drwxr-xr-x   6 root root     4096 4月  20  2016 apm/
drwxr-xr-x   3 root root     4096 10月 13 06:13 apparmor/
drwxr-xr-x   8 root root     4096 12月 28 04:34 apparmor.d/
drwxr-xr-x   5 root root     4096 7月  28 21:25 apport/
```

图 1.40　文件属性和权限

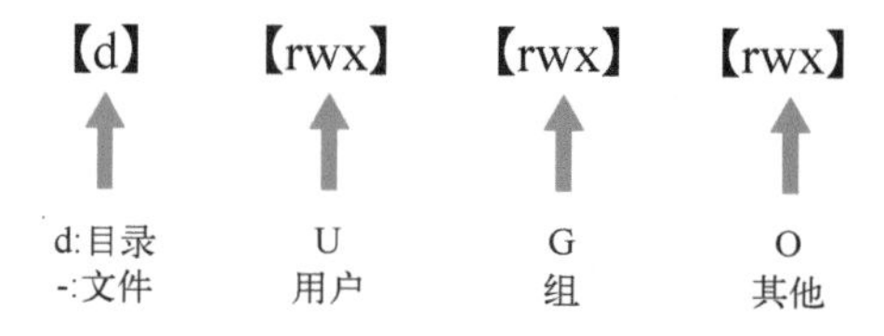

图 1.41　权限解读

Linux 文档的基本权限就有 9 个，分别是 owner/group/others 三种身份，各有自己的 read/write/execute 权限。

举例：档案的权限字符为 –rwxrwxrwx，这 9 个权限是三个三个一组的。其中，可以使用数字来代表各个权限，各权限的分数对照如下。

```
r:4    w:2    x:1    -:0
```

每种身份（owner/group/others）各自的三个权限（r/w/x）分数是需要累加的，如当权限为[-rwxr-x---]时，分数则是

```
owner = rwx = 4+2+1 = 7
group = r-x = 4+0+1 = 5
others= --- = 0+0+0 = 0
```

所以设定权限的变更时，该档案的权限数字就是 750 变更权限的指令 chmod 的语法如下。

```
[root@www ~]# ls -al .bashrc
-rw-r--r-- 1 root root 644 Jul 4 11:45 .bashrc
[root@www ~]# chmod 750 .bashrc
[root@www ~]# ls -al .bashrc
-rwxr-x--- 1 root root 750 Jul 4 11:45 .bashrc
```

1.6.5　Linux 系统常用命令

Linux 系统常用命令见表 1.2。

表 1.2　Linux 系统常用命令

命　令	含　义
cd /home/hadoop	把/home/hadoop 设置为当前目录
cd ..	返回上一级目录
cd～ 或 cd	返回登录目录
cd /	把用户带到整个目录的根目录
cd /root	把用户带到根用户或超级用户的主目录；只有根用户才能访问该目录
ls	查看当前目录中的文件
ls –l、ll 或 ls –l 文件名	查看文件和目录的权限信息
ls -a	显示隐藏文件
mkdir input	在当前目录下创建 input 子目录
mkdir -p src/main/scala	在当前目录下，创建多级子目录 src/main/scala
cat /proc/version	查看 Linux 系统内核版本信息
cat word.txt	把 word.txt 这个文件的全部内容显示到屏幕上
head -5 word.txt	把 word.txt 文件中的前 5 行内容显示到屏幕上
cp word.txt /usr/local/	把 word.txt 文件复制到“/usr/local”目录下
rm ./word.txt	删除当前目录下的 word.txt 文件
rm –rf ./test	删除当前目录下的 test 目录及其下面的所有文件
rm –r test*	删除当前目录下所有以 test 开头的目录和文件
tar -zxvf *.tgz -C /usr/local/	把*.tgz 这个压缩文件解压到/usr/local 目录下
tar -zxvf *.tar.gz	把*.gz 这个压缩文件解压到当前目录下
tar -cf all.tar *.jpg	将*.jpg 文件打包成 all.tar
mv spark-2.1.0 spark	把 spark-2.1.0 目录重新命名为 spark
chown -R hadoop:hadoop ./spark	hadoop 是当前登录 Linux 系统的用户名，把当前目录下的 spark 子目录的所有权限赋予用户 hadoop
ifconfig	查看本机 IP 地址信息
exit	退出并关闭 Linux 终端
echo $HOSTNAME	显示 HOSTNAME 环境变量的值
pwd	查看当前目录
man ls	获取 ls 帮助，获取其他命令帮助同理，等价于 ls --help
useradd –d /usr/sa -m sa	创建了一个用户 sa
passwd sa	为用户 sa 设置密码
su sa	切换到用户 sa
jps	查看进程
chmod 777 file	修改 file 权限为 777
ifconfig 或 ip adr	查看当前节点的 IP
Clear、reset 或按〈ctrl+l〉	清屏
sudo 命令	用超级用户执行“命令”
./	当前目录

（续）

命　　令	含　　义
sudo ufw disable	关闭防火墙
sudo ufw enable	打开防火墙
sudo ufw status	查看防火墙状态

启示：由于一些原因，操作系统和芯片一样是国人的痛点。基于 Linux 内核开发国产操作系统是一种可行的方案，因为 Linux 是开源的，不存在不允许使用的情况。Linux 的代码中有众多属于中国企业或中国开发者贡献的代码，谁也取代不了。基于 Linux 开发的系统完全属于开发者，不需要别人的授权许可，完全是自己掌控的，不会被别人“卡脖子”。

大数据启示 4

习题 1

一、单选题

【1】大数据的特点为（　　）。

A．数据体量巨大　　B．数据类型单一
C．价值密度高　　D．数据变化慢

【2】无法在一定时间范围内用常规软件工具进行捕捉、管理和处理的数据集合称为（　　）。

A．大数据　　B．数据库　　C．数据仓库　　D．非结构化数据

【3】以下不属于非结构化数据的是（　　）。

A．数字　　B．语音　　C．图像　　D．文本

【4】以下属于结构化数据的是（　　）。

A．PDF　　B．OWL　　C．网页　　D．数据库

【5】数据度量单位从小到大的正确顺序是（　　）。

A．EB、GB、PB、TB　　B．GB、TB、PB、EB
C．EB、TB、PB、GB　　D．TB、PB、GB、EB

【6】（　　）是分布式数据库。

A．SQL　　B．NoSQL　　C．NewSQL　　D．MySQL

【7】（　　）是非关系型数据库。

A．SQL　　B．NoSQL　　C．MS SQL　　D．MySQL

【8】大数据生命周期的第二阶段是（　　）。

A．数据解释　　B．数据处理　　C．数据存储　　D．数据采集

【9】数据解释是大数据生命周期的第（　　）阶段。

A．一　　B．二　　C．三　　D．四

【10】（　　）不是大数据价值的关键词。

A．额外收入　　B．减少支出

C．降低风险　　D．体量大

【11】大数据产业链不包括（　　）。

A．综合应用　　B．基础支撑

C．数据服务　　D．数据可视化

【12】可以通过______命令显示当前目录位置。

A．set　　B．pwd　　C．cd　　D．ls

【13】感知式系统的广泛使用，导致了大量数据产生，这一阶段的数据产生方式属于（　　）式的。

A．自动　　B．被动　　C．主动　　D．人工

【14】rw--w---x 的文件权限编码是（　　）。

A．126　　B．261　　C．612　　D．621

【15】大数据思维不包括（　　）。

A．整体思维　　B．相关思维

C．容错思维　　D．形象思维

【16】人们只需要知道是什么，不需要知道为什么，这种思维属于（　　）。

A．整体思维　　B．相关思维

C．容错思维　　D．形象思维

二、填空题

【1】（　　）思维就是根据全部样本得到的结论。

【2】大数据时代出现了与“目标驱动型决策”思维不同的另一种思维模式，即（　　）驱动型决策。

【3】退出 vi 编辑器的命令是（　　）。

【4】在大数据时代，数据不仅是一种“资源”，而更是一种重要的（　　）。

【5】从企业角度看，价值来自三个方面：增加额外收入、减少支出和（　　）。

三、判断题

【1】有价值的数据一定会带来收入。

【2】如果一个客户流失预警模型准确度为 75%，说明模型很差。

【3】数据思维比科学思维形成得更早。

【4】容错思维让人们可以利用 95%的非结构化数据，帮助人们进一步接近事实的真相。

【5】一个数据产品能否帮助客户带来收入是判断数据价值的金标准。

【6】判断数据价值的标准之一是一个数据产品即使没有现在的收入，那也得有未来可预期的收入。

【7】收入的增加往往具有很强的不确定性，但是成本的控制相对而言却可以做到非常准确。

四、简答题

【1】简述大数据的商业价值。

【2】谈谈你对大数据思维的理解。

【3】简述大数据生命周期。

实验：Linux 实验

【实验目的】

掌握 Linux 操作系统中基本命令的用法，从而不用借助鼠标也能够完成部分基本操作，达到快速执行的目的。例如，复制、删除、移动文件，创建账号，配置系统等。

【实验内容】

任务 1：显示/tmp 目录的内容。

任务 2：在/tmp 目录下创建“test”目录。

任务 3：切换到/tmp/test 目录。

任务 4：用 vi 创建一个 a.txt 文件，并在文件里面输入“hello world!”。

任务 5：将文件 a.txt 复制到/tmp 下。

任务 6：将/tmp/test 目录下的文件 a.txt 重命名为 c.txt。

任务 7：将/tmp/test 下的 c.txt 移动到/tmp 下。

任务 8：查看文件 c.txt 内容。

任务 9：返回到/tmp 目录。

任务 10：将/tmp 目录下的*.txt 文件打包成 test.tar。

任务 11：将 test.tar 解压到/tmp/test。

任务 12：查询 ls 命令的帮助信息。

任务 13：删除/tmp/test 下的 c.txt 文件。

第 2 章　大数据生态

Google 曾经面对这样的问题，即如何存储大量的网页、如何快速搜索网页的问题，于是诞生了三篇博文：GFS、Map-Reduce、BigTable，这三篇博文的开源实现软件分别是 HDFS（分布式文件存储）、MapReduce（分布式离线数据计算引擎）和 HBase（列式数据库）。这三个软件构成了大数据生态 Hadoop 的最初雏形。

2.1　认识 Hadoop

Hadoop 是一个用 Java 编写的一组软件，除了 HDFS、MapReduce、HBase 外，还包括分布式协调器 ZooKeeper、内存计算引擎 Spark、数据仓库 Hive、日志采集工具 Flume、流式计算框架 Storm 等，如图 2.1 所示。

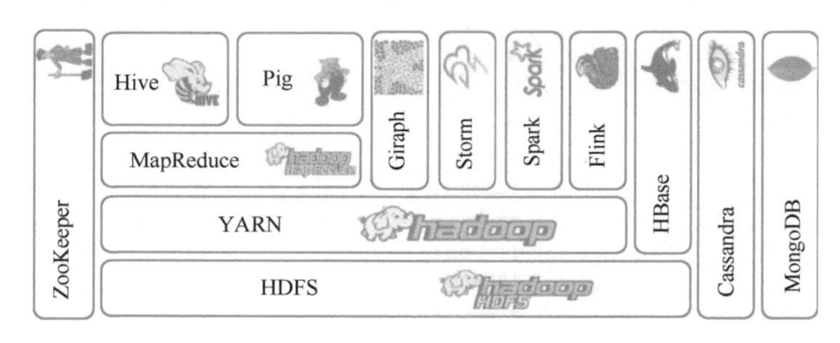

图 2.1　Hadoop 生态

Hadoop 设计理念是如下。

1）低成本：兼容廉价的硬件设备。

2）处理大规模数据：典型文件大小为 GB～TB 级别；关注横向扩展。

3）批量数据访问：批量读而非随机读；关注吞吐量而非响应时间。

4）高容错：副本冗余机制。

5）适应场景：大文件访问；静态数据访问。

2.2　部署 Hadoop

2.2.1　Hadoop 安装模式

Hadoop 有三种安装模式。

（1）独立模式（本地模式，standalone）

独立模式是默认的模式，无须运行任何守护进程，所有程序都在单个 JVM（Java 虚拟机）上执行。由于在本机模式下测试和调试 MapReduce 程序较为方便，因此，这种模式适宜用在开发阶段，使用本地文件系统，而不是分布式文件系统。

（2）伪分布模式

在一台主机模拟多主机，即 Hadoop 的守护程序在本地计算机上运行，模拟集群环境，并且是相互独立的 Java 进程。

在单机模式之上增加了代码调试功能，允许检查内存使用情况、HDFS 输入输出以及其他的守护进程交互，类似于完全分布式模式，因此，这种模式常用来开发测试 Hadoop 程序的执行是否正确。

（3）完全分布模式

完全分布模式的守护进程运行在由多台主机搭建的集群上，是真正的生产环境。配置比较复杂，不在本书讨论。

2.2.2 单节点伪分布模式安装

在章鱼平台（https://www.ipieuvre.com），搜索 Hadoop 课程如图 2.2 所示。

图 2.2　搜索 Hadoop 课程

单击“搜索”后出现图 2.3。

图 2.3　选择 Hadoop 课程

单击“Hadoop”，选择任务 04，出现图 2.4。

图 2.4　Hadoop 伪分布式模式安装

单击“开始学习”，出现图 2.5。

单击“终端模拟器”，出现图 2.6。

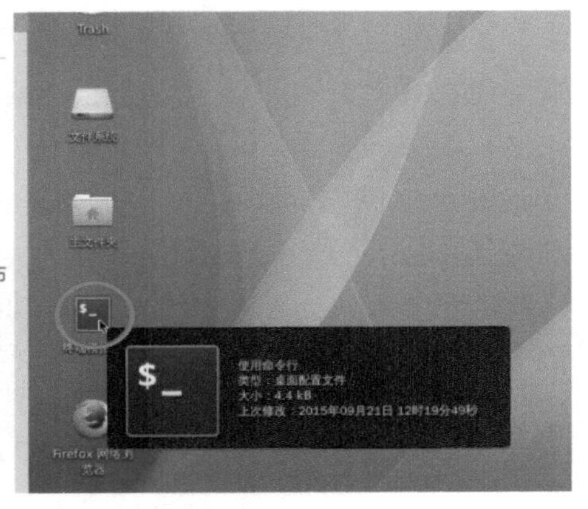

图 2.5　Linux 界面

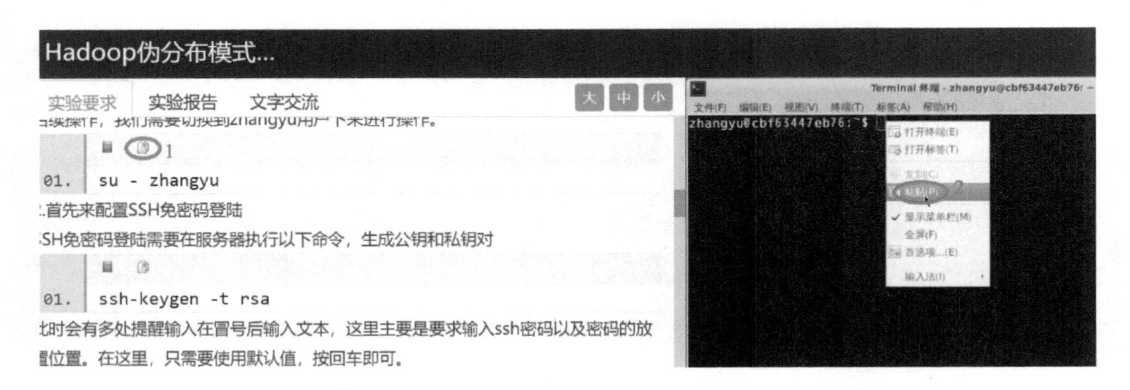

图 2.6　Hadoop 伪分布式模式实验环境

按照图 2.6 左侧的操作教程提示，在图 2.6 中右侧终端模拟器输入相应的命令。可以单击图 2.6“1”复制命令，然后在终端模拟器右击“粘贴”，最后回车执行（建议用户手工输入命令）。

根据实验指导逐条在终端模拟器执行 Linux 命令，即可完成单节点伪分布模式安装。

2.2.3　多节点伪分布模式安装

1．基础环境准备

第 1 步：使用 SecureCRT 远程登录三台 Linux 虚拟机。

第 2 步：分别配置三台虚拟机的主机名，参考下面 hadoop1 虚拟机的配置。

```
# hostname hadoop1
# vi /etc/sysconfig/network
HOSTNAME=hadoop1
```

第 3 步：重启主节点。

```
#reboot
#hostname
```

第 4 步：配置 hosts 文件如下，填入三个虚拟机的主机记录。

```
# vi /etc/hosts
127.0.0.1    www.yum.hadoop.com
18.2.31.34     hadoop1
18.2.31.36     hadoop2
18.2.31.35     hadoop3
```

第 5 步：配置 ssh 免密码登录。

Hadoop 在执行配置过程中，master 需要对 salves 进行操作，所以需要在 hadoop1 节点配置 ssh 免密码登录 hadoop2、hadoop3。

在 hadoop1 执行以下的命令。

```
# cd   ~
# ssh-keygen -t rsa
# cd ~/.ssh
# pwd
# ssh-copy-id hadoop2
# ssh-copy-id hadoop3
# cat  ~/.ssh/id_rsa.pub   >  ~/.ssh/authorized_keys
```

第 6 步：测试。

```
#ssh hadoop2
#ssh hadoop3
```

2. 安装 JDK

三个节点都需要按照下面的步骤安装 JDK 环境。

第 1 步：执行 java -version 查看 JDK 是否已经安装，如果看到以下内容则表示已经安装了，可以跳过这一步骤，进入环境部署环节。

```
# java -version
java version "1.8.0_131"
Java(TM) SE Runtime Environment (build 1.8.0_131-b11)
Java HotSpot(TM) 64-Bit Server VM (build 25.131-b11, mixed mode)
```

第 2 步：将 JDK 安装包复制到/usr/lib/。

```
# cd /opt/hadoop-package/
# cp jdk-8u131-linux-x64.tar.gz /usr/lib
```

第 3 步：进入/usr/lib 目录并解压 jdk-8u131-linux-x64.tar.gz。

```
# cd /usr/lib
# tar -zxvf jdk-8u131-linux-x64.tar.gz
```

第 4 步：修改环境变量。

```
# vi /etc/profile
```

编辑 profile 截图如图 2.7 所示。

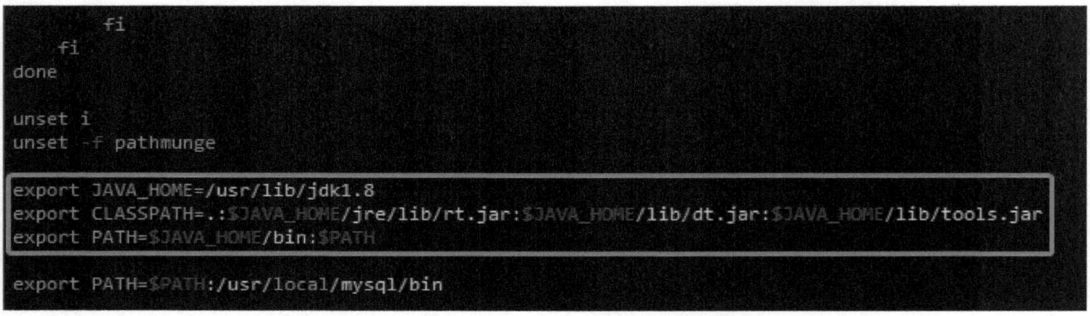

```
        fi
    fi
done

unset i
unset -f pathmunge

export JAVA_HOME=/usr/lib/jdk1.8
export CLASSPATH=.:$JAVA_HOME/jre/lib/rt.jar:$JAVA_HOME/lib/dt.jar:$JAVA_HOME/lib/tools.jar
export PATH=$JAVA_HOME/bin:$PATH

export PATH=$PATH:/usr/local/mysql/bin
```

图 2.7　编辑 profile 截图

第 5 步：环境变量生效。

```
# source /etc/profile
```

第 6 步：查看是否安装成功（见第 1 步）。

3．安装 Hadoop

Hadoop 安装包已经在 yum 服务器中提供，可以通过 wget 进行下载。

第 1 步：安装 Hadoop。

在 hadoop1 安装 Hadoop，然后配置相应的配置文件，最后将 Hadooop 所有文件同步到其他 Hadooop 节点（hadoop2、hadoop3）。Hadoop 路径配置为/opt/hadoop。

在 hadoop1 执行以下操作。

```
# tar -zxvf hadoop-3.1.0.tar.gz
# mv hadoop-3.1.0 /opt/hadoop
# ls /opt/hadoop
```

第 2 步：配置主节点环境。

（1）配置 core-site.xml 文件

```
# vi /opt/hadoop/etc/hadoop/core-site.xml
<configuration>
 <property>
      <name>fs.defaultFS</name>
 <value>hdfs://hadoop1:9000</value>
 </property>
 <property>
      <name>hadoop.tmp.dir</name>
      <value>/opt/hadoop/tmp</value>
 </property>
 </configuration>
```

（2）配置 hdfs-site.xml 文件

```
# vi /opt/hadoop/etc/hadoop/hdfs-site.xml
```

```
<configuration>
  <property>
<name>dfs.replication</name>
  <value>3</value>
  </property>
<property>
  <name>dfs.namenode.name.dir</name>
  <value> /opt/hadoop/hdfs/name</value>
</property>
  <property>
<name>dfs.datanode.data.dir</name>
  <value>/opt/hadoop/hdfs/data</value>
  </property>
  <property>
  <name>dfs.namenode.secondary.http-address</name>
  <value>hadoop2:9001</value>
  </property>
  </configuration>
```

（3）配置 workers 文件

```
# vi /opt/hadoop/etc/hadoop/workers
hadoop2
hadoop3
```

（4）配置 mapred-site.xml 文件

```
# vi /opt/hadoop/etc/hadoop/mapred-site.xml
<configuration>
  <property>
  <name>mapreduce.framework.name</name>
  <value>yarn</value>
</property>
  <property>
  <name>mapreduce.application.classpath</name>
  <value>
/opt/hadoop/etc/hadoop,
/opt/hadoop/share/hadoop/common/*,
/opt/hadoop/share/hadoop/common/lib/*,
/opt/hadoop/share/hadoop/hdfs/*,
/opt/hadoop/share/hadoop/hdfs/lib/*,
      /opt/hadoop/share/hadoop/mapreduce/*,
/opt/hadoop/share/hadoop/mapreduce/lib/*,
/opt/hadoop/share/hadoop/yarn/*,
/opt/hadoop/share/hadoop/yarn/lib/*
  </value>
  </property>
  </configuration>
```

（5）配置 yarn-site.xml

```
# vi /opt/hadoop/etc/hadoop/yarn-site.xml
<configuration>
 <property>
 <name>yarn.nodemanager.aux-services</name>
 <value>mapreduce_shuffle</value>
</property>
 <property>
 <name>yarn.nodemanager.aux-services.mapreduce.shuffle.class</name>
 <value>org.apache.hadoop.mapred.ShuffleHandle</value>
 </property>
 <property>
<name>yarn.resourcemanager.resource-tracker.address</name>
<value>hadoop1:8025</value>
 </property>
 <property>
 <name>yarn.resourcemanager.scheduler.address</name>
 <value>hadoop1:8030</value>
 </property>
 <property>
 <name>yarn.resourcemanager.address</name>
 <value>hadoop1:8040</value>
 </property>
 </configuration>
```

（6）配置 hadoop-env.sh

```
# vi    /opt/hadoop/etc/hadoop/hadoop-env.sh
export JAVA_HOME=/usr/lib/jdk1.8
# source /opt/hadoop-3.1.0/etc/hadoop/hadoop-env.sh
```

（7）配置./start-yarn.sh

```
# vi    /opt/hadoop/sbin/start-yarn.sh
export YARN_RESOURCEMANAGER_USER=root
export HADOOP_SECURE_DN_USER=root
export YARN_NODEMANAGER_USER=root
```

（8）配置./stop-yarn.sh

```
# vi    /opt/hadoop/sbin/stop-yarn.sh
export YARN_RESOURCEMANAGER_USER=root
export HADOOP_SECURE_DN_USER=root
export YARN_NODEMANAGER_USER=root
```

（9）配置./start-dfs.sh

```
# vi    /opt/hadoop-3.1.0/sbin/start-dfs.sh
```

```
export HDFS_NAMENODE_SECURE_USER=root
export HDFS_DATANODE_SECURE_USER=root
export HDFS_SECONDARYNAMENODE_USER=root
export HDFS_NAMENODE_USER=root
export HDFS_DATANODE_USER=root
export HDFS_SECONDARYNAMENODE_USER=root
export YARN_RESOURCEMANAGER_USER=root
export YARN_NODEMANAGER_USER=root
```

（10）配置./stop-dfs.sh

```
# vi   /opt/hadoop-3.1.0/sbin/stop-dfs.sh
export HDFS_NAMENODE_SECURE_USER=root
export HDFS_DATANODE_SECURE_USER=root
export HDFS_SECONDARYNAMENODE_USER=root
export HDFS_NAMENODE_USER=root
export HDFS_DATANODE_USER=root
export HDFS_SECONDARYNAMENODE_USER=root
export YARN_RESOURCEMANAGER_USER=root
export YARN_NODEMANAGER_USER=root
```

第 3 步：配置从节点环境。

将以上配置好的 Hadoop 文件包打包并同步到其他 Hadoop 节点。

```
# cd /home
# tar -czvf hadoop.tar.gz /opt/hadoop
# scp hadoop.tar.gz   root@hadoop2:/opt
# scp hadoop.tar.gz   root@hadoop3:/opt
```

第 4 步：在 hadoop1 配置 profile 文件。

```
# vi /etc/profile
export HADOOP_HOME=/opt/hadoop-3.1.0
export PATH=$PATH:$HADOOP_HOME/bin
# source /etc/profile
```

第 5 步：在 hadoop1 配置 hadoop-env.sh 文件。

```
# vi   /opt/hadoop-3.1.0/etc/hadoop/hadoop-env.sh
export HDFS_NAMENODE_SECURE_USER=root
export HDFS_DATANODE_SECURE_USER=root
export HDFS_SECONDARYNAMENODE_USER=root
export HDFS_NAMENODE_USER=root
export HDFS_DATANODE_USER=root
export HDFS_SECONDARYNAMENODE_USER=root
export YARN_RESOURCEMANAGER_USER=root
export YARN_NODEMANAGER_USER=root
# source /opt/hadoop-3.1.0/etc/hadoop/hadoop-env.sh
```

第 6 步：格式化（仅一次）。

在 hadoop1 节点格式化 NameNode。

```
# hdfs namenode  - format
```

格式化成功截图如图 2.8 所示。

```
snapshot.SnapshotManager: SkipList is disabled
util.GSet: Computing capacity for map cachedBlocks
util.GSet: VM type       = 64-bit
util.GSet: 0.25% max memory 5.2 GB = 13.3 MB
util.GSet: capacity      = 2^21 = 2097152 entries
metrics.TopMetrics: NNTop conf: dfs.namenode.top.window.num.buckets = 10
metrics.TopMetrics: NNTop conf: dfs.namenode.top.num.users = 10
metrics.TopMetrics: NNTop conf: dfs.namenode.top.windows.minutes = 1,5,25
namenode.FSNamesystem: Retry cache on namenode is enabled
namenode.FSNamesystem: Retry cache will use 0.03 of total heap and retry cache entry expiry time

util.GSet: Computing capacity for map NameNodeRetryCache
util.GSet: VM type       = 64-bit
util.GSet: 0.029999999329447746% max memory 5.2 GB = 1.6 MB
util.GSet: capacity      = 2^18 = 262144 entries
namenode.FSImage: Allocated new BlockPoolId: BP-910601015-172.16.15.111-1523202173205
common.Storage: Storage directory /opt/hadoop-3.1.0/hdfs/name has been successfully formatted.
namenode.FSImageFormatProtobuf: Saving image file /opt/hadoop-3.1.0/hdfs/name/current/fsimage.ck
no compression
namenode.FSImageFormatProtobuf: Image file /opt/hadoop-3.1.0/hdfs/name/current/fsimage.ckpt_0000
bytes saved in 0 seconds .
```

图 2.8　格式化成功截图

第 7 步：启动集群。

```
# cd /opt/hadoop-3.1.0/sbin/
# ./start-all.sh
# jps
```

Hadoop 启动成功截图如图 2.9 所示。

```
[root@hadoop1 sbin]# ./start-all.sh
Starting namenodes on [hadoop1]
Starting datanodes
hadoop2: WARNING: /opt/hadoop-3.1.0/logs does not exist. Creating.
hadoop3: WARNING: /opt/hadoop-3.1.0/logs does not exist. Creating.
Starting secondary namenodes [hadoop2]
Starting resourcemanager
Starting nodemanagers
[root@hadoop1 sbin]# jps
3042 Jps
2707 ResourceManager
2265 NameNode
[root@hadoop1 sbin]#
```

图 2.9　Hadoop 启动成功截图

2.3　HDFS

HDFS（Hadoop Distributed File System）是 Hadoop 分布式文件系统。

大数据启示 5

启示：分布式处理源自合作，合作的必要性如下。

1）在社会生活中，谁都不可能脱离群体而单独存在，因为个人的力量是有限的。只有与他人合作，才能有面对困难的勇气和战胜困难的力量。

2）合作是事业成功的土壤，任何事业的成功都需要良好的合作。

3）合作能聚集力量，启发思维，开阔视野，激发创造性并培养同情心和奉献精神。

2.3.1 HDFS 体系结构

图 2.10 给出了 HDFS 体系结构图。

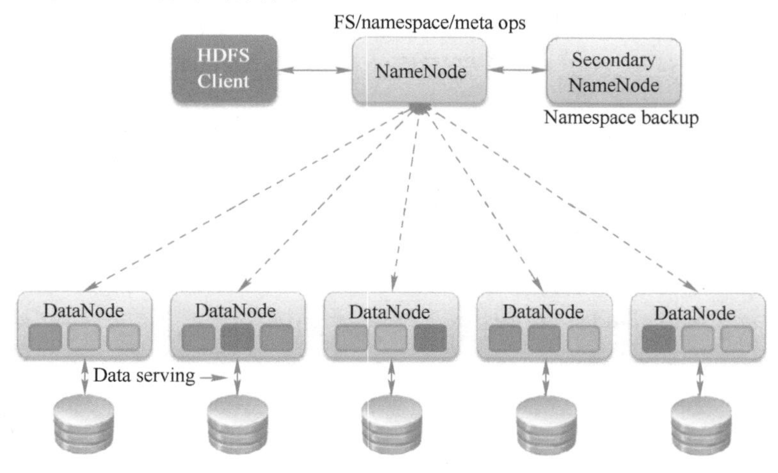

图 2.10　HDFS 体系结构

从图 2.10 可以看出，HDFS 由一个 NameNode、一个 Secondary NameNode 和若干 DataNode 组成，采用主从结构，存储的基本单位是块。

如果把 HDFS 比作一本书，NameNode 存储的是书的目录，DataNode 存储的就是书的正文内容，一章是一个文件，一节是一个块，目录称为元数据，目录指明的各章节页码称为映射，用户访问数据，首先要访问 NameNode。

（1）块（基本操作单位）

1）HDFS 把一个文件被分成多个块，以块为存储单位，默认一个块为 128MB。

2）块的大小远远大于普通文件系统，可以最小化寻址开销。

3）HDFS 采用抽象的块概念可以带来明显的好处，如支持大规模文件存储、简化系统设计、适合数据备份。

（2）NameNode（主节点，名称节点结构见图 2.11）

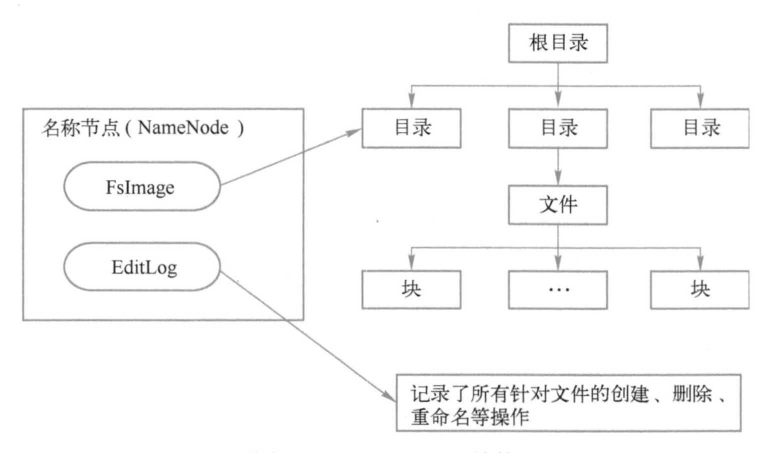

图 2.11　NameNode 结构

1）存储元数据：文件、块与 DataNode 之间的映射。

2）元数据保存在内存中。

3）NameNode 由 FsImage 和 EditLog 两个文件组成。FsImage 保存文件、块的目录结构，EditLog 保存对文件、块的操作，如创建、删除等。

4）在 NameNode 统一调度下进行数据块的创建、删除和复制等操作。

（3）DataNode（从节点）

1）存储文件内容。

2）文件内容保存在磁盘里。

3）维护 Block ID 到 DataNode 本地文件的映射关系。

4）向名称节点定期发送自己所存储的块的列表（心跳）。

（4）Secondary NameNode（冷备份）

冷备份过程如图 2.12 所示。

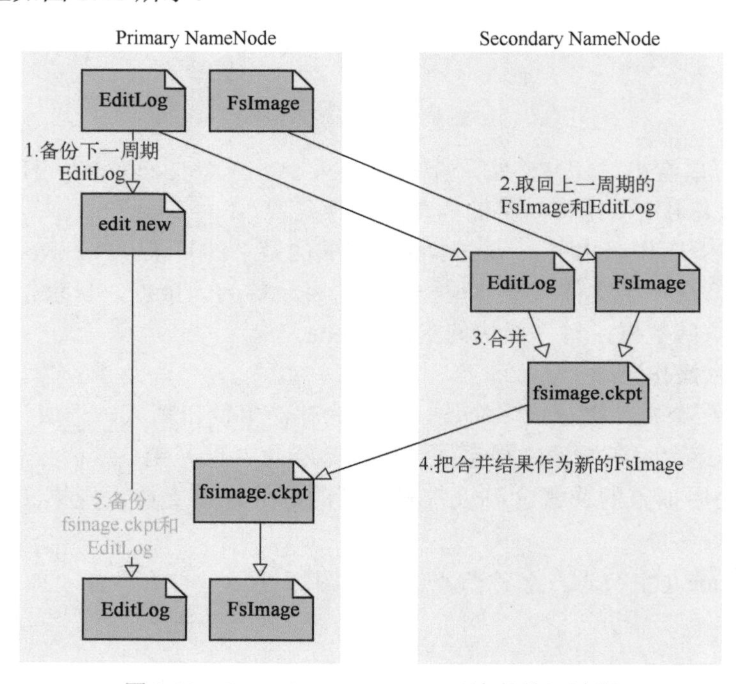

图 2.12　Secondary NameNode（冷备份）过程

第 1 步：Secondary NameNode 会定期和 NameNode 通信，请求其停止使用 EditLog 文件，暂时将新的写操作写到一个新的文件 edit.new 上，这个操作是瞬间完成的，上层写日志的函数完全感觉不到差别。

第 2 步：Secondary NameNode 通过 HTTP GET 方法从 NameNode 上获取到 FsImage 和 EditLog 文件，并下载到本地的相应目录下。

第 3 步：Secondary NameNode 将下载下来的 FsImage 载入到内存，然后一条一条地执行 EditLog 文件中的各项更新操作，使得内存中的 FsImage 保持最新；这个过程就是 EditLog 和 FsImage 文件的合并。

第 4 步：Secondary NameNode 执行完第 3 步操作之后，会通过 POST 方法将新的 FsImage 文件发送到 NameNode 节点上。

第 5 步：NameNode 将用 Secondary NameNode 接收到的新的 FsImage 替换旧的 FsImage 文件，同时将 edit.new 替换 EditLog 文件，通过这个过程 EditLog 就变小了。

2.3.2 HDFS 存储原理

（1）写数据策略

第一个副本放置在上传文件的数据节点；如果是集群外提交，则随机挑选一台磁盘不太满、CPU 较为空闲的节点。

第二个副本放置在与第一个副本不同机架的节点上。

第三个副本放置在与第一个副本相同机架的其他节点上。

更多副本放置在随机节点上。

图 2.13 展示了写数据过程。

图 2.13 HDFS 写数据过程

（2）读数据过程

HDFS 提供了一个 API，可以确定一个数据节点所属的机架 ID，客户端也可以调用 API 获取自己所属的机架 ID。

当客户端读取数据时，从名称节点获得数据块不同副本的存放位置列表，列表中包含了副本所在的数据节点，可以调用 API 来确定客户端和这些数据节点所属的机架 ID。当发现某个数据块副本对应的机架 ID 和客户端对应的机架 ID 相同时，就优先选择该副本读取数据，如果没有发现，就随机选择一个副本读取数据。图 2.14 展示了读数据过程。

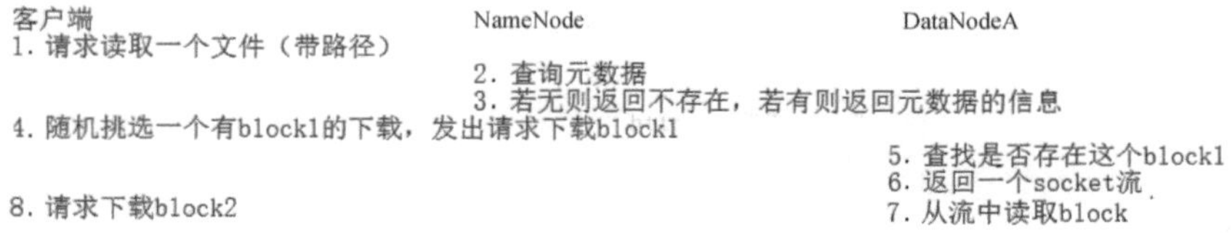

图 2.14 HDFS 读数据过程

2.3.3 HDFS 实战

1. 任务内容

1）学习开启、关闭 Hadoop。

2）学习在 Hadoop 中创建、修改、查看、删除文件夹及文件。

3）学习改变文件的权限及文件的拥有者。

4）学习使用 Shell 命令提交 job 任务。

2．任务步骤

在图 2.2 基础上，选择任务 07，得到图 2.15。

图 2.15　选择 Hadoop Shell 基本操作

单击“开始学习”，出现图 2.16。

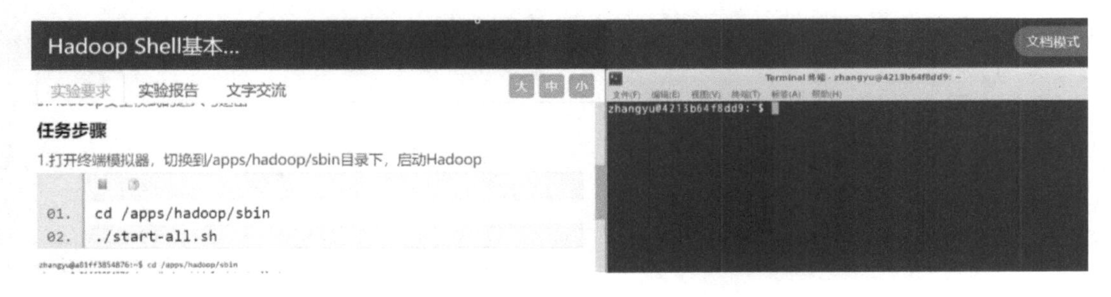

图 2.16　Hadoop Shell 基本操作环境

1）启动 Hadoop。

```
#cd /apps/hadoop/sbin
#./start-all.sh
```

2）执行 jps，检查 Hadoop 守护进程是否启动（见图 2.17）。

```
zhangyu@a81ff3854876:/apps/hadoop/sbin$ jps
791 ResourceManager
444 DataNode
320 NameNode
618 SecondaryNameNode
1231 Jps
894 NodeManager
```

图 2.17　查看 Hadoop 守护进程是否成功

3）在 HDFS 根目录创建一个 test1 文件夹。

```
#hadoop fs -mkdir /test1
```

4）在/test1 文件夹中创建一个 file.txt 文件。

```
#hadoop fs -touchz /test1/file.txt
```

5）查看 HDFS 根目录下所有文件。

```
#hadoop fs -ls /
```

还可以使用 hadoop fs -ls -R / 的方式递归查看根目录下所有文件。

6）在 HDFS，将根目录下 test1 文件 file.txt 重命名为 file2.txt。

```
#hadoop fs -mv /test1/file.txt /file2.txt
```

7）将 HDFS 根目录下的 file2.txt 文件复制到 HDFS 根目录的 test1 目录下。

```
#hadoop fs -cp /file2.txt /test1
```

8）在 Linux 本地/data 目录下创建一个 data.txt 文件，并向其中写入 hello hadoop！

```
#cd /data
#touch data.txt
#echo hello hadoop! >> data.txt
```

9）将 Linux 本地/data 目录下的 data.txt 文件，上传到 HDFS 中的/test1 目录下。

```
#hadoop fs -put /data/data.txt /test1
```

10）查看 HDFS 中/test1 目录下的 data.txt 文件。

```
#hadoop fs -cat /test1/data.txt
```

11）将 HDFS 中/test1 目录下的 data.txt 文件，下载到 Linux 本地/apps 目录中。

```
#hadoop fs -get /test1/data.txt /apps
```

12）查看/apps 目录下是否存在 data.txt 文件。

```
#ls /apps
```

13）删除 HDFS 根下的 file2.txt 文件。

```
#hadoop fs -rm /file2.txt
```

14）删除 HDFS 根目录下的 test1 目录。

```
hadoop fs -rm -r /test1。
```

3. HDFS 常用操作

HDFS 常用操作见表 2.1。

表 2.1　HDFS 常用操作

命　令	含　义
sbin/start-all.sh	启动 Hadoop
sbin/stop-all.sh	关闭 Hadoop
http://17.2.31.34:8088/	通过 Web 访问 HDFS，注意 IP 地址和端口的变化
http://17.2.31.34:9870/	通过 Web 访问 YARN，注意 IP 地址和端口的变化
hadoop fs –mkdir –p test	创建目录 test，注意 HDFS 和对应 Linux 命令的异同，hadoop fs 可以用 hdfs dfs 替换，如 hdfs dfs –mkdir –p test
hadoop fs -mv README.txt rm.txt	把 README.txt 改名为 rm.txt
hadoop fs –ls path	显示指定文件夹 path 下文件，注意 path 不可省略

（续）

命　　令	含　　义
hadoop fs　–cat　1.txt	显示 1.txt 文件内容
hadoop fs –rm –rf *.txt	删除文件*.txt
hadoop fs –scp *.jpg slave1:/usr	把 HDFS 节点*.jpg 文件复制到 HDFS 另一个节点 slave1 目录/usr 下（两个节点不同）
hadoop fs -cp *.jpg /usr	把 HDFS 节点*.jpg 文件复制到 HDFS 同一个节点目录下
hadoop fs –get *.jpg /usr 或用 copyToLocal 替代 get	从 HDFS 读入数据到本地
hadoop fs –put /usr/*.jpg slave1:/opt 或用 copyFromLocal 替代 put	将本地*.jpg 复制到 HDFS 节点 slave1 上
hadoop fs –chmod 777　/input	修改文件夹权限
hadoop fs –mv spark-2.1.0 spark	把 HDFS 节点上 spark-2.1.0 重新命名为 spark

2.4　MapReduce

2.4.1　MapReduce 逻辑结构

MapReduce 是一种分布式离线计算引擎，其基本思想是分而治之。比如数一下图书馆中的所有书，一个人数 1 号书架，另一个人数 2 号书架，这就是“Map”。人越多，数得就越快。把所有人的统计数加在一起，这就是“Reduce”。

启示：MapReduce 源自分而治之，“分”最终的目的不是“分”，而是整体。分而治之的主要技巧是将一个大的复杂问题划分为多个子问题，而这些子问题可以作为终止条件，在一个递归步骤中得到解决，所有子问题的解决结合起来就构成了对原问题的解决。

大数据启示 6

1．MapReduce 逻辑结构

MapReduce 逻辑结构如图 2.18 所示。

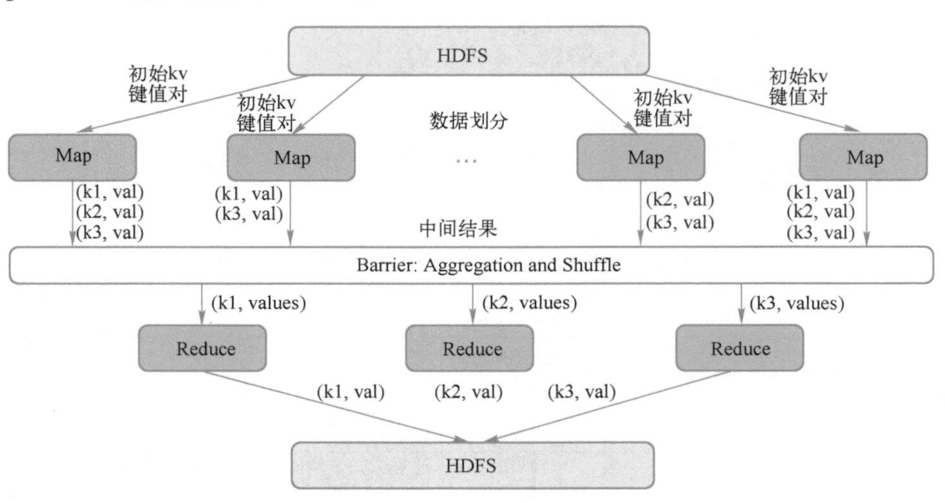

图 2.18　MapReduce 逻辑结构

由图 2.18 可知：

1）MapReduce 的输入和输出都是 HDFS。

2）MapReduce 由两个阶段构成，即 Map 和 Reduce。

3）Map 负责数据划分，是计算的最小单位。

4）Reduce 负责统计汇总，个数比 Map 少。

5）Map 阶段至少有一个，Reduce 阶段可以没有。

6）Map 和 Reduce 的输入/输出都是键值对，共有四组键值对。

7）Map 和 Reduce 不能直接通信，需要经过 Shuffle。

8）Shuffle 负责组内、组间归并排序。

2．MapReduce 执行过程

根据下列三个文档统计词频，画出 MapReduce 执行过程（见图 2.19）。

文件 1：a b c b c a。

文件 2：a b c a。

文件 3：a b b b。

	Map	shuffle1	shuffle2	Reduce
〈1′, a b c b c a′ 〉	〈a, 1〉	〈a, 〈1, 1〉〉	〈a, 〈1, 1, 1, 1, 1〉〉	〈a, 5〉
	〈b, 1〉	〈b, 〈1, 1〉〉	〈b, 〈1, 1, 1, 1, 1, 1〉〉	〈b, 6〉
	〈c, 1〉	〈c, 〈1, 1〉〉	〈c, 〈1, 1, 1〉〉	〈c, 3〉
	〈b, 1〉			
	〈c, 1〉			
	〈a, 1〉			
〈2′, a b c a′ 〉	〈a, 1〉	〈a, 〈1, 1, 1〉〉		
	〈b, 1〉	〈b, 〈1〉〉		
	〈c, 1〉	〈c, 〈1, 1〉〉		
	〈a, 1〉			
〈3, a b b b〉	〈a, 1〉	〈a, 〈1〉〉		
	〈b, 1〉	〈b, 〈1, 1, 1〉〉		
	〈b, 1〉			
	〈b, 1〉			

图 2.19　MapReduce 执行过程

2.4.2　MapReduce 实战

1．任务内容

1）在 Linux 编辑文件，输入单词。

2）在 HDFS 创建目录。

3）将 Linux 单词文件上传到 HDFS。

4）执行 jar 包，统计单词频数。

2．任务步骤

在图 2.2 基础上，选择任务 16，得到图 2.20。

单击“开始学习”，出现图 2.21。

图 2.20　选择 MapReduce 实例任务

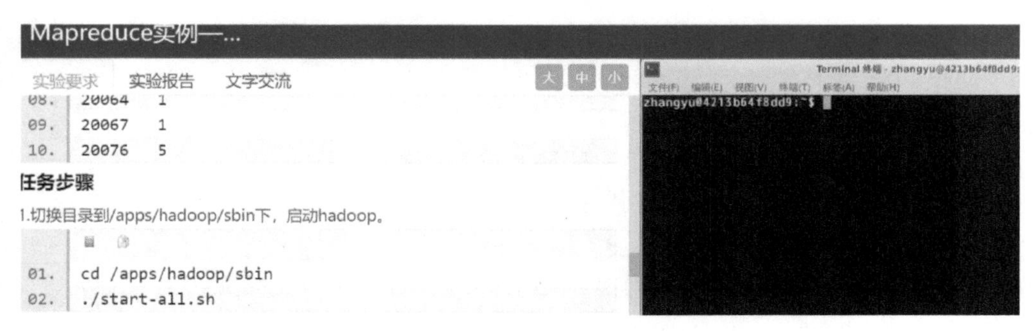

图 2.21　MapReduce 实例任务操作环境

1）在/data 目录下，使用 vim 编辑一个 data.txt 文件，内容为 hello world hello hadoop hello ipieuvre。

```
#cd /data
#vi data.txt
```

2）在 HDFS 的根下创建 in 目录，并将/data 下的 data.txt 文件上传到 HDFS 中的 in 目录。

```
#hadoop fs -put /data/data.txt /in
```

3）执行 hadoop jar 命令。在 Hadoop 的/apps/hadoop/share/hadoop/mapreduce 路径下存在 hadoop-mapreduce-examples-2.6.0-cdh5.4.5.jar 包，执行其中的 wordcount 类，数据来源为 HDFS 的/in 目录，数据输出到 HDFS 的/out 目录。

```
#hadoop jar /apps/hadoop/share/hadoop/mapreduce/hadoop-mapreduce-examples-2.6.0-cdh5.4.5.jar
wordcount /in /out
```

4）查看单词统计结果。

```
#hadoop fs -ls /out
#hadoop fs -cat /out/*
```

结果如图 2.22 所示。

```
zhangyu@e2adddc16fd8:/data$ hadoop fs -ls /out

Found 2 items
-rw-r--r--   1 zhangyu supergroup          0 2017-08-11 06:49 /out/_SUCCESS
-rw-r--r--   1 zhangyu supergroup         36 2017-08-11 06:49 /out/part-r-00000
zhangyu@e2adddc16fd8:/data$ hadoop fs -cat /out/*
hadoop  1
hello   3
ipieuvre        1
world   1
zhangyu@e2adddc16fd8:/data$
```

图 2.22　单词统计结果

2.5 ZooKeeper

2.5.1 ZooKeeper 集群

ZooKeeper 是一个集群管理工具，提供配置维护、域名服务、分布式同步和组服务等。图 2.23 显示了 ZooKeeper 体系架构。

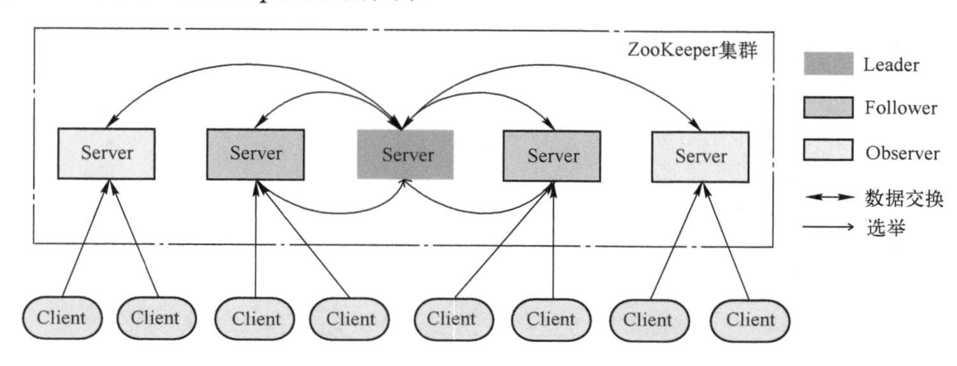

图 2.23 ZooKeeper 体系架构

1. 集群三种角色

（1）Leader

事务请求的唯一调度和处理者，保证集群事务处理的顺序性；Leader 将请求包装为 Proposal 信息，发送给 Follower。

（2）Follower

处理客户端的非事务请求，转发事务请求给 Leader 服务器；参与事务请求 Proposal 的投票；参与 Leader 选举投票。

（3）Observer

ZooKeeper 3.0 版本以后引入的一个服务器角色，在不影响集群事务处理能力的基础上提升集群的非事务处理能力；处理客户端的非事务请求，转发事务请求给 Leader 服务器；不参与任何形式的投票。

2. 半数机制

集群中只要有半数以上节点存活，集群就能够正常工作，所以一般集群中的服务器个数都为奇数，最少为 3 个。

2.5.2 部署 ZooKeeper

章鱼实验环境没有此任务。

第 1 步：下载并解压 ZooKeeper 安装包。

```
#wget http://www.yum.hadoop.com/zookeeper/zookeeper-3.4.10.tar.gz /data/
zookeeper
```

```
#tar -zxvf zookeeper-3.4.10.tar.gz  - C /apps
```

第 2 步：修改安装文件名。

```
#cd /apps
#mv zookeeper-3.4.10 zookeeper
```

第 3 步：配置 ZooKeeper 配置文件。将 zoo_sample.cfg 重命名为 zoo.cfg，并配置 zoo.cfg。

```
#cd /apps/zookeeper-3.4.10/conf/
#mv   zoo_sample.cfg   zoo.cfg
```

第 4 步：配置环境变量。在文件 ~/.bashrc 最后增加以下两行。

```
export ZOOKEEPER_HOME=/apps/zookeeper-3.4.10
export PATH=$PATH:$ZOOKEEPER_HOME/bin
```

第 5 步：系统环境变量生效。

```
#source ~/.bashrc
```

第 6 步：创建 myid 文件。

```
#mkdir /apps/zookeeper/data
#echo 0 > /apps/zookeeper/data/myid
```

第 7 步：将 ZooKeeper 服务节点信息配置到 zoo.cfg 中。修改 dataDir=/apps/zookeeper/data。在 zoo.cfg 文件底部加入以下三行。

```
server.0=hadoop1:2888:3888
server.1=hadoop2:2888:3888
server.2=hadoop3:2888:3888
```

第 8 步：将配置好的 ZooKeeper 文件复制到其他节点。

```
#scp -r /apps/zookeeper/ root@hadoop2:/opt/
#scp -r /apps/zookeeper/ root@hadoop3:/opt/
#scp ~/.bashrc root@hadoop2:~/.bashrc
#scp ~/.bashrc root@hadoop3:~/.bashrc
```

第 9 步：启动 ZooKeeper 集群（分别启动 hadoop1、hadoop2、hadoop3 节点的 ZooKeeper 集群）。

```
#zkServer.sh start
#ssh hadoop2
#zkServer.sh start
#exit
#ssh hadoop3
#zkServer.sh start
#exit
```

```
#zkServer status
#ssh hadoop2
#zkServer status
#ssh hadoop3
#zkServer status
```

第 10 步：测试 ZooKeeper。测试成功截图如图 2.24 所示。

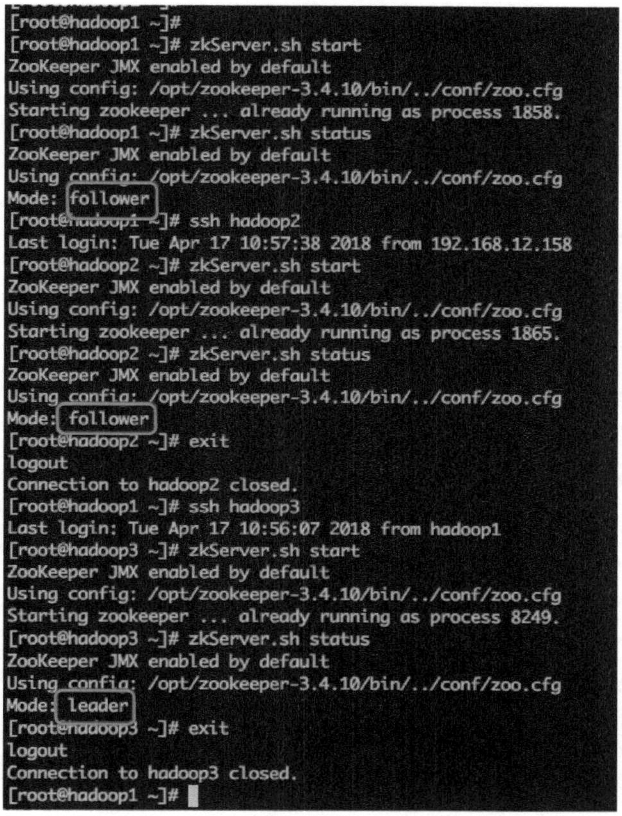

```
[root@hadoop1 ~]#
[root@hadoop1 ~]# zkServer.sh start
ZooKeeper JMX enabled by default
Using config: /opt/zookeeper-3.4.10/bin/../conf/zoo.cfg
Starting zookeeper ... already running as process 1858.
[root@hadoop1 ~]# zkServer.sh status
ZooKeeper JMX enabled by default
Using config: /opt/zookeeper-3.4.10/bin/../conf/zoo.cfg
Mode: follower
[root@hadoop1 ~]# ssh hadoop2
Last login: Tue Apr 17 10:57:38 2018 from 192.168.12.158
[root@hadoop2 ~]# zkServer.sh start
ZooKeeper JMX enabled by default
Using config: /opt/zookeeper-3.4.10/bin/../conf/zoo.cfg
Starting zookeeper ... already running as process 1865.
[root@hadoop2 ~]# zkServer.sh status
ZooKeeper JMX enabled by default
Using config: /opt/zookeeper-3.4.10/bin/../conf/zoo.cfg
Mode: follower
[root@hadoop2 ~]# exit
logout
Connection to hadoop2 closed.
[root@hadoop1 ~]# ssh hadoop3
Last login: Tue Apr 17 10:56:07 2018 from hadoop1
[root@hadoop3 ~]# zkServer.sh start
ZooKeeper JMX enabled by default
Using config: /opt/zookeeper-3.4.10/bin/../conf/zoo.cfg
Starting zookeeper ... already running as process 8249.
[root@hadoop3 ~]# zkServer.sh status
ZooKeeper JMX enabled by default
Using config: /opt/zookeeper-3.4.10/bin/../conf/zoo.cfg
Mode: leader
[root@hadoop3 ~]# exit
logout
Connection to hadoop3 closed.
[root@hadoop1 ~]#
```

图 2.24　ZooKeeper 测试成功截图

习题 2

一、单选题

【1】Hadoop 是用（　　）语言开发的。

A．Python　　B．Java　　C．C　　D．C#

【2】分布式调度器组件名称是（　　）。

A．YARN　　B．ZooKeeper　　C．HBase　　D．Hive

【3】数据仓库组件是（　　）。

A．YARN　　B．ZooKeeper　　C．HBase　　D．Hive

【4】分布式的海量日志采集组件名称是（　　）。

A. YARN　　B. ZooKeeper　　C. HBase　　D. Flume

【5】非关系型的列式数据库组件名称是（　　）。

A. YARN　　B. ZooKeeper　　C. HBase　　D. Hive

【6】以下（　　）不属于 Hadoop 可以运行的模式。

A. 单机（本地）模式　　B. 伪分布式模式

C. C/S 模式　　D. 完全分布式模式

【7】关于 Hadoop 单机模式和伪分布式模式的说法，正确的是（　　）。

A. 两者都启用守护进程，且守护进程运行在一台机器上

B. 单机模式不使用 HDFS，但加载守护进程

C. 两者都不与守护进程交互，避免复杂性

D. 后者比前者增加了 HDFS 输入输出以及可检查内存使用情况

【8】配置 Hadoop 时，JAVA_HOME 包含在（　　）配置文件中。

A. mapred-site.xml　　B. hadoop-env.sh

C. core-site.xml　　D. hdfs-site.xml

【9】显示 hadoop 集群根目录的命令是（　　）。

A. hdfs dfs　ls \　　B. hdfs dfs　-ls \

C. hdfs dfs　-ls　　D. ls \

【10】HDFS 是基于流数据模式访问和处理超大文件的需求而开发的，具有高容错、高可靠性、高可扩展性、高吞吐率等特征，适合的读写任务是（　　）。

A. 一次写入，少次读写　　B. 多次写入，少次读写

C. 一次写入，多次读写　　D. 多次写入，多次读写

【11】不参与投票的节点是（　　）。

A. Observer　　B. Leader　　C. Follower　　D. Looking

【12】HDFS 由 NameNode、DataNode、Secondary NameNode 组成，其中，DataNode 的个数为（　　）。

A. 1　　B. 2　　C. 3　　D. 不限

【13】HDFS 由 NameNode、DataNode、Secondary NameNode 组成，其中，NameNode 的个数为（　　）。

A. 1　　B. 2　　C. 3　　D. 不限

【14】HDFS 由 NameNode、DataNode、Secondary NameNode 组成，其中，Secondary NameNode 是 NameNode 的（　　）。

A. 同步备份　　B. 备份　　C. 热备份　　D. 冷备份

【15】以下关于 HDFS 设计理念叙述错误的是（　　）。

A. 兼容廉价的硬件设备　　B. 关注横向扩展

C. 适应大文件访问　　D. 适应动态数据访问

【16】以下关于 HDFS 设计理念叙述错误的是（　　）。

A. 兼容廉价的硬件设备　　B. 关注纵向扩展

C．适应大文件访问　　　　　　　　　D．适应静态数据访问

【17】以下关于 NameNode 节点叙述错误的是（　　）。

A．存储元数据：文件、块与 DataNode 之间的映射

B．元数据保存在 HDFS 中

C．NameNode 由 FsImage 和 EditLog 两个文件组成。FsImage 保存文件、块的目录结构；EditLog 保存对文件、块的操作，如创建、删除等

D．在 NameNode 统一调度下进行数据块的创建、删除和复制等操作

【18】在 HDFS 中，元数据保存在（　　）中。

A．NameNode　　B．DataNode　　C．从节点　　D．slave

【19】以下关于 HDFS 存放数据策略的叙述错误的是（　　）。

A．第一个副本放置在一台磁盘不太满、CPU 比较空闲的节点上

B．第二个副本放置在与第一个副本不同机架的节点上

C．第三个副本与第一个副本相同机架的其他节点上

D．更多副本放置在随机节点上

二、填空题

【1】搭建完 Hadoop 集群后，在（　　）节点上格式化集群。

【2】启动 Hadoop 集群时，在 Hadoop 的安装目录下使用 sbin/（　　）启动集群。

【3】Hadoop 的核心模块 HDFS 的中文含义是（　　）。

【4】在 HDFS 中，文件、块与 DataNode 之间的映射称为（　　）。

【5】NameNode 由 FsImage 和（　　）两个文件组成。

【6】Secondary NameNode 称为从元数据节点，是名称节点的（　　）。

【7】HDFS 存放数据的基本单位是（　　）。

【8】在 HDFS 中，一个数据块至少要备份（　　）份。

【9】DataNode 定时向（　　）发送状态信息。

三、判断题

【1】Hadoop 安装完成后，需要在所有节点执行格式化集群命令：haddop namenode-format。

【2】Hadoop 集群多数是主从模式。

【3】HDFS 支持数据的随机读写。

【4】写文件时，数据经过 NameNode 传递给 DataNode。

【5】HDFS 的 NameNode 保存了一个文件包括哪些数据块、分布在哪些数据节点上，这些信息也存储在硬盘上。

【6】HDFS 操作的路径可以是绝对路径，也可以是相对路径。

【7】Reduce 任务之间会进行通信。

【8】Map 过程和 Reduce 过程一一对应。

【9】Reduce 过程至少有一个。

【10】Leader 和 Follower 都能处理读请求。

【11】ZooKeeper 集群中每台服务器保存一份相同的数据副本，无论客户端连接到哪个服务器，数据都是一致的。

【12】ZooKeeper 集群中只要有半数以上节点存活，集群就能够正常工作。

四、简答题

【1】简述 Hadoop 安装过程。

【2】简述 NameNode 冷备份过程。

【3】观察图 2.18，写出你得到的结论。

实验：HDFS 操作

【实验目的】

掌握启动、访问、关闭 Hadoop 服务的方法，熟悉 Hadoop 的常用命令，通过统计 readme.txt 文档中词频的案例，深刻理解 MapReduce 的工作原理。

【实验内容】

（1）创建目录 test。

（2）把本地文件 README.txt 复制到 HDFS 节点 master 的 input 文件夹内。

（3）把/input 下文件 README.txt 改名为 1.txt。

（4）显示/input 文件夹下文件，包括权限。

（5）显示/input 下文件 README.txt 内容。

（6）把 HDFS 目录/usr 内容复制到 HDFS 另一个节点 slave1 目录/opt 下。

（7）删除/opt 下文件*.txt。

（8）修改/input 下文件 README.txt 文件权限为 752。

第 3 章　大数据采集与预处理

大数据采集与预处理是大数据处理流程的第一步，主要指网络爬虫和 ETL（Extract-Transform-Load）技术。ETL 负责将分散的、异构数据源中的数据（如关系数据、平面数据文件等）抽取（Extract）到临时中间层后，进行清洗、转换（Transform）、集成，最后加载（Load）到数据仓库或数据集市中，成为为联机分析处理、数据挖掘提供决策支持的数据。在 ETL 三个部分中，花费时间最长的是转换部分。

3.1　数据

3.1.1　数据是什么

数据不仅仅是数字，与照片捕捉了瞬间的情景一样，数据是现实世界的一个快照。数据是对人们所研究现象的属性和特征的具体描述。如果把“智慧”比作价值，那么在“数据”转为“价值”的过程中，形成 4 个层次，如图 3.1 所示。

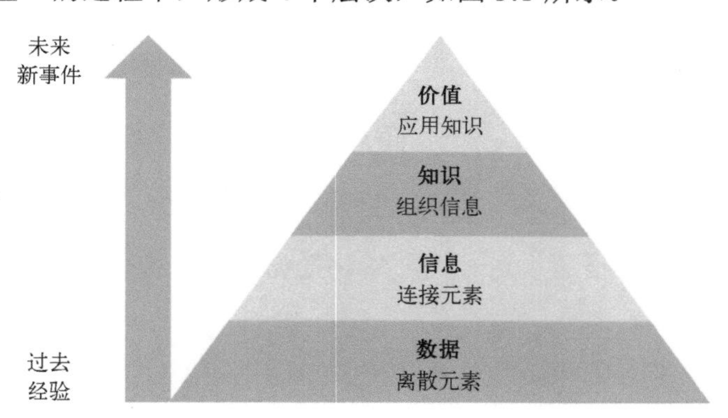

图 3.1　数据、信息、知识和价值

数据、信息、知识、价值（分析报告）之间的关系如图 3.2 所示。从图 3.2 可以得出以下两点结论。

1）分析报告源于数据，而不是知识。知识在数据转化为分析报告的过程中发挥着支撑作用。在知识的作用下，数据的原有结构与功能发生了改变，并转化为有语义的数据，即信息。对信息进行综合就得到有价值的信息。

2）知识的利用具有普遍性，贯穿整个转化过程。从数据变成信息的过程需要知识，从信息变成分析报告的过程同样也需要知识。

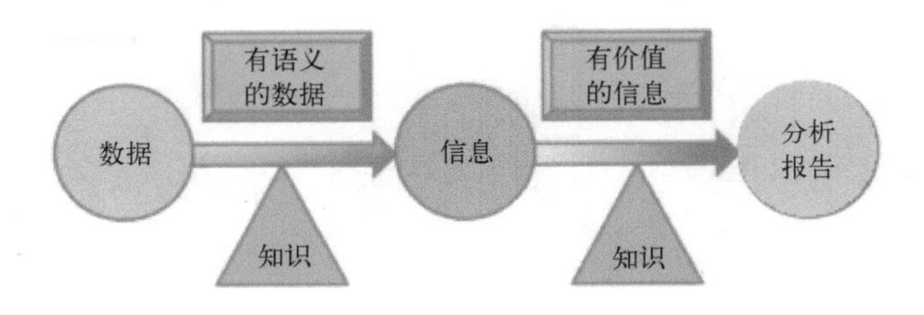

图 3.2　数据、信息、知识之间关系

3.1.2　数据分类

数据分类是帮助人们理解数据的另一个重要途径。图 3.3 给出了从三个维度分析数据特征的方法。

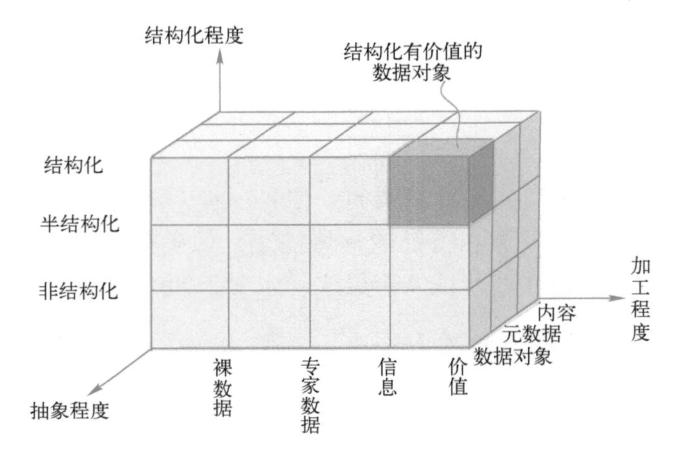

图 3.3　数据的维度

1）从数据的结构化程度看，可分为结构化数据、半结构化数据和非结构化数据，三者之间的区别见表 3.1。

表 3.1　结构化数据、半结构化数据和非结构化数据的区别

类　型	含　义	本　质	举　例	技　术
结构化数据	直接可以用传统关系数据库存储和管理的数据	先有结构，后有管理	数字、符号、表格	SQL
非结构化数据	无法用传统关系数据库存储和管理的数据	难以发现统一的结构	语音、图像、文本	NoSQL、NewSQL
半结构化数据	经过转换用传统关系数据库存储和管理的数据	先有数据，后有结构	HTML、XML	RDF、OWL

在小数据时代，结构化数据处理占主要地位，随着大数据技术的成熟，处理非结构化数据逐渐成为重点。

2）从数据的加工程度看，可分为裸数据、专家数据、信息和价值，它们之间的关系如图 3.4 所示。

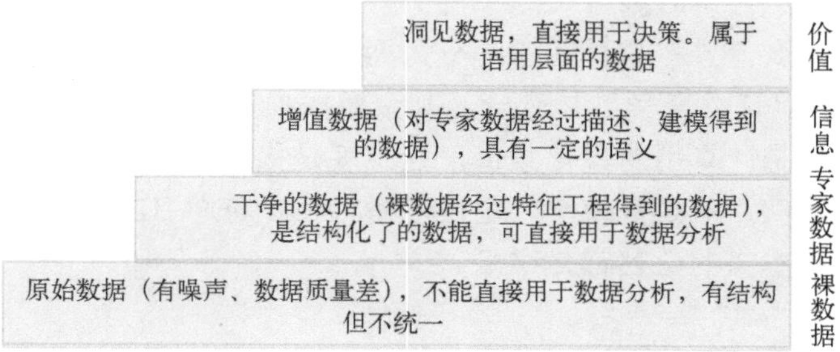

洞见数据，直接用于决策。属于语用层面的数据　价值

增值数据（对专家数据经过描述、建模得到的数据），具有一定的语义　信息

干净的数据（裸数据经过特征工程得到的数据），是结构化了的数据，可直接用于数据分析　专家数据

原始数据（有噪声、数据质量差），不能直接用于数据分析，有结构但不统一　裸数据

图 3.4　裸数据、专家数据、信息和价值之间的关系

这里需要强调，裸数据、专家数据、信息和价值是相对的，取决于分析目标和个人对数据的理解。专家数据的质量对数据分析的结果影响甚远，获取专家数据是整个数据分析过程最困难、最耗时、最具挑战的环节。

从价值角度，把数据分为线上数据（热数据、流动数据）和线下数据（冷数据、静态数据），线上数据比线下数据更有价值。

3）从抽象程度看，数据内容是具体的，没有抽象；元数据记录的是数据内容的分类信息，相当于文件夹，每个文件夹是内容相互关联的数据内容，有一定的抽象；数据类型是数据元（Data Element），是用一组属性描述其定义、标识、表示和允许值的数据单元，在一定语境下，通常用于构建一个语义正确、独立且无歧义的特定概念语义的信息单元。数据元可以理解为数据的基本单元，将若干具有相关性的数据元按一定的次序组成一个整体结构即为数据模型，它是抽象级别最高的数据。

3.1.3　度量和维度

表 3.2 是一个简单的消费者购物的数据例子。

表 3.2　消费者购物的数据

订单 ID	用户 ID	地　区	年　龄	订单金额	订单商品	订单时间
1	99	北京	19	126	T 恤衫	2014/10/8
2	1008	北京	14	80	牛仔裤	2014/9/1
3	27	上海	24	309	衬衫	2014/3/14
4	67	北京	22	286	衬衫	2013/5/25
5	983	北京	21	222	毛衣	2013/12/14
6	266	上海	31	560	西服	2014/1/8
7	54	上海	25	313	衬衫	2012/6/6
8	498	广州	22	275	衬衫	2012/11/9
9	1209	北京	24	299	牛仔裤	2013/4/1
10	709	北京	18	120	T 恤衫	2014/8/10

表 3.2 里涉及的数据项（或者叫字段）有“订单 ID”“用户 ID”“地区”“年龄”“订

单金额”“订单商品”“订单时间”。

这些数据项有什么差异？总体而言，分为两种，一种叫维度，另一种叫度量（或者叫指标）。在表 3.2 里，“订单金额”是度量，其余数据项都是维度。

可以看出，度量是计算用的量化数值，而维度是描述事物的各种属性信息。

虽然度量都是数值，但是数值不一定是度量，比如订单 ID 是数值，但它不是度量而是维度，像时间、文本类的数据都是维度。

注意：

1）维度和度量是可以转换的。比如要看“年龄”的平均数，这里的“年龄”就是度量，要看 19 岁用户的订单情况，这里的“年龄”就是维度。对于一个数据项而言，到底它是维度还是度量，是根据用户的需求而定的。

2）维度可以衍生出新的维度和度量，比如用“地区”维度衍生出一个大区维度，“北京”“天津”都对应“华北大区”，或者用“年龄”维度衍生出一个年龄范围维度，20～29岁=“青年人”，30～39 岁=“中年人”，40～49 岁=“资深中年人”。再比如上述的平均年龄，就是用“年龄”维度衍生出一个度量。

3）度量也可以衍生出新的维度和度量，比如用“订单金额”度量衍生出一个金额范围维度，100 元以下对应“小额订单”，500 元以上对应“大额订单”等。再比如用“收入”度量和“成本”度量相减，可以得到一个“利润”度量。

3.2 数据采集

3.2.1 数据采集概述

数据采集是指从传感器、网站和其他待测对象中自动获取数据的过程。

1）按采集频率分为低频数据采集和高频数据采集。

2）按采集方式分为定时采集和实时采集。

有目的地收集数据是确保数据分析过程有效的基础，需要对收集数据的内容、渠道、方法进行策划。数据采集策划时应考虑以下三点。

1）将业务需求转化为具体的数据要求。

2）明确由谁在何时何处通过何种渠道和方法收集到的数据。

3）采取有效措施，防止数据丢失和虚假数据对系统的干扰。

3.2.2 数据采集工具

1. 日志采集

很多互联网企业都有自己的海量数据采集工具，如 Hadoop 的 Chukwa、Cloudera 的 Flume、Facebook 的 Scribe 等，这些工具均采用分布式架构，能满足每秒数百 MB 的日志数据采集和传输需求。

2．数据迁移——Sqoop

一些企业会使用传统的关系型数据库来存储数据。Sqoop 主要用在 Hadoop 与传统的数据库间进行数据的传递，可以将一个关系型数据库中的数据导入 HDFS、HBase、Hive 中，也可以将 HDFS、HBase、Hive 中的数据导入关系型数据库中，如图 3.5 所示。

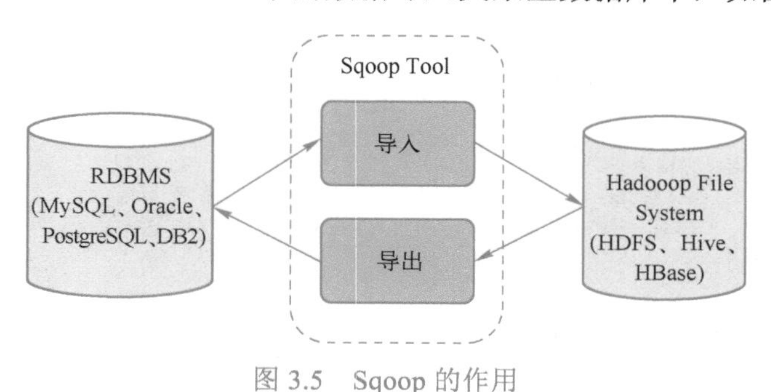

图 3.5　Sqoop 的作用

Sqoop 结构如图 3.6 所示。

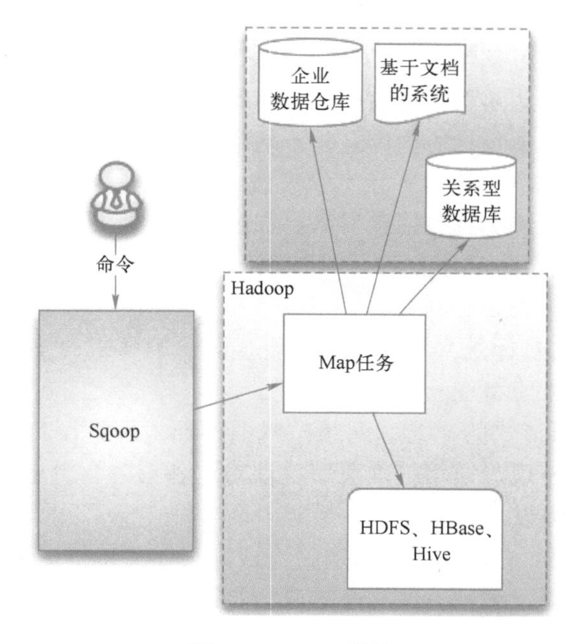

图 3.6　Sqoop 结构

Sqoop 架构非常简单，其底层就是 Map 任务，其整合了 Hive、HBase 和 Oozie，通过 Map 任务来传输数据，从而提供并发和容错性。

Sqoop 的本质就是把 Sqoop 的迁移命令转换成 MR 程序。

3．内容推荐——Kafka

Kafka 是一种高吞吐量的分布式发布订阅消息系统。Kafka 以集群的方式运行，可以由一个或多个服务组成，每个服务叫作一个 Broker，其结构如图 3.7 所示。

这里只需要关注三个概念：Producer、Topic 和 Consumer。Producer（生产者）相当

于微博中的博主，它们是生产内容（消息）的，Topic（话题）相当于微博中的某个话题，Consumer（消费者）相当于用户。工作流程就是，Consumer 订阅某个 Topic，Producer 发布了对应话题的内容，Consumer 就保存起来。Consumer 空闲时就去处理保存的数据内容。这样做主要是为了解决生产者产生内容的速度和消费者处理数据的速度不同步的问题。

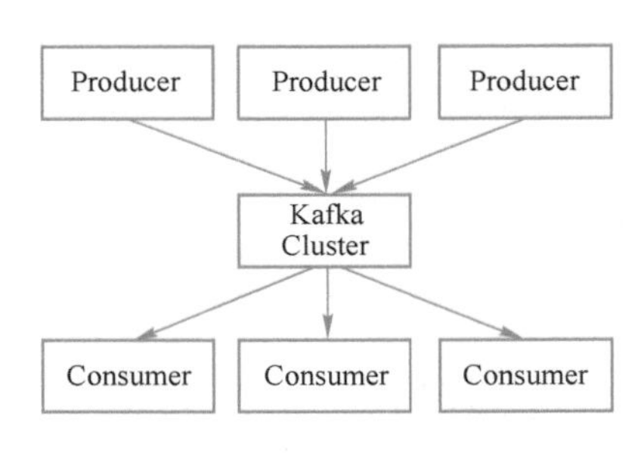

图 3.7　Kafka 结构

4．网络数据采集——爬虫

网络数据采集是指通过网络爬虫或网站公开 API 等方式从网站上获取数据信息。该方法可以将非结构化数据从网页中抽取出来，将其存储为统一的本地数据文件，并以结构化的方式存储。除了网络中包含的内容之外，对于网络流量的采集可以使用 DPI（深度包检测）或 DFI（深度/动态流检测）等带宽管理技术进行处理。

网络爬虫的动机就是解决目前搜索引擎存在的如下问题。

1）不同领域、不同背景的用户往往具有不同的检索目的和需求，通用搜索引擎所返回的结果包含大量用户不关心的网页。

2）通用搜索引擎的目标是网络覆盖率尽可能大，有限的搜索引擎服务器资源与无限的网络数据资源之间的矛盾将进一步加深。

3）随着万维网数据形式的丰富和网络技术的不断发展，图片、数据库、音频、视频多媒体等不同数据大量出现，通用搜索引擎往往对这些信息含量密集且具有一定结构的数据无能为力，不能很好地发现和获取这些数据。

4）通用搜索引擎大多提供基于关键字的检索，难以支持根据语义信息提出的查询。

网络爬虫是一个自动下载网页的程序，它根据既定的抓取目标，有选择地访问万维网上的网页与相关的链接，获取所需要的信息。网络爬虫并不追求大的覆盖，而将目标定为抓取与某一特定主题内容相关的网页，为面向主题的用户查询准备数据资源。

5．信号采集——传感器

常见的传感器有温度传感器、湿度传感器、压力传感器、位移传感器、流量传感器、液位传感器、力传感器、加速度传感器及转矩传感器等，如图 3.8 所示。

按工作原理可划分为以下 8 种。

（1）电学式传感器

电学式传感器是非电量电测技术中应用范围较广的一种传感器，常用的有电阻式传感器、电容式传感器、电感式传感器、磁电式传感器及电涡流式传感器等。

1）电阻式传感器是利用变阻器将被测非电量转换为电阻信号的原理制成的。电阻式传感器一般有电位器式、触点变阻式、电阻应变片式及压阻式传感器等。电阻式传感器主要用于位移、压力、力、应变、力矩、气流流速、液位和液体流量等参数的测量。

2）电容式传感器是利用改变电容的几何尺寸或改变介质的性质和含量，从而使电容量发生变化的原理制成的，主要用于压力、位移、液位、厚度、水分含量等参数的测量。

图 3.8　各式各样的传感器

3）电感式传感器是利用改变磁路几何尺寸、磁体位置来改变电感或互感的电感量或压磁效应原理制成的，主要用于位移、压力、力、振动、加速度等参数的测量。

4）磁电式传感器是利用电磁感应原理把被测非电量转换成电量制成的，主要用于流量、转速和位移等参数的测量。

5）电涡流式传感器是利用金属在磁场中运动切割磁力线，在金属内形成涡流的原理制成的，主要用于位移及厚度等参数的测量。

（2）磁学式传感器

磁学式传感器是利用铁磁物质的一些物理效应而制成的，主要用于位移、转矩等参数的测量。

（3）光电式传感器

光电式传感器在非电量电测及自动控制技术中占有重要的地位。它是利用光电器件的光电效应和光学原理制成的，主要用于光强、光通量、位移、浓度等参数的测量。

（4）电势型传感器

电势型传感器是利用热电效应、光电效应、霍尔效应等原理制成的，主要用于温度、磁通、电流、速度、光强、热辐射等参数的测量。

（5）电荷传感器

电荷传感器是利用压电效应原理制成的，主要用于力及加速度的测量。

（6）半导体传感器

半导体传感器是利用半导体的压阻效应、内光电效应、磁电效应、半导体与气体接触产生物质变化等原理制成的，主要用于温度、湿度、压力、加速度、磁场和有害气体的测量。

（7）谐振式传感器

谐振式传感器是利用改变电或机械的固有参数来改变谐振频率的原理制成的，主要用来测量压力。

（8）电化学式传感器

电化学式传感器是以离子导电为基础制成的，根据其电特性的形成不同，电化学式传感器可分为电位式传感器、电导式传感器、电量式传感器、极谱式传感器和电解式传感器等。电化学式传感器主要用于分析气体、液体或溶于液体的固体成分，液体的酸碱度、电导率及氧化还原电位等参数的测量。

3.3 日志采集组件 Flume

3.3.1 Flume 结构

Flume 是 Apache 旗下的一款开源、高可靠、高扩展、容易管理、支持客户扩展的数据采集系统。它的工作原理类似于一节一节的水管。每一节水管（Agent）的结构如图 3.9 所示，Agent 是 Flume 运行的最小单位。

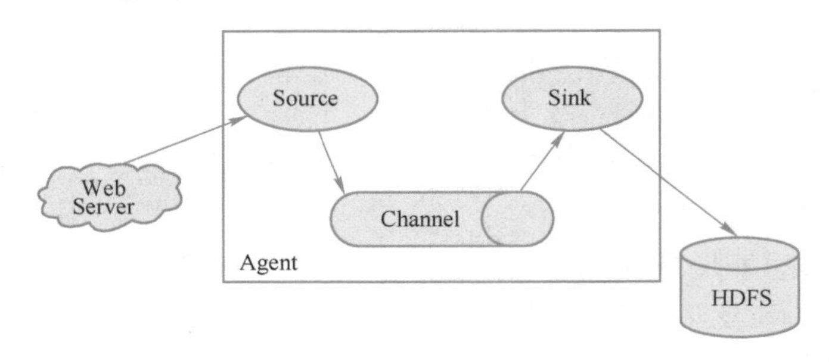

图 3.9 Flume 结构图

1）一个 Agent 就是一个 JVM。

2）单 Agent 由 Source、Sink 和 Channel 三大组件构成。

3）Sink 负责持久化日志或者把事件推向另一个 Source。

4）为了保证输送一定成功，在送到目的地之前，会先将数据缓存到 Channel，待数据真正到达目的地后，删除自己缓存的数据。

5）Source 组件是专门用于收集日志的，可以处理各种类型各种格式的日志数据，如 Avro、Thrift、EXEC、JMS、Spooling Directory、Netcat、Sequence Generator、Syslog、HTTP、Legacy、自定义。

6）Source 组件可以把收集的数据临时存放在 Channel 中。

在实际生产环境中，Flume 允许多个 Agent 连在一起，形成前后相连的多级流。Flume 有多种组合方式。比如多个 Source 收集不同格式的数据输出到同一个 Sink 中（见图 3.10），或者一个 Source 收集的数据输出到多个 Sink 中（见图 3.11）。

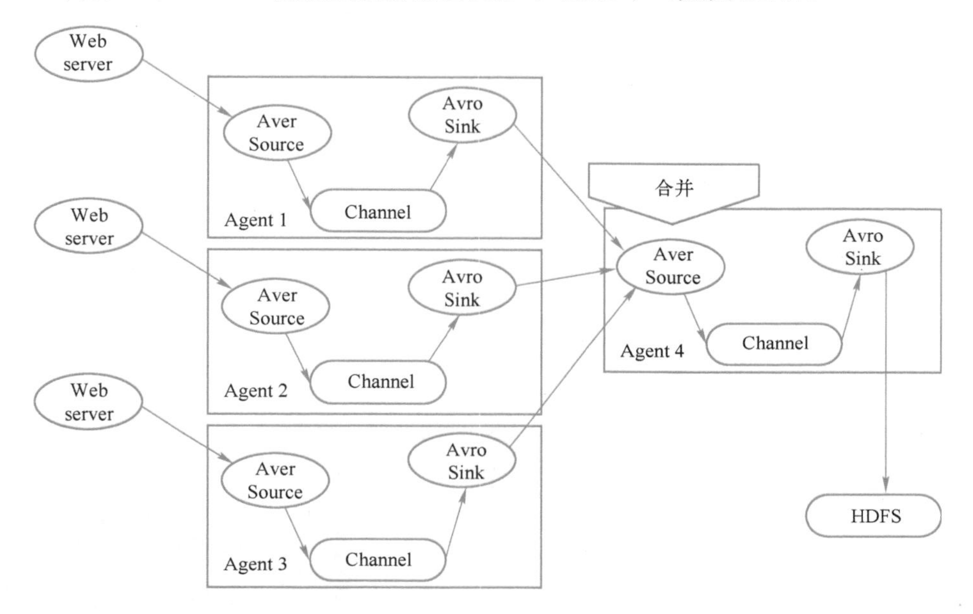

图 3.10　多个 Source 收集不同格式的数据输出到同一个 Sink 中

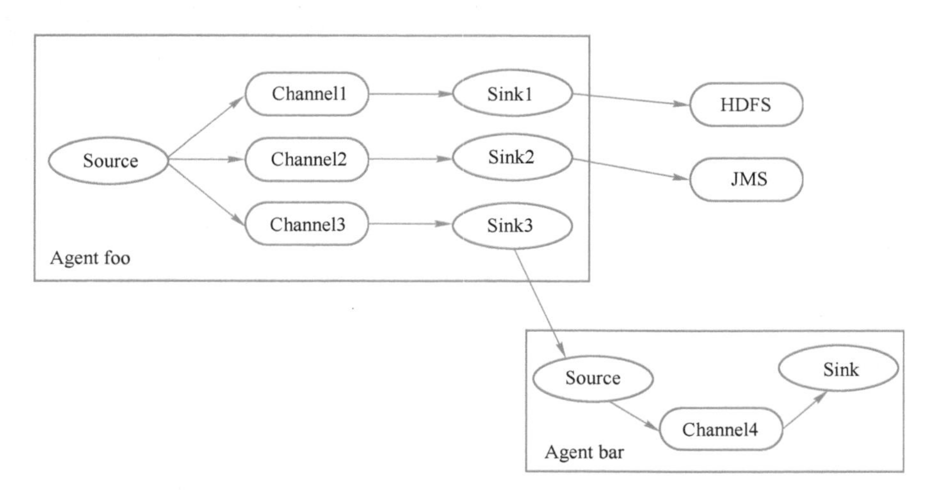

图 3.11　一个 Source 收集的数据输出到多个 Sink 中

3.3.2 Flume 部署

在章鱼平台搜索 Flume 课程，得到图 3.12。

图 3.12 Flume 课程

选择任务 02，得到图 3.13。

图 3.13 选择任务 02

单击“开始学习”，出现图 3.14。

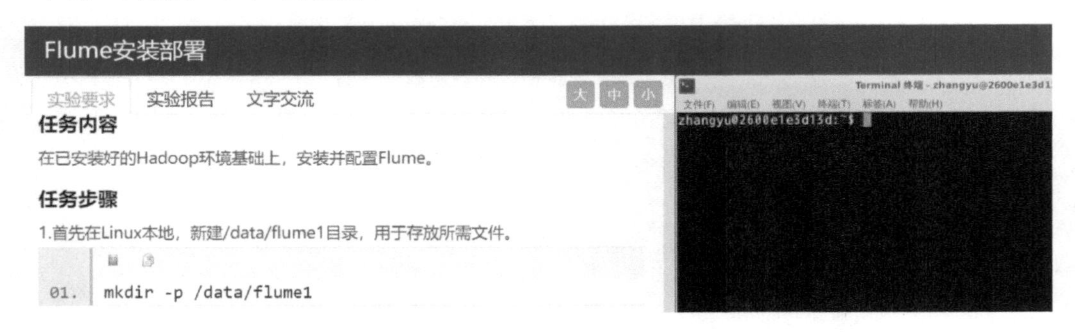

图 3.14 Flume 安装部署操作环境

1）首先在 Linux 本地，新建/data/flume1 目录，用于存放所需文件。

```
#mkdir -p /data/flume1
```

2）切换到/data/flume1 目录，使用 wget 命令，下载 Hive 所需安装包 flume-ng-1.5.0-cdh5.4.5.tar.gz。

```
#cd /data/flume1
#get http://192.168.1.100:60000/allfiles/flume1/flume-ng-1.5.0-cdh5.4.5.tar.gz
```

3）将/data/flume1 目录下的 Flume 的压缩包解压缩到/apps 目录下。

```
#tar -xzvf /data/flume1/flume-ng-1.5.0-cdh5.4.5.tar.gz -C /apps
```

4）将解压缩后的目录 apache-flume-1.5.0-cdh5.4.5-bin 重命名为 flume。

```
#cd /apps
#mv /apps/apache-flume-1.5.0-cdh5.4.5-bin/  /apps/flume
```

5）修改系统环境变量。

```
#sudo vim ~/.bashrc
```

将以下内容追加到系统环境变量文件中。

```
export FLUME_HOME=/apps/flume
export FLUME_CONF_DIR=$FLUME_HOME/conf
export PATH=$FLUME_HOME/bin:$PATH
```

6）使系统环境变量生效。

```
#source ~/.bashrc
```

7）配置 Flume。切换到/apps/flume/conf 目录，并将配置文件。将 flume-env.sh.template 重命名为 flume-env.sh。

```
#cd /apps/flume/conf
#mv flume-env.sh.template /apps/flume/conf/flume-env.sh
```

使用 vim 命令打开 flume-env.sh 文件。

```
#vim flume-env.sh
```

并将 JDK 的路径添加到 flume-env.sh 文件中。

```
export JAVA_HOME=/apps/java
```

8）执行以下命令，测试 Flume 的安装是否正常。

```
#flume-ng version
```

Flume 部署成功的输出内容如图 3.15 所示。

```
zhangyu@df0645bac7ce:/apps/flume/conf$ flume-ng version
Flume 1.5.0-cdh5.4.5
Source code repository: https://git-wip-us.apache.org/repos/asf/flume.git
Revision: b59af3a908be1391c75b22be853aa433a4164bd3
Compiled by jenkins on Wed Aug 12 14:14:31 PDT 2015
From source with checksum 4fef0a328c0fe121bdc8e1fa65937677
```

图 3.15　Flume 部署成功的输出内容

3.3.3　Flume 实战

1．任务 1

在章鱼平台上选择 Flume 课程 04 任务。将三个组件的类型设置为 source:exec、channel: memory、sink:logger，数据是/data/flume2/目录下的 goods 文件。任务 1 是一个简单的 Flume

配置，它的结构由以下几部分组成：首先定义各个组件，其次配置 Source 的类型为 exec，并定义了命令 command 为 tail -n 20 /data/flume2/goods（查看/data/flume2 目录下的 goods 文件里的倒数 20 行记录），然后配置 Channel 的类型为 memory，Sink 的类型为 logger，最后将各个组件关联起来（设置 Source 的 Channel 为 ch，Sink 的 Channel 也为 ch）。

1）启动 Hadoop。

2）切换到/data/flume2 目录下，如不存在则需提前创建 flume2 文件夹，使用 wget 命令，在此目录下下载 http://192.168.1.100:60000/allfiles/flume2 中的文件。

```
#mkdir /data/flume2
#cd /data/flume2
#wget http://192.168.1.100:60000/allfiles/flume2/goods
#wget http://192.168.1.100:60000/allfiles/flume2/exec_mem_logger.conf
#wget http://192.168.1.100:60000/allfiles/flume2/exec_mem_hdfs.conf
#wget http://192.168.1.100:60000/allfiles/flume2/exec_file_hdfs.conf
#wget http://192.168.1.100:60000/allfiles/flume2/syslog_mem_logger.conf
```

3）切换到/apps/flume/conf 目录下，使用 vim 编辑 conf 文件，名为 exec_mem_logger.conf。

```
#cd /apps/flume/conf
#vim exec_mem_logger.conf
```

将以下内容写入 exec_mem_logger.conf 文件中。

```
#定义各个组件
agent1.sources = src
agent1.channels = ch
agent1.sinks = des

#配置 Source
agent1.sources.src.type = exec
agent1.sources.src.command = tail -n 20 /data/flume2/goods

#配置 Channel
agent1.channels.ch.type = memory

#配置 Sink
agent1.sinks.des.type = logger

#下面是把上面设置的组件关联起来（用线把点连起来）
agent1.sources.src.channels = ch
agent1.sinks.des.channel = ch
```

4）启动 Flume。

```
#flume-ng agent -c /conf -f /apps/flume/conf/exec_mem_logger.conf -n agent1 -Dflume.root.logger=DEBUG,console
```

参数说明如下。

-c 表示配置文件存放的目录。

-f 表示所使用的配置文件路径。

-n 表示 Agent 的名称。

5）查看输出效果，如图 3.16 所示，按〈Ctrl+C〉快捷键停止 Flume。

```
17/03/16 02:31:00 INFO sink.LoggerSink: Event: { headers:{} body: 31 30 32 34 36 35 39 09 31 09 35 32 30 35 32 09 102465
9.1.52052. }
17/03/16 02:31:00 INFO sink.LoggerSink: Event: { headers:{} body: 31 30 32 30 36 34 32 09 31 09 35 32 30 39 37 09 102064
2.1.52097. }
17/03/16 02:31:00 INFO sink.LoggerSink: Event: { headers:{} body: 31 30 32 34 36 36 31 09 31 09 35 32 30 35 32 09 102466
1.1.52052. }
17/03/16 02:31:00 INFO sink.LoggerSink: Event: { headers:{} body: 31 30 32 34 36 36 32 09 31 09 35 32 30 35 37 09 102466
2.1.52057. }
17/03/16 02:31:00 INFO sink.LoggerSink: Event: { headers:{} body: 31 30 32 34 36 36 33 09 31 09 35 32 30 35 37 09 102466
3.1.52057. }
17/03/16 02:31:00 INFO sink.LoggerSink: Event: { headers:{} body: 31 30 32 34 36 36 34 09 31 09 35 32 30 35 37 09 102466
4.1.52057. }
17/03/16 02:31:00 INFO sink.LoggerSink: Event: { headers:{} body: 31 30 32 34 36 36 35 09 31 09 35 32 30 38 30 09 102466
5.1.52080. }
17/03/16 02:31:00 INFO sink.LoggerSink: Event: { headers:{} body: 31 30 32 34 36 36 36 09 31 09 35 32 30 38 30 09 102466
6.1.52080. }
17/03/16 02:31:00 INFO sink.LoggerSink: Event: { headers:{} body: 31 30 32 34 36 36 37 09 31 09 35 32 30 38 36 09 102466
7.1.52086. }
17/03/16 02:31:00 INFO sink.LoggerSink: Event: { headers:{} body: 31 30 32 34 30 32 35 09 36 09 35 32 30 35 39 09 102402
5.6.52059. }
17/03/16 02:31:00 INFO sink.LoggerSink: Event: { headers:{} body: 31 30 32 34 30 31 39 09 36 09 35 32 30 35 39 09 102401
9.6.52059. }
17/03/16 02:31:00 INFO sink.LoggerSink: Event: { headers:{} body: 31 30 32 34 36 36 38 09 31 09 35 32 30 38 36 09 102466
8.1.52086. }
```

图 3.16　任务 1 执行结果

2. 任务 2

将三个组件的类型设置为 source:exec、channel:memory、sink:hdfs。任务 2 相对于任务 1，它的 Sink 类型发生了变化，变成 hdfs 型。其结构中定义的各组件，Source 配置没有变，在配置 Channel 时最大容量 capacity 为 1000000，通信的最大容量为 100，在配置 Sink 时类型变为 hdfs，路径设置为 hdfs：//localhost:9000/myflume2/exec_mem_hdfs/%Y/%m/%d，其中，%Y/%m/%d 代表年月日，数据类型为文本型，写入格式为 Text 格式，写入 HDFS 的文件是否新建有几种判断方式：rollInterval 表示基于时间判断，单位是 s，当为 0 时，表示不基于时间判断；rollSize 表示基于文件大小判断；单位是 B，当为 0 时表示不基于大小判断；rollCount 表示基于写入记录的条数来判断，当为 0 时，表示不基于条数来判断；idleTimeout 表示基于空闲时间来判断，单位是 s，当为 0 时，表示不基于空闲时间来判断。最后和任务 1 一样通过设置 Source 和 Sink 的 Channel 都为 ch，把 Source、Channel 和 Sink 三个组件关联起来。

1）使用 vim 编辑 conf 文件，名为 exec_mem_hdfs.conf。

```
cd /apps/flume/conf
vim exec_mem_hdfs.conf
```

将以下内容写入 exec_mem_hdfs.conf 文件中。

```
#定义各个组件
agent1.sources = src
agent1.channels = ch
agent1.sinks = des
```

```
#配置 Source
agent1.sources.src.type = exec
agent1.sources.src.command = tail -n 20 /data/flume2/goods

#配置 Channel
agent1.channels.ch.type = memory
agent1.channels.ch.keep-alive = 30
agnet1.channels.ch.capacity = 1000000
agent1.channels.ch.transactionCapacity = 100

#配置 Sink
agent1.sinks.des.type = hdfs
agent1.sinks.des.hdfs.path = hdfs://localhost:9000/myflume2/exec_mem_hdfs/%Y%m%d/
agent1.sinks.des.hdfs.useLocalTimeStamp = true

#设置 Flume 临时文件的前缀为 . 或 _ 在 Hive 加载时，会忽略此文件
agent1.sinks.des.hdfs.inUsePrefix=_
#设置 Flume 写入文件的前缀是什么
agent1.sinks.des.hdfs.filePrefix = abc
agent1.sinks.des.hdfs.fileType = DataStream
agent1.sinks.des.hdfs.writeFormat = Text
#HDFS 创建多久会新建一个文件，0 为不基于时间判断，单位为 s
agent1.sinks.des.hdfs.rollInterval = 30
#HDFS 写入的文件达到多大时创建新文件，0 为不基于空间大小，单位 B
agent1.sinks.des.hdfs.rollSize = 100000
#HDFS 有多少条消息记录时创建文件，0 为不基于条数判断
agent1.sinks.des.hdfs.rollCount = 10000
#HDFS 空闲多久就新建一个文件，单位为 s
agent1.sinks.des.hdfs.idleTimeout = 30
#下面是把上面设置的组件关联起来
agent1.sources.src.channels = ch
agent1.sinks.des.channel = ch
```

2）启动 Flume。

```
#flume-ng agent -c /conf -f /apps/flume/conf/exec_mem_hdfs.conf -n agent1 -Dflume.root.logger=
DEBUG,console
```

3）在另一窗口查看 HDFS 上的输出，如图 3.17 所示，按〈Ctrl+C〉快捷键停止 Flume。

```
#hadoop fs -ls -R /myflume2
```

```
zhangyu@9cfe06bc0c85:/data/flume2$ hadoop fs -ls -R /myflume2
drwxr-xr-x   - zhangyu supergroup          0 2017-03-16 02:38 /myflume2/exec_mem_hdfs
drwxr-xr-x   - zhangyu supergroup          0 2017-03-16 02:39 /myflume2/exec_mem_hdfs/20170316
-rw-r--r--   1 zhangyu supergroup        360 2017-03-16 02:39 /myflume2/exec_mem_hdfs/20170316/abc.1489631924259
zhangyu@9cfe06bc0c85:/data/flume2$
```

图 3.17　任务 2 执行结果

3．任务 3

将三个组件的类型设置为 source:exec、channel:file、sink:hdfs。任务 3 相对于任务 2 把通道 Channel 的类型从 memory 改为 file。其结构在各组件定义、配置 Source 和设置组件的关联三方面与任务 2 一样。在配置 Channel 时把类型变为 file 型，并设置了检查点目录 checkpointDir 为/data/flume2/ckdir（用于检查 Flume 与 HDFS 是否正常通信），还设置了数据存储目录 dataDir 为/data/flume2/dataDir。在 Sink 配置中相对任务 2 增添了 useLocalTimeStamp、inUsePrefix 和 filePrefix 这三个设置。useLocalTimeStamp 设置是判断是否开启使用本地时间戳，当设置为 true 时表示开启。inUsePrefix 表示设置临时文件的前缀，这里设置为“_”，filePrefix 表示文件的前缀设置，这里设置为 abc。

1）使用 vim 编辑 conf 文件，名为 exec_file_hdfs.conf。

2）启动 Flume。

```
#flume-ng agent -c /conf -f /apps/flume/conf/exec_file_hdfs.conf -n agent1 -Dflume.root.logger=
DEBUG,console
```

3）在另一窗口查看 HDFS 上的输出，如图 3.18 所示，按〈Ctrl+C〉快捷键停止 Flume。

```
#hadoop fs -ls -R /myflume2
```

```
zhangyu@9cfe06bc0c85:/data/flume2$ hadoop fs -ls -R /myflume2
drwxr-xr-x   - zhangyu supergroup          0 2017-03-16 02:52 /myflume2/exec_file_hdfs
drwxr-xr-x   - zhangyu supergroup          0 2017-03-16 02:53 /myflume2/exec_file_hdfs/20170316
-rw-r--r--   1 zhangyu supergroup        360 2017-03-16 02:53 /myflume2/exec_file_hdfs/20170316/abc.1489632758993
drwxr-xr-x   - zhangyu supergroup          0 2017-03-16 02:38 /myflume2/exec_mem_hdfs
drwxr-xr-x   - zhangyu supergroup          0 2017-03-16 02:39 /myflume2/exec_mem_hdfs/20170316
-rw-r--r--   1 zhangyu supergroup        360 2017-03-16 02:39 /myflume2/exec_mem_hdfs/20170316/abc.1489631924259
zhangyu@9cfe06bc0c85:/data/flume2$ _
```

图 3.18　任务 3 执行结果

4．任务 4

将三个组件的类型设置为 source:syslogtcp、channel:memory、sink:logger。任务 4 是一个比较简单的 Flume 组件配置。首先定义各组件，然后配置 Source，Source 的类型配置为 syslogtcp，监听端口为 6868，主机名为 localhost，接下来是配置 Channel 的类型为 memeory，Sink 的类型为 logger，最后通过定义 Source 和 Sink 的 Channel 都为 ch，将 Source、Channel 和 Sink 三个组件关联起来。

1）使用 vim 编辑 conf 文件，名为 syslog_mem_logger.conf。

2）启动 Flume。

```
flume-ng agent -c /conf -f /apps/flume/conf/syslog_mem_logger.conf -n agent1 -
Dflume.root.logger=DEBUG,console
```

3）在另一个窗口，向 6868 端口发送数据。

```
echo "hello can you hear me?" | nc localhost 6868
```

4）在刚才执行启动 flume 命令的窗口查看输出，如图 3.19 所示，按〈Ctrl+C〉快捷键停止 Flume。

```
17/03/16 03:05:55 INFO conf.FlumeConfiguration: Added sinks: des Agent: agent1
17/03/16 03:05:55 INFO conf.FlumeConfiguration: Post-validation flume configuration contains configuration for agents: [
agent1]
17/03/16 03:05:55 INFO node.AbstractConfigurationProvider: Creating channels
17/03/16 03:05:55 INFO channel.DefaultChannelFactory: Creating instance of channel ch type memory
17/03/16 03:05:55 INFO node.AbstractConfigurationProvider: Created channel ch
17/03/16 03:05:56 INFO source.DefaultSourceFactory: Creating instance of source src, type syslogtcp
17/03/16 03:05:56 INFO sink.DefaultSinkFactory: Creating instance of sink: des, type: logger
17/03/16 03:05:56 INFO node.AbstractConfigurationProvider: Channel ch connected to [src, des]
17/03/16 03:05:56 INFO node.Application: Starting new configuration:{ sourceRunners:{src=EventDrivenSourceRunner: { sour
ce:org.apache.flume.source.SyslogTcpSource{name:src,state:IDLE} }} sinkRunners:{des=SinkRunner: { policy:org.apache.flum
e.sink.DefaultSinkProcessor@3bfa3fa9 counterGroup:{ name:null counters:{} } }} channels:{ch=org.apache.flume.channel.Mem
oryChannel{name: ch}} }
17/03/16 03:05:56 INFO node.Application: Starting Channel ch
17/03/16 03:05:56 INFO instrumentation.MonitoredCounterGroup: Monitored counter group for type: CHANNEL, name: ch: Succe
ssfully registered new MBean.
17/03/16 03:05:56 INFO instrumentation.MonitoredCounterGroup: Component type: CHANNEL, name: ch started
17/03/16 03:05:56 INFO node.Application: Starting Sink des
17/03/16 03:05:56 INFO node.Application: Starting Source src
17/03/16 03:05:56 INFO source.SyslogTcpSource: Syslog TCP Source starting...
17/03/16 03:06:00 WARN source.SyslogUtils: Event created from Invalid Syslog data.
17/03/16 03:06:00 INFO sink.LoggerSink: Event: { headers:{Severity=0, flume.syslog.status=Invalid, Facility=0} body: 68
65 6C 6C 6F 20 63 61 6E 20 79 6F 75 20 68 65 hello can you he }
```

图 3.19　任务 4 执行结果

3.4　数据清洗

在大数据环境下，要做好数据分析并以此做出决策判断的基础工作是数据清洗。由于大数据具有体量大、维度多、格式杂、精确低等特点，不适合直接用来分析，需要对数据进行清理。高质量的数据才能体现出数据的大价值。

数据清洗的主要任务是通过处理缺失值、异常值、虚假值、不一致数据和重复数据来提高数据的质量，使分析结果更客观、更可靠。下面主要介绍缺失值处理和异常值处理。

启示：理解数据清洗源自质量意识，质量第一才能保证在激烈竞争中处于不败之地。

3.4.1　缺失值处理

缺失值处理需要讨论三个问题：缺失原因、缺失类型和缺失处理方法，如图 3.20 所示。

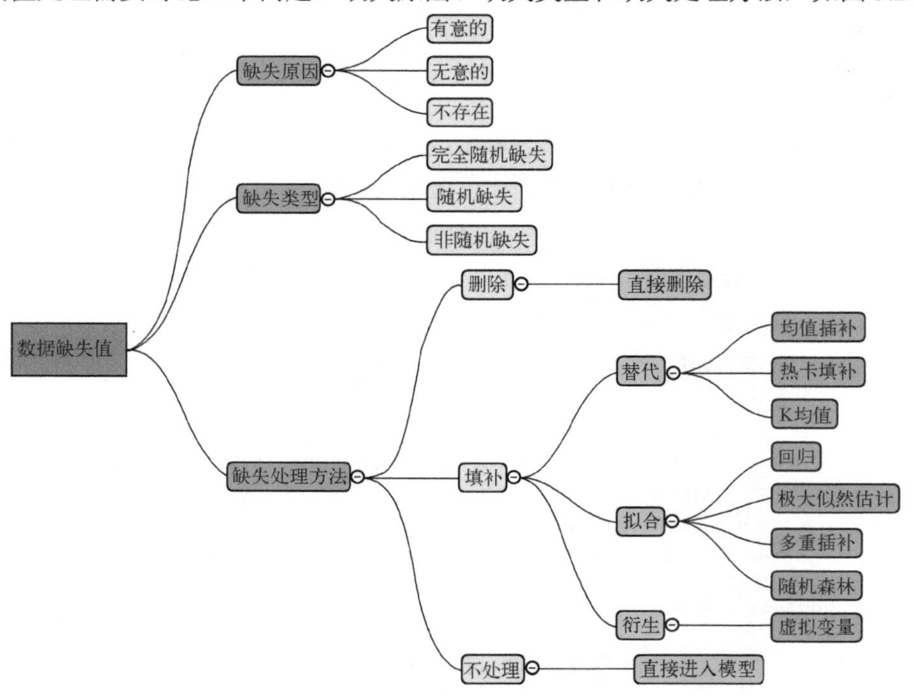

图 3.20　数据缺失值

（1）缺失值产生原因

缺失值产生原因多种多样，主要分为机械原因和人为原因。机械原因指由于数据收集或保存的失败造成的数据缺失，比如数据存储的失败、存储器损坏、机械故障导致某段时间数据未能收集（对于定时数据采集而言）。人为原因是人的主观失误、历史局限或有意隐瞒造成的数据缺失，比如在市场调查中被访人拒绝透露相关问题的答案或者回答的问题是无效的，数据录入人员失误漏录了数据。有时把缺失值看作是一种特殊的特征值，此时缺失值是有意义的。

（2）缺失值处理方法

处理缺失值时，虽然很多时候会删除缺失值，但千万小心，若缺失值存在的行数占到总行数的 1%以上，千万不要直接删除，需要仔细处理它们。为什么是 1%？这只是一个随机的取值，并不严谨。

删除缺失数据样本，其前提是缺失数据的比例较小，而且缺失数据是随机出现的，这样删除缺失数据后对分析结果的影响不大。

缺失值处理的第一种思路是“用最接近的数据来替换它”。这并不意味着用它相邻的单元格来替换，而是需要寻找除了空的这个单元格，哪一行数据在其他列上的内容与存在空值的这行数据是最接近的，然后用该行的数据进行替换。这种方式较为严谨，但也比较费事。

第二种思路是针对数值型的数据，若出现缺失值，可以用该列数值型数据的平均值进行替换。如果条件允许，建议采用众数进行替换，即该列数据中出现次数最多的那个数字。若不能寻找出众数，就用中位数。算术平均数是最不理想的一种选择。

第三种思路是合理推断。这一般会用在时间序列数据或者有某种演进关系的数据中。比如用移动平均数替换空值，或者根据其他变量与该变量的回归关系，用其他非空变量通过回归公式来计算出这个空值。

实在处理不了的空值，也可以先放着，不必着急删除。因为有时候会出现这样两种情况：一是后续运算可以跳过空值进行；二是在异常值或异常字段的处理中，空值所在的这行正好被删除了。

3.4.2 异常值处理

异常值（离群点）是指测量数据中的随机错误或偏差造成其偏离均值的孤立点。在数据处理中，异常值会极大地影响回归或分类的效果。

为了避免异常值造成的损失，需要在数据预处理阶段进行异常值检测。另外，某些情况下，异常值检测也可能是研究的目的，例如，数据造假的发现、计算机入侵的检测等。

（1）基于统计模型的异常值方法

该方法通过估计概率分布的参数来建立一个数据模型，如果一个数据对象不能很好地与该模型拟合，即如果它很可能不服从该分布，则它是一个离群点。

例如，正态分布是统计学中最常用的分布之一。$N(0, 1)$的数据对象出现在该分布的两边尾部的概率很小，因此可以用它作为检测数据对象是否是离群点的基础。数据对象落在三倍标准差中心区域之外的概率仅有 0.0027，因此超过三倍标准差的数据对象可以视为离群点。

如图 3.21 所示的箱线图中，在一条数轴上，以数据的上下四分位数（Q1～Q3）为界画一个矩形盒子（中间 50%的数据落在盒内）；在数据的中位数位置画一条线段为中位线；默认延长线不超过盒长的 1.5 倍，之外的点被认为是异常值（用○标记）。

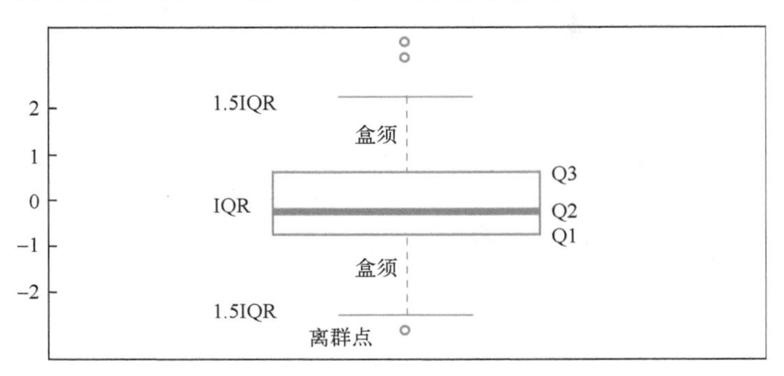

图 3.21 箱线图检测离群点

（2）基于模型的异常值检测方法

基于模型的异常值检测方法即为数据创建一个模型，并且根据对象拟合模型的情况来评估它们。如果一个数据对象不能很好地与该模型拟合，即如果它不服从该分布，则它是一个离群点（见图 3.22）。

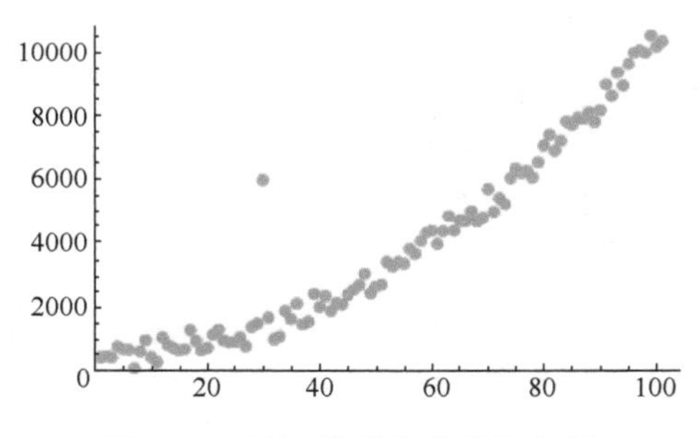

图 3.22 基于模型的异常值检测

（3）基于聚类的异常点检测方法

聚类分析用于发现局部强相关的对象组，而异常检测用来发现不与其他对象强相关的对象。因此，聚类分析自然可以用于离群点检测（见图 3.23）。

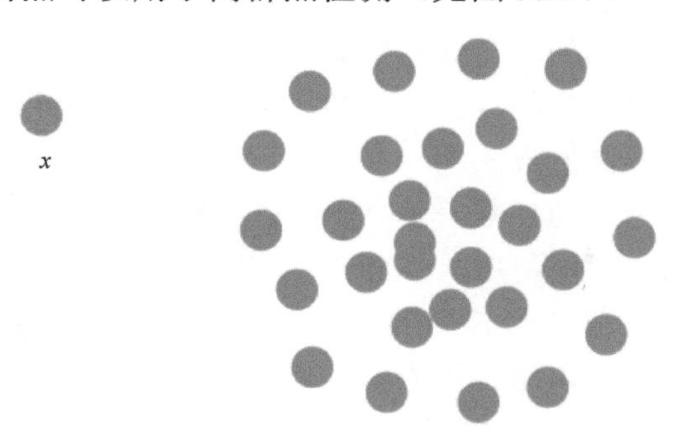

图 3.23 基于聚类的异常点检测

(4) 基于邻近度的异常值检测方法

通常可以在对象之间定义邻近度，异常对象是那些远离其他对象的对象（见图 3.24）。

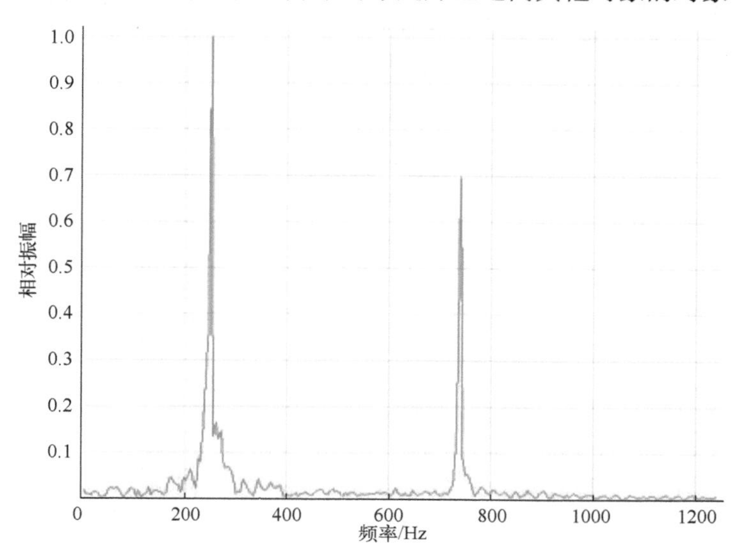

图 3.24 基于邻近度的异常值检测

3.4.3 数据清洗实战

以表 3.3 库存数据为例，实施以下任务。

表 3.3 库存数据

	A	B	C	D
1	日期	商品名称	商品类别	库存数量
2	2018-8-6	得宝纸巾	纸巾	19
3	2018-8-6	清风原木纸巾	纸巾	29
4	2018-8-6	维达纸巾	纸巾	27
5	2018-8-6	纸巾	纸巾	20
6	2018-8-13	得宝纸巾	纸巾	19
7	2018-8-13	清风原木纸巾	纸巾	29
8	2018-8-13	维达纸巾	纸巾	27
9	2018-8-13	纸巾	纸巾	20
10	2018-8-20	得宝纸巾	纸巾	19

(1) 运用 CONCATENATE 函数对日期和商品名称进行合并

打开“库存数据”工作表，查看库存数据中日期和商品名称的重复值，具体操作如下。

1) 输入公式合并字段。添加“合并日期和商品名称”字段，合并库存数据中的日期和商品名称，选中单元格 E2，输入“=CONCATENATE(A2,B2)”，如图 3.25 所示。

CEILING =CONCATENATE(A2,B2)

	A	B	C	D	E
1	日期	商品名称	商品类别	库存数量	合并日期和商品名称
2	2018/08/06	得宝纸巾	纸巾	19	=CONCATENATE(A2,B2)
3	2018/08/06	清风原木纸巾	纸巾	29	
4	2018/08/06	维达纸巾	纸巾	27	
5	2018/08/06	纸巾	纸巾	20	
6	2018/08/13	得宝纸巾	纸巾	19	
7	2018/08/13	清风原木纸巾	纸巾	29	
8	2018/08/13	维达纸巾	纸巾	27	
9	2018/08/13	纸巾	纸巾	20	
10	2018/08/20	得宝纸巾	纸巾	19	

库存数据

图 3.25　输入公式合并字段

2）确定公式。按〈Enter〉键，将鼠标指针移到单元格 E2 的右下角，当指针变为黑色加粗的“+”指针时，双击左键即可合并剩下的日期和商品名称，如图 3.26 所示。CONCATENATE 函数合并的是两个文本字符，在合并日期和商品名称时，因为 Excel2016 系统会自动将日期格式转换为文本格式（即 General 格式），所以合并后的日期不是年月日的形式。以日期 2018 年 8 月 6 日为例，Excel 默认的日期系统是从 1900 年 1 月 1 日开始，43318 即为两日期距离的天数（见图 3.26）。

	A	B	C	D	E
1	日期	商品名称	商品类别	库存数量	合并日期和商品名称
2	2018/08/06	得宝纸巾	纸巾	19	43318得宝纸巾
3	2018/08/06	清风原木纸巾	纸巾	29	43318清风原木纸巾
4	2018/08/06	维达纸巾	纸巾	27	43318维达纸巾
5	2018/08/06	纸巾	纸巾	20	43318纸巾
6	2018/08/13	得宝纸巾	纸巾	19	43325得宝纸巾
7	2018/08/13	清风原木纸巾	纸巾	29	43325清风原木纸巾
8	2018/08/13	维达纸巾	纸巾	27	43325维达纸巾
9	2018/08/13	纸巾	纸巾	20	43325纸巾
10	2018/08/20	得宝纸巾	纸巾	9	43332得宝纸巾

图 3.26　日期和商品名称合并结果

（2）利用“条件格式”图标突显重复值

在“开始”选项卡的“样式”命令组中，单击“条件格式”图标，依次选择“突出显示单元格规则(H)”命令和“重复值(D)”命令，弹出“重复值”对话框，如图 3.27 所示，单击“确定”按钮。

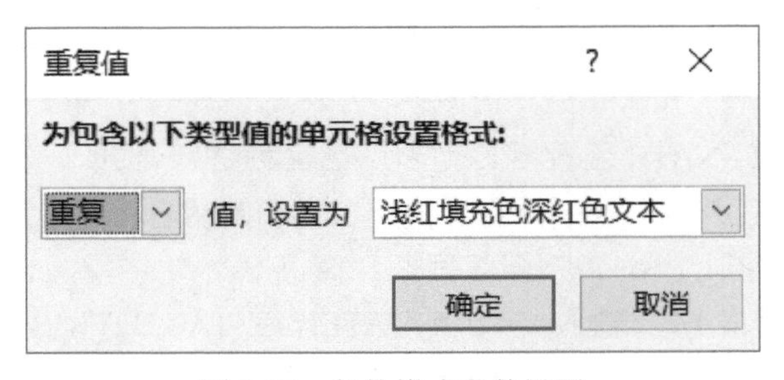

图 3.27　条件格式参数设置

在“数据”选项卡的“排序和筛选”命令组中，单击“筛选”图标。单击“合并日期和商品名称”字段标题旁边的倒三角符号，在下拉菜单中选择“按颜色筛选(I)”命令中的“按单元格颜色筛选”命令，筛选结果如图 3.28 所示。

	A	B	C	D	E
1	日期	商品名称	商品类别	库存数量	合并日期和商品名称
46	2018/08/06	营养快线	饮料	148	43318营养快线
151	2018/08/06	营养快线	饮料	147	43318营养快线
210	2018/08/13	营养快线	饮料	128	43325营养快线
315	2018/08/13	营养快线	饮料	129	43325营养快线
374	2018/08/20	营养快线	饮料	145	43332营养快线
479	2018/08/20	营养快线	饮料	129	43332营养快线
538	2018/08/27	营养快线	饮料	133	43339营养快线
643	2018/08/27	营养快线	饮料	116	43339营养快线
808	2018/08/06	矿泉水	水	230	43318矿泉水

图 3.28　查看重复值

在处理后的“库存数据”工作表中，根据“合并后的日期和商品名称”字段删除重复值。

1）打开“删除重复值”对话框。选择 E 列，在“数据”选项卡的“数据工具”命令组中，单击“删除重复值”图标，如图 3.29 所示，弹出“删除重复值”对话框。

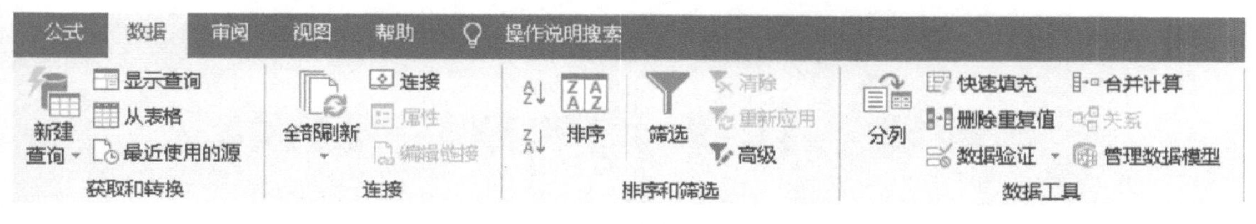

图 3.29　删除重复值

2）在“删除重复值”对话框中勾选“合并日期和商品名称”选项，如图 3.30 所示，单击“确定”按钮，即可删除重复值。

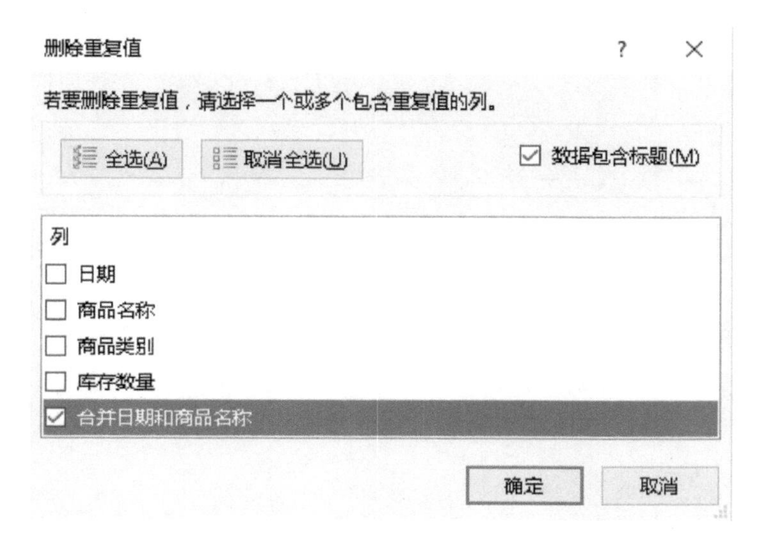

图 3.30　选择重复值的列

3）右键单击所选内容，在快捷菜单中单击“删除(D)”命令。

3.5 数据变换

在图 3.31 场景下，问有多少根火柴，数清楚需要花费很多时间。同样的数据经整理变成图 3.32，再问有多少根火柴，问题可能就简单许多。这个简单例子说明了在数据挖掘之前对数据做变换的重要性。

图 3.31 杂乱的火柴

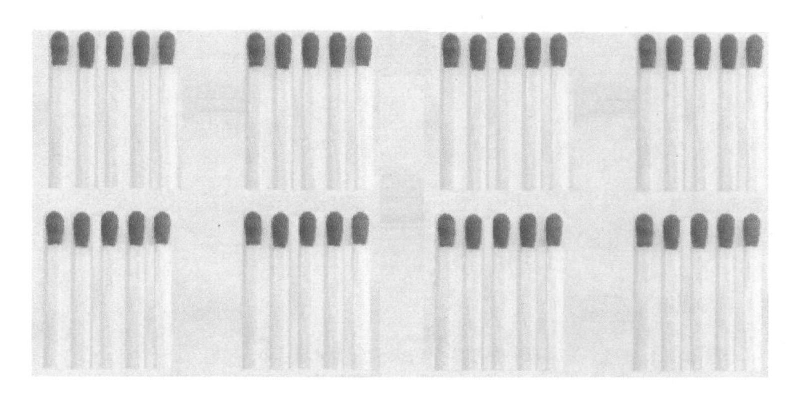

图 3.32 整齐排列的火柴

数据清洗从数据的准确性、完整性、一致性、唯一性、实时性、有效性几个方面来处理数据的丢失值、越界值、不一致代码、重复数据等问题。

数据变换一般针对具体应用，因而难以归纳统一的方法和步骤，一般包括数据规范化、透视表、列联表、聚合表、特征编码、数据类型转换、函数变换等。

3.5.1 规范化

1．数据中心化

所谓数据中心化是指数据集中的各项数据减去数据集的均值。数据中心化的数学

公式为

$$x' = x - \mu$$

其中，x 表示原始数据，x'表示中心化后的数据，μ 表示原始数据的平均值。

经过中心化处理后，原始数据的坐标平移至中心点（0，0），该组数据的均值变为0，因此也称为零均值化。

简单举例：某公司的老板和员工共 5 人，5 人的工资分别为 12000 元、5000 元、8000 元、3000 元、4000 元，这 5 个数据作为一个独立的数据集，平均值为 6400 元，每个人的工资依次减去平均值 6400，得到 5600、−1400、1600、−3400、−2400，新的 5 个数据的平均值等于 0，这个过程就是数据的中心化。

2．数据标准化

通常情况下，数据标准化是为了消除量纲的影响。例如，一个百分制的变量与一个 5 分值的变量在一起怎么比较？只有通过数据标准化，把它们归到同一个标准时才具有可比性，一般标准化采用的是 z-score 标准化，即均值为 0，方差为 1，当然也有其他标准化。

所谓数据 z-score 标准化是指中心化之后的数据再除以数据集的标准差，即数据集中的各项数据减去数据集的均值再除以数据集的标准差。

z-score 标准化是将数据按比例缩放，使之落入一个特定区间。要求：均值 μ=0，σ=1。

标准差公式为

$$\sigma = \sqrt{\frac{1}{n}\sum_{i=1}^{n}(x_i - \mu)^2}$$

z-score 标准化转换公式为

$$z = \frac{x - \mu}{\sigma}$$

在 Excel 中，数据的标准化值=STANDARDIZE（需要标准化的值，绝对引用算数平均数单元格数值，绝对引用标准差单元格数值），案例如图 3.33 所示。

=AVERAGE(B4:B2496)	
=STDEV.P(B4:B2496)	
中债国债到期收益率：10年	国债收益率
3.1873	=STANDARDIZE(B4,B1,B2)
3.1482	=STANDARDIZE(B5,B1,B2)
3.1292	=STANDARDIZE(B6,B1,B2)

图 3.33　数据标准化 Excel 操作

3．数据归一化

数据归一化也称为 0–1 标准化，计算公式为

$$x_{\text{norm}} = \frac{x - x_{\min}}{x_{\max} - x_{\min}}$$

3.5.2 数据透视表

数据透视表是一种可以快速汇总大量数据的交互式方法，可用于深入分析数值数据和回答有关数据的一些预料之外的问题。数据透视表专门针对以下用途设计。

1）以多种用户友好的方式查询大量数据。

2）分类汇总和聚合数值数据，按类别和子类别汇总数据，以及创建自定义计算和公式。

3）展开和折叠数据级别以重点关注结果，以及深入查看感兴趣区域的汇总数据的详细信息。

4）可以通过将行移动到列或将列移动到行（也称为“透视”）来查看源数据的不同汇总。

5）通过对最有用、最有趣的一组数据进行筛选、排序、分组和条件格式设置，可以重点关注所需信息。

6）提供简明、有吸引力并且带有批注的联机报表或打印报表。

例如，表 3.4 是一张简单的家庭开支数据列表，表 3.5 是基于该列表的数据透视表。操作步骤如下。

表 3.4 家庭开支数据

	A	B	C
1	月份	类别	金额
2	一月	交通	$74.00
3	一月	日用杂货	$235.00
4	一月	日常开销	$175.00
5	一月	娱乐	$100.00
6	二月	交通	$115.00
7	二月	日用杂货	$240.00
8	二月	日常开销	$225.00
9	二月	娱乐	$125.00
10	三月	交通	$90.00
11	三月	日用杂货	$260.00
12	三月	日常开销	$200.00
13	三月	娱乐	$120.00

表 3.5 对应表 3.4 的数据透视表

金额 类别	月份			总计
	一月	二月	三月	
娱乐	$100	$125	$120	$345
日用杂货	$235	$240	$260	$735
日常开销	$175	$225	$200	$600
交通	$74	$115	$90	$279
总计	$584	$705	$670	$1,959

1）选中数据区域。

2）单击“插入”选项卡，选择“数据透视表”。

3）在“创建数据透视表”对话框，选择一个位置插入这个新建的透视表，在这里选择当前工作簿里的一个位置插入，然后单击“确定”按钮（见图 3.34）。

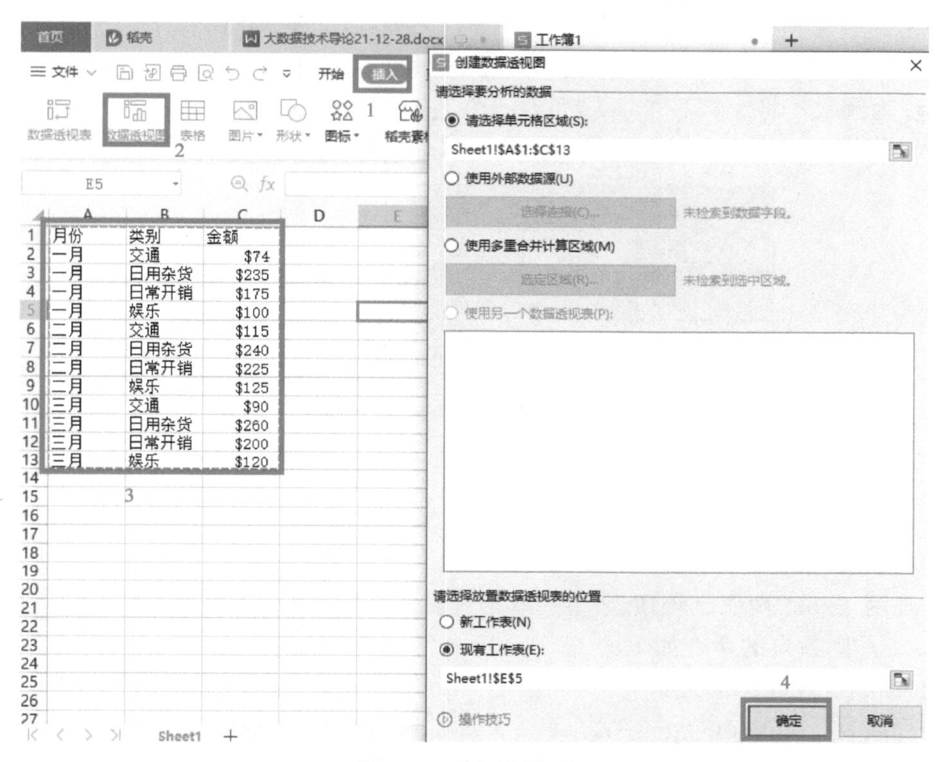

图 3.34　创建透视表

4）勾选“月份”“类别”“金额”三个字段，将类别放到行，月份放到列，如图 3.35 所示。

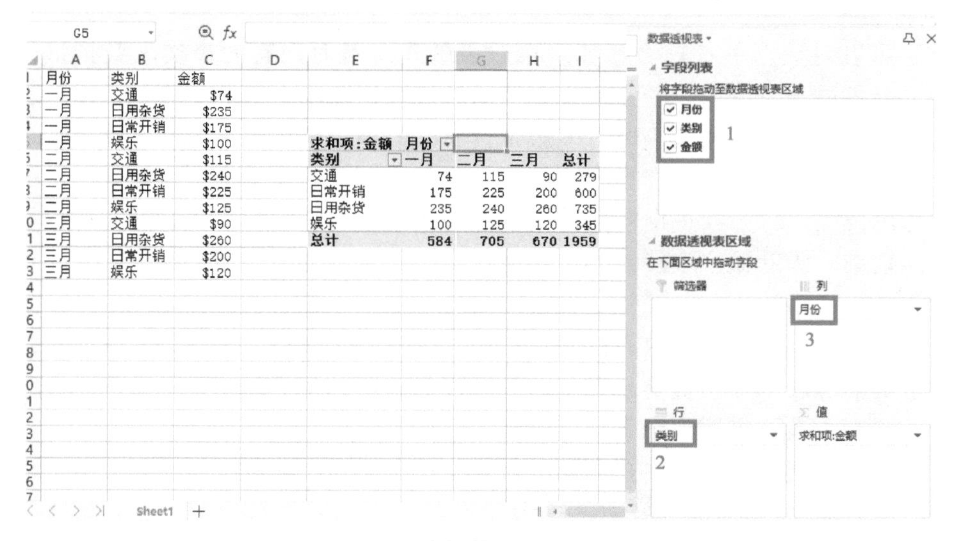

图 3.35　选择数据透视表字段

3.5.3 列联表

列联表是观测数据按两个或更多属性（定性变量）分类时所列出的频数表。它是由两个以上的变量进行交叉分类的频数分布表。

一般地，若总体中的个体可按两个属性 r 与 c 分类，r 有等级 r_1，r_2，…，r_{k1}，c 有等级 c_1，c_2，…，c_{k2}，从总体中抽取大小为 n 的样本，设其中有 f_{ij} 个个体的属性属于等级 r_i 和 c_j，f_{ij} 称为频数，将 $k_1 \times k_2$ 个 f_{ij} 排列为一个 k_1 行 k_2 列的二维列联表，如图 3.36 所示。若所考虑的属性多于两个，也可以按类似的方式做出列联表，称为多维列联表。

列(c_j) \ 行(r_j)	列(c_j)			合计
	j=1	j=2	…	
i=1	f_{11}	f_{12}	…	r_1
i=2	f_{21}	f_{22}	…	r_2
⋮	⋮	⋮	⋮	⋮
合计	c_1	c_2	…	n

图 3.36　二维列联表

一维列联表也称为频率表。

列联表用 Excel 操作比较烦琐，用 R 语言只需一行命令。假设表 df 包含三个类别变量 A、B、C，则各自的命令如下。

一维列联表：table(df$A)。

二维列联表：table(dfA,dfB)。

三维列联表：table(dfA,dfB,df$C)。

3.5.4 聚合表

聚合表可以对数据进行聚合计算。聚合表的作用是对已有的事实表数据进行预计算（预处理），以备进一步调用。一张事实表可以通过数据联动、关联查询和关联数据去调用聚合表中的数据。一张事实表可以有多张聚合表，但每个聚合表只对应一张事实表。

聚合表的计算结果是一张虚拟表数据，可提供给其他表联动调用。设想一间仓库需要有规律地进出商品，每一次进出商品的明细都需要录入系统，管理人员在出库时要确保库存充足才能批准。借助聚合表能够方便快捷地实时计算库存，并能够在库存不足时拦截出库提交。

基于这个逻辑，需要关联入库与出库两个表单中的参数内容，设置公式实现库存计算。

新建进货信息表单与出货信息表单，包括商品名称、商品规格、数量等基本信息，出货表单中的库存总数将借助聚合表功能进行关联计算得出。

聚合表的操作类似数据库中的 join 操作，形式多样，可根据任务和业务对表进行拆分和合并。

3.5.5 特征编码

机器学习模型需要的数据是数字型的，因为只有数字类型才能进行计算，而平时处理到的一些数据经常是符号的，或者是中文的，所以编码是必要的。对于各种各样的特征值进行编码实际上就是一个量化的过程。

1．One-Hot 编码

One-Hot 的基本思想：将离散型特征的每一种取值都看成一种状态，若这一特征中有 *N* 个不相同的取值，就可以将该特征抽象成 *N* 种不同的状态，One-Hot 编码保证了每一个取值只会使一种状态处于“激活态”，也就是说，这 *N* 种状态中只有一个状态位值为 1，其他状态位都是 0。以学历为例，想要研究的类别为小学、中学、大学、硕士、博士 5 种类别，使用 One-Hot 对其编码就会得到：

```
小学-->[1,0,0,0,0]
中学-->[0,1,0,0,0]
大学-->[0,0,1,0,0]
硕士-->[0,0,0,1,0]
博士-->[0,0,0,0,1]
```

2．Dummy 编码

对 Dummy（哑变量）编码直观的解释就是任意地将一个状态位去除。还是以学历为例，用 4 个状态位就足够反映上述 5 种类别的信息，也就是仅仅使用前四个状态位[0,0,0,0]就可以表达博士了。因为对于一个研究的样本，他已不是小学生、中学生、大学生、硕士，那么就可以默认他是博士。所以，用哑变量编码可以将上述 5 类表示成：

```
小学-->[1,0,0,0]
中学-->[0,1,0,0]
大学-->[0,0,1,0]
硕士-->[0,0,0,1]
博士-->[0,0,0,0]
```

3．Label 编码

Label 编码可以将字符型的特征映射为整数。用标签编码（Label）可以将上述 5 类表示成[小学，中学，大学，硕士，博士]-->[1,2,3,4,5]。

习题 3

一、单选题

【1】在 ETL 三个部分中，花费时间最长的是（　　）部分。

A．E　　B．T　　C．L　　D．S

【2】数据按数据抽象程度分，（　　）不在其中。

A．内容　　B．元数据　　C．数据对象　　D．价值

【3】从数据的加工程度角度对数据进行分类，（　　）不在其中。

A．信息和价值　B．裸数据　C．半结构化数据　D．专家数据

【4】Agent 组件不包括（　　）。

A．Sink　B．Source　C．Channel　D．Interceptor

【5】下列关于 Kafka 的描述错误的是（　　）。

A．Kafka 将消息以 Agent 为单位进行归纳

B．将向 Kafka Topic 发布消息的程序称为 Producer

C．将预定 Topics 并消费消息的程序称为 Consumer

D．Kafka 以集群的方式运行，可以由一个或多个服务组成，每个服务叫作一个 Broker

【6】数据采集工具不包括（　　）。

A．Flume　B．Kafka　C．HBase　D．Sqoop

【7】关于缺失数据处理，（　　）是不合适的。

A．直接删除相应样本

B．用最接近的数据来替换它

C．用该列数值型数据的平均值进行替换

D．合理推断

二、填空题

【1】ETL 是英文（　　）的缩写。

【2】数据不仅仅是数字，它描绘了现实世界，与照片捕捉了瞬间的情景一样，数据是现实世界的一个（　　）。

【3】（　　）是指从传感器和其他待测设备等模拟和数字被测单元中自动采集信息的过程。

【4】（　　）的主要任务是通过处理缺失值、异常值、虚假值、不一致数据和重复数据来提高数据的质量，使分析结果更客观、更可靠。

【5】Sqoop 的基本原理是将导入或导出命令翻译成（　　）程序。

【6】已知 Source:netcat，channel:memory，sink:logger，补充完善 Flume 配置文件。

```
a1.sources = r1
a1.sinks = ________
a1.channels = c1

# Describe the source
a1.sources.r1.type =_________
a1.sources.r1.bind = localhost
a1.sources.r1.port = 44444
# Describe the sink
a1.sinks.k1.type = logger
# Describe the channel
a1.channels.c1._________ = memory

# Bind the source and sink to the channel
```

```
a1.sources.r1.channels = ________
a1.sinks.k1.channel = c1
```

【7】不能直接用于分析的原始数据称为（　　）。

【8】从价值角度，把数据分为线上数据（热数据、流动数据）和线下数据（冷数据、静态数据），线上数据比线下数据更有（　　）。

三、判断题

【1】当缺失数据较少且随机出现时，可直接删除相应样本。

【2】异常值（离群点）是指测量数据中的随机错误或偏差造成其偏离均值的孤立点。在数据处理中，异常值不会极大地影响回归或分类的效果。

【3】数据的中心化是指数据集中的各项数据减去数据集的方差。

【4】一个 Agent 就是一个 JVM。

【5】为了保证输送一定成功，在送到目的地之前，会先将数据缓存到 Channel，待数据真正到达目的地后，再删除自己缓存的数据。

【6】虽然度量都是数值，但是数值不一定是度量。

【7】维度和度量是不可以转换的。

四、简答题

【1】简述数据、信息、知识之间的关系。

【2】观察图 3.9，写出你得到的结论。

【3】简述缺失值产生的原因。

【4】简述数据透视表的作用。

第 4 章　大数据管理

数据管理技术的发展经历了如图 4.1 所示的 5 个阶段。

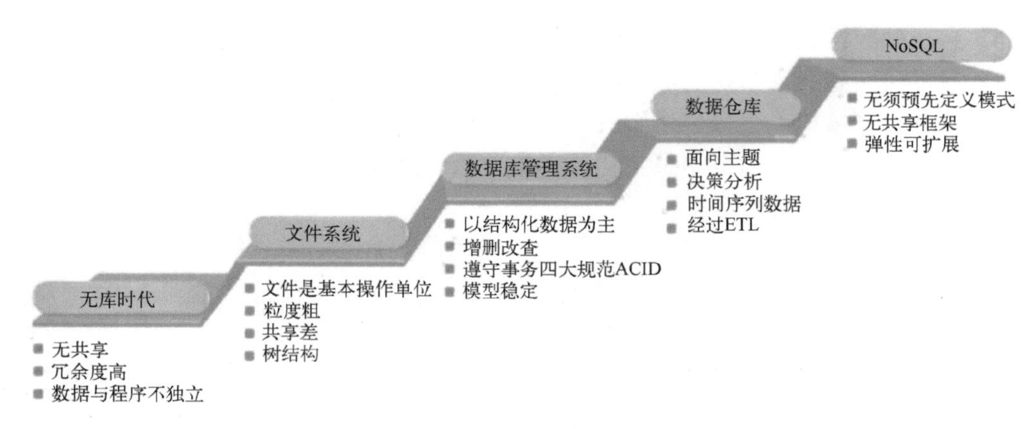

图 4.1　数据管理发展阶段

前 4 个阶段属于小数据管理阶段，主要技术是 SQL。在大数据时代下，数据管理需要 NoSQL 技术。

4.1　数据管理概述

1. 数据库管理与操作系统

1）操作系统。操作系统负责计算机资源管理，包括 CPU 管理、存储器管理、文件管理和设备管理。就文件管理而言，基本操作是文件名的增、删、改、查，是粗粒度管理。

2）数据库管理。管理的粒度比操作系统要细，基本操作是对文件内容的增、删、改、查。

2. 传统关系数据管理存在的问题

1）计算机存储的本质是线性的，传统关系型数据库是基于行式存储的（见图 4.2），导致对列的扩充非常困难，需要大量的移动操作。

Row ID	Date/ Time	Material	Customer Name	Quantity
1	845	2	3	1
2	851	5	2	2
3	872	4	4	1
4	878	1	5	2

基于行式存储

1	84.5	2	3	1	2	851	5	2	2	3	872	4	4	1	4	878	1	5	2

图 4.2　基于行式存储的数据

2）传统数据库表是不可分的对象，当表的体量变得非常大时，管理的效率会大幅度下降。

4.2 大数据管理 NoSQL

4.2.1 NoSQL 概述

NoSQL 泛指非关系型的数据库。随着互联网 Web2.0 网站的兴起，传统的关系型数据库在应付 Web2.0 网站，特别是超大规模和高并发的 SNS 类型的 Web2.0 纯动态网站已经显得力不从心，暴露了很多难以克服的问题，而非关系型的数据库则由于其本身的特点得到了非常迅速的发展。NoSQL 数据库的产生就是为了解决大规模数据集和多重数据种类带来的挑战。NoSQL 概念演变如图 4.3 所示。

图 4.3　NoSQL 概念演变

对于 NoSQL 并没有一个明确的范围和定义，但是它们都普遍存在下面一些共同特征。

1）不需要预定义模式：数据中的每条记录都可能有不同的属性和格式。

2）无共享架构：传统数据库需要统一存放到服务器上。NoSQL 往往将数据划分后存储在各个本地服务器上。

3）弹性可扩展：可以在系统运行的时候动态增加或删除节点，不需要停机维护。

4）分区：相对于将数据存放于同一个节点，NoSQL 数据库需要将数据进行分区，将记录分散在多个节点上面，并且通常分区的同时还要复制。这样既提高了并行性能，又能保证没有单点失效的问题。

需要注意的是，NoSQL 和 SQL 各有所长，成功的 NoSQL 必然会适用于某些场合或某些应用，在这些场合中 NoSQL 会胜过 SQL。

4.2.2 NoSQL 分类及主要产品

1．键值数据库

传统的关系型数据库处理一对多的问题时需要把外键放在多的一端，因为 RDBMS 理论中没有集合这个概念。键值数据库使用简单的键值方法来存储数据，可以在一端管理一对多的关系，其中键作为唯一标识符。键和值都可以是从简单对象到复杂复合对象的任何内容。主要产品有 Redis。

适用场景：数据可全部放入内存、频繁访问数据。

2．图数据库

图数据库使用灵活的图形模型，主要产品有 Neo4j、InfoGrid、Infinite Graph。

社交网络只是代表了图形数据库应用的冰山一角，但用它们来作为例子可以让人很容易理解。图 4.4 是用 Neo4j 描述电影“黑客帝国”的人物关系。

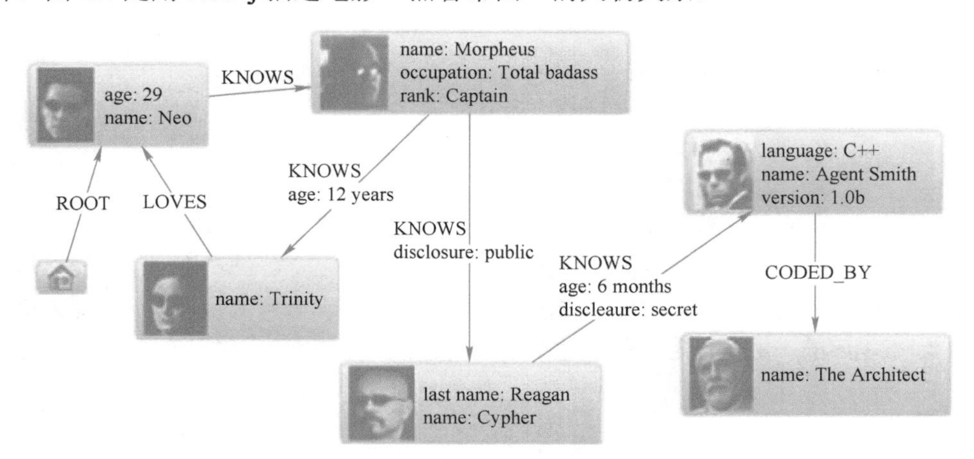

图 4.4　电影“黑客帝国”的人物关系

现在问：谁是 Neo 的朋友？谁是 Neo 朋友的朋友？谁在恋爱？显然关系数据库和键值数据库都无法回答，而用 Neo4j 很容易回答。

3．文档数据库

文档数据库允许创建不同类型的非结构化的或任意格式的字段，与关系数据库的主要不同在于，它不提供对参数完整性和分布事务的支持，但和关系数据库也不是相互排斥的，它们之间可以相互交换数据，从而相互补充、扩展。

文档数据库是非关系数据库中功能最丰富，最像关系数据库的。它支持的数据结构非常松散，因此可以存储比较复杂的数据类型。

文档数据库可以看作是键值数据库的升级版，主要产品为 MongoDB，国内的文档型数据库 SequoiaDB 已经开源。MongoDB 的内部架构如图 4.5 所示。

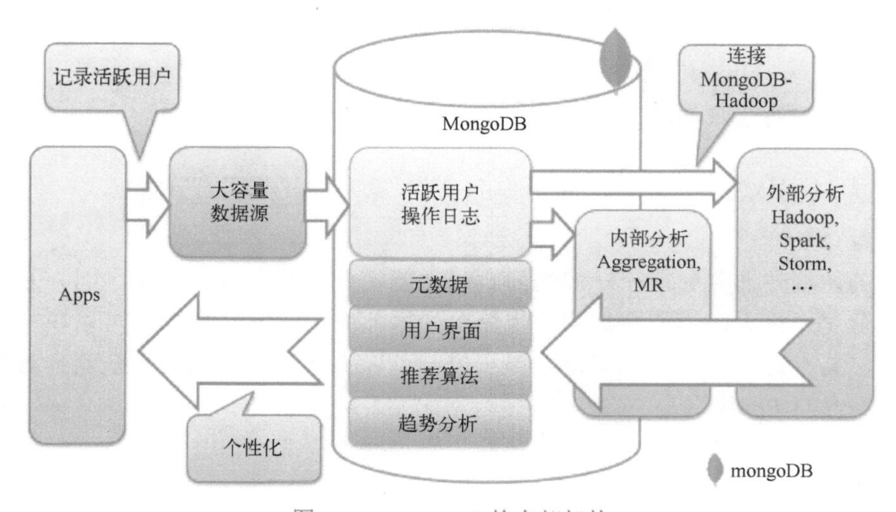

图 4.5　MongoDB 的内部架构

MongoDB 最大的特点是它支持的查询语言非常强大，其语法类似于面向对象的查询语言，几乎可以实现类似关系数据库单表查询的绝大部分功能，而且支持对数据建立索引。

4．标签数据库

XML 其实和 HTML 文件一样，是一个文本文件，意思是可扩展标记语言，是一类比较简单的数据存储语言。XML 运用一系列简单的标记描述数据，而这些标记可以用便捷的方式建立，可扩展标记语言占用的空间比二进制数据要多，但可扩展标记语言极其简单，易于掌握和使用。

XML 的宗旨是传输数据，而与其同属标准通用标记语言的 HTML 主要用于显示数据。这就意味着程序可以更容易地与 Windows、macOS、Linux 以及其他平台下产生的信息结合，然后可以很容易地将 XML 数据加载到程序中并进行分析，最终以 XML 格式输出结果。

4.3 列式数据库 HBase

HBase 是一个高可靠、高性能、面向列、可伸缩的分布式数据库，是谷歌 BigTable 的开源实现，主要用来存储非结构化和半结构化的松散数据。HBase 的目标是处理非常庞大的表，可以通过水平扩展的方式，利用计算机集群处理由超过 10 亿行数据和数百万列元素组成的数据表。

4.3.1 HBase 模型

HBase 中需要根据行键、列族、列限定符和时间戳来确定一个单元格，因此，HBase 数据模型可以视为一个“四维坐标”，即[行键, 列族, 列限定符, 时间戳]。如图 4.6 所示。

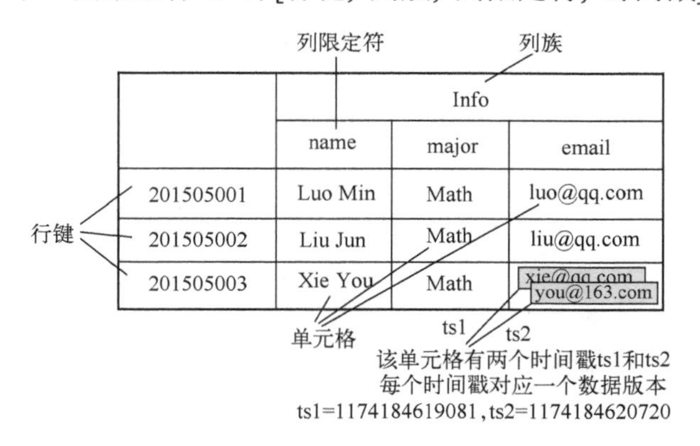

图 4.6　HBase 模型

图 4.6 的概念视图如图 4.7 所示。图 4.6 的物理视图如图 4.8 所示。

4.3.2 HBase 系统架构

1．HBase 功能组件

HBase 的实现包括三个主要的功能组件（见图 4.9）。

行键	时间戳	列族contents	列族anchor
"com.cnn.www"	t5		anchor: cnnsi.com="CNN"
	t4		anchor: my.look.ca="CNN.com"
	t3	contents: html ="<html>..."	
	t2	contents: html ="<html>..."	
	t1	contents: html ="<html>..."	

图 4.7　HBase 概念视图

列族contents

行键	时间戳	列族contents
"com.cnn.www"	t3	contents: html="<html>..."
	t2	contents: html="<html>..."
	t1	contents: html="<html>..."

列族anchor

行键	时间戳	列族anchor
"com.cnn.www"	t5	anchor: cnnsi.com="CNN"
	t4	anchor: my.look.ca="CNN.com"

图 4.8　HBase 物理视图

（1）客户端

客户端并不是直接从 Master 主服务器上读取数据，而是在获得 Region 的存储位置信息后，直接从 Region 服务器上读取数据。

客户端并不依赖 Master，而是通过 ZooKeeper 来获得 Region 位置信息，大多数客户端甚至从来不和 Master 通信，这种设计方式使得 Master 负载很小。

（2）一个 Master 主服务器

主服务器 Master 负责管理和维护 HBase 表的分区信息，维护 Region 服务器列表，分配 Region，负载均衡。

（3）多个 Region 服务器

Region 服务器负责存储和维护分配给自己的 Region，处理来自客户端的读写请求。一个 HBase 表被划分成多个 Region。

2. HBase 的三层结构

HBase 的三层结构如图 4.10 所示。

1）元数据表，又名.META.表，存储了 Region 和 Region 服务器的映射关系。

2）当 HBase 表很大时，.META.表也会被分裂成多个 Region。

3）根数据表，又名-ROOT-表，记录所有元数据的具体位置。

4）-ROOT-表只有唯一一个 Region，名字在程序中是固定的。

5）ZooKeeper 文件记录了-ROOT-表的位置。

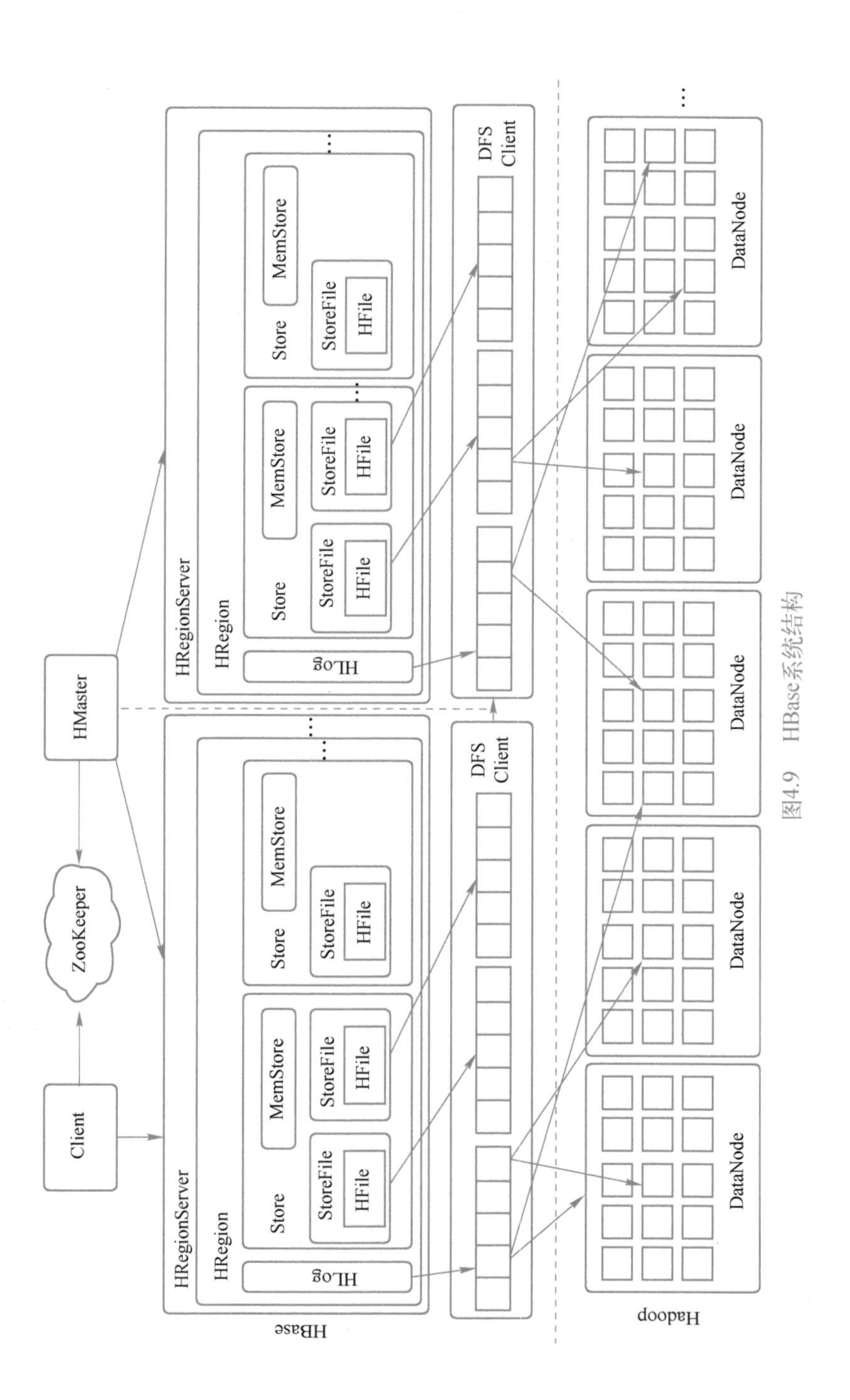

图4.9 HBase系统结构

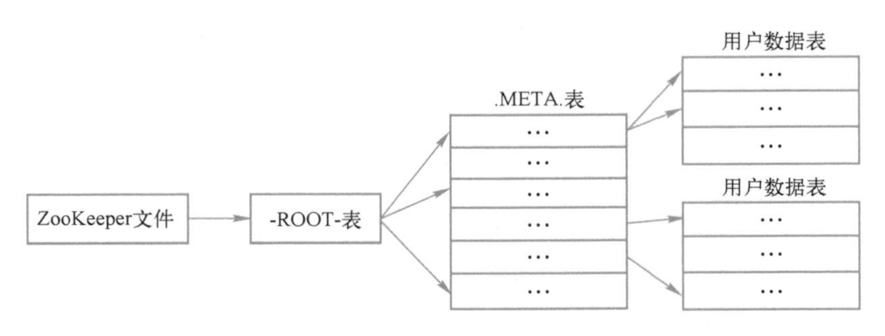

图 4.10 HBase 的三层结构

4.3.3 HBase 应用场景

HBase 应用场景如图 4.11 所示。

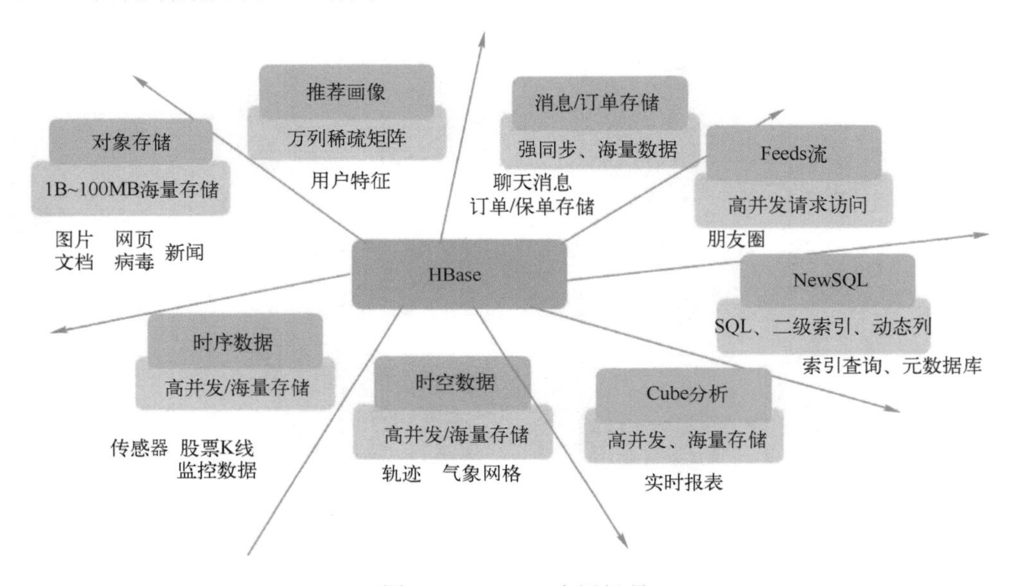

图 4.11 HBase 应用场景

1）对象存储：许多头条类、新闻类的新闻、网页、图片都存储在 HBase 之中，一些病毒公司的病毒库也存储在 HBase 之中。

2）时序数据：HBase 之上有 OpenTSDB 模块，可以满足时序类场景的需求。

3）推荐画像：特别是用户的画像，是一个比较大的稀疏矩阵，蚂蚁集团的风控就构建在 HBase 之上。

4）时空数据：主要是轨迹、气象网格之类的数据，滴滴打车的轨迹数据主要存在 HBase 之中，另外数据量较大的车联网企业，其数据都存在 HBase 之中。

5）Cube 分析：Kylin 的一个 Cube 分析工具，底层的数据存储在 HBase 之中，不少客户自己基于离线计算构建 Cube 存储在 HBase 之中，以满足在线报表查询的需求。

6）消息/订单存储：在电信、银行领域，许多订单需要查询底层的存储，另外许多通信、消息同步的应用都构建在 HBase 之上。

7）Feeds 流：典型的应用就是与朋友圈类似的应用。

8）NewSQL：之上有 Phoenix 的插件，可以满足二级索引、SQL 的需求，对接传统数据需要 SQL 非事务的需求。

4.4 HBase 实战

4.4.1 HBase 部署

在章鱼平台搜索 Flume 课程，得到图 4.12。

图 4.12 HBase 课程

选择任务 02，得到图 4.13。

图 4.13 选择任务 02

单击“开始学习”，出现图 4.14。

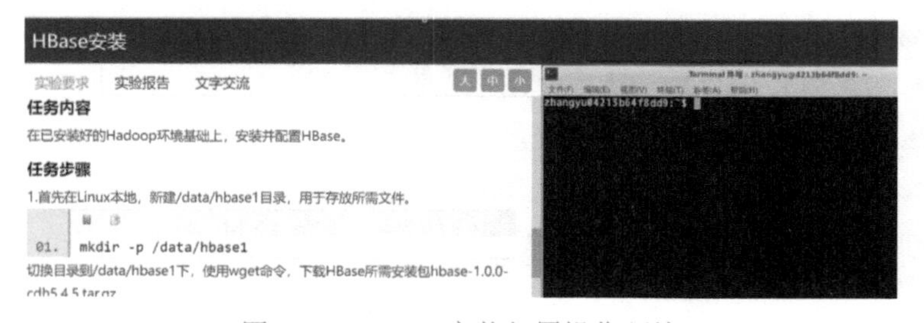

图 4.14 HBase 安装部署操作环境

（1）系统环境

```
Linux Ubuntu 16.04
jdk-7u75-linux-x64
hadoop-2.6.0-cdh5.4.5
hbase-1.0.0-cdh5.4.5.tar.gz
```

（2）任务内容

在已安装好的 Hadoop 环境基础上，安装并配置 HBase。HBase 安装包存放在/data/hbase1 下。

（3）任务步骤

1）切换到/data/hbase1。

2）在/data/hbase1 目录下，将 HBase 的安装包 hbase-1.0.0-cdh5.4.5.tar.gz 解压缩到/apps 目录下。

```
#tar -xzvf hbase-1.0.0-cdh5.4.5.tar.gz  -C  /apps
```

3）将/apps 目录下 hbase-1.0.0-cdh5.4.5/重命名为 hbase。

```
#mv /apps/hbase-1.0.0-cdh5.4.5/  /apps/hbase
```

4）添加 HBase 环境变量。

```
#sudo vim ~/.bashrc
```

在环境变量文件末尾位置，追加 HBase 的 bin 目录路径相关配置，并保存退出。内容如下。

```
#hbase
export HBASE_HOME=/apps/hbase
export PATH=$HBASE_HOME/bin:$PATH
```

执行 source 命令，使环境变量生效。

5）配置 HBase 相关文件（在/apps/hbase/conf 目录下）。

① 追加配置内容到 hbase-env.sh 中，并保存退出。

```
export JAVA_HOME=/apps/java
export HBASE_MANAGES_ZK=true
export HBASE_CLASSPATH=/apps/hbase/conf
```

说明：

JAVA_HOME 为 Java 程序所在位置。

HBASE_MANAGES_ZK 表示是否使用 HBase 自带的 ZooKeeper 环境。

HBASE_CLASSPATH 指向 HBase 配置文件的路径。

② 在 hbase-site.xml 文件的两个<configuration>之间添加相关内容。

③ 在 regionservers 文件，添加 HBase 集群节点的 IP 地址。

6）查看 HBase 的版本信息。

```
#hbase version
```

7）启动 Hadoop。

8）启动 HBase。

```
#cd /apps/hbase/bin/
.#/start-hbase.sh
```

9）查看 HBase 相关进程。

```
#jps
```

输出结果图 4.15 所示。

从图 4.15 可以看出，HMaster、HQuorumPeer、HRegionServer 进程都已启动。

为了进一步测试 HBase 安装是否正常，进入 HBase Shell 接口。

```
#hbase shell
```

HBase Shell 启动成功后的界面如图 4.16 所示。

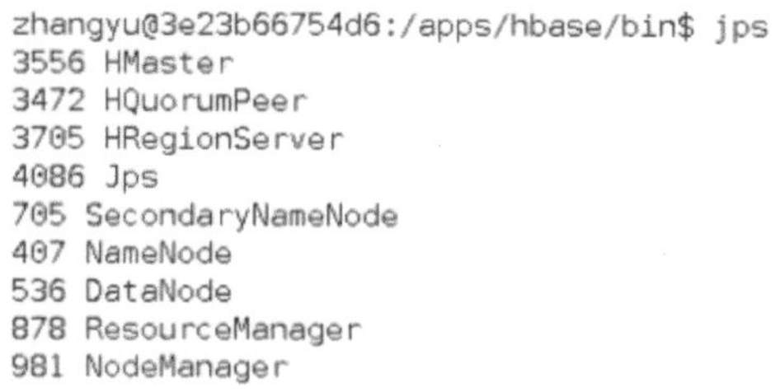

```
zhangyu@3e23b66754d6:/apps/hbase/bin$ jps
3556 HMaster
3472 HQuorumPeer
3705 HRegionServer
4086 Jps
705 SecondaryNameNode
407 NameNode
536 DataNode
878 ResourceManager
981 NodeManager
```

图 4.15　HBase 启动成功后的进程

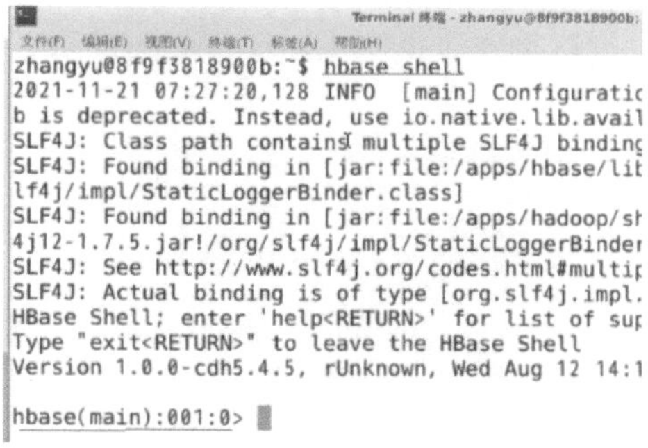

```
Terminal 终端 - zhangyu@8f9f3818900b:
文件(F) 编辑(E) 视图(V) 终端(T) 标签(A) 帮助(H)
zhangyu@8f9f3818900b:~$ hbase shell
2021-11-21 07:27:20,128 INFO  [main] Configuratic
b is deprecated. Instead, use io.native.lib.avail
SLF4J: Class path contains multiple SLF4J binding
SLF4J: Found binding in [jar:file:/apps/hbase/lit
lf4j/impl/StaticLoggerBinder.class]
SLF4J: Found binding in [jar:file:/apps/hadoop/st
4j12-1.7.5.jar!/org/slf4j/impl/StaticLoggerBinder
SLF4J: See http://www.slf4j.org/codes.html#multip
SLF4J: Actual binding is of type [org.slf4j.impl.
HBase Shell; enter 'help<RETURN>' for list of sup
Type "exit<RETURN>" to leave the HBase Shell
Version 1.0.0-cdh5.4.5, rUnknown, Wed Aug 12 14:1

hbase(main):001:0>
```

图 4.16　HBase Shell 启动成功后的界面

4.4.2　HBase Shell 基本操作

（1）相关知识

HBase Shell 基本操作命令见表 4.1。

表 4.1　HBase Shell 基本操作命令

名　　称	命令表达式
DDL 操作	
创建表	create'表名','列族 1','列族 2' '列族 n'
列出表	List
获取表的描述	desc '表名'
修改表	alter'表名'，应先 disable'表名'
删除表	drop'表名'，应先 disable'表名'
判断表是否存在	exists'表名'
判断表是否 enable	is_enabled'表名'
判断表是否 disable	is_disabled'表名'
DML 操作	
插入数据	put'表名'.'行键','列族名:列名:','值'
获取数据	get'表名'.'行键','列族名:列名:'
全表扫描	scan'表名'
删除数据	delete'表名'.'行键','列族名:列名:'
查询行数	count'表名'
清空该表	truncate'表名'
更新数据	重新插入一遍数据进行覆盖

（2）任务内容

掌握 HBase 的 DDL（数据定义语言）和 DML（数据操纵语言）命令。

（3）任务步骤

1）list：查看当前有哪些 HTable 表（见图 4.17）。

从图 4.17 可以看出有一张 HTable 表“mytable”。

2）create：创建一张表。

创建一张表 table_name，表中含有一个列簇 f1。

再次输入 list，列出 HBase 中的表，如图 4.18 所示。

```
hbase(main):001:0> list
TABLE
mytable
1 row(s) in 0.2660 seconds

=> ["mytable"]
hbase(main):002:0>
```

图 4.17　list 命令结果

```
hbase(main):002:0> create 'table_name','f1'
0 row(s) in 0.6770 seconds

=> Hbase::Table - table_name
hbase(main):003:0> list
TABLE
mytable
table_name
2 row(s) in 0.0180 seconds

=> ["mytable", "table_name"]
hbase(main):004:0>
```

图 4.18　create 命令结果

3）exists：查看表是否存在。

```
exists 'table_name'
```

4）desc：查看表结构（见图 4.19）。

```
hbase(main):001:0> desc 'table_name'
Table table_name is ENABLED
table_name
COLUMN FAMILIES DESCRIPTION
{NAME => 'f1', DATA_BLOCK_ENCODING => 'NONE', BLOOMFILTER => 'ROW', REPLICATION_
SCOPE => '0', VERSIONS => '1', COMPRESSION => 'NONE', MIN_VERSIONS => '0', TTL =
> 'FOREVER', KEEP_DELETED_CELLS => 'FALSE', BLOCKSIZE => '65536', IN_MEMORY => '
false', BLOCKCACHE => 'true'}
1 row(s) in 0.3550 seconds

hbase(main):002:0>
```

图 4.19　desc 命令结果

图 4.19 方框内的信息说明如下。

```
NAME => 'f1',                              //列族
DATA_BLOCK_ENCODING => 'NONE',             //数据块编码方式设置
BLOOMFILT=>'ROW',
REPLICATION_SCOPE => '0',                  //配置 HBase 集群 replication 时需要将该参数设为 1
VERSIONS => '1',                           //设置保存的版本数
COMPRESSION => 'NONE',                     //设置压缩算法
MIN_VERSIONS => '0',                       //最小存储版本数
TTL => 'FOREVER',                          //生存周期，时间为秒
KEEP_DELETED_CELLS => 'false',
BLOCKSIZE => '65536',                      //设置 HFile 数据块大小（默认为 64KB）
IN_MEMORY => 'false',               //设置激进缓存，优先考虑将该列族放入块缓存中，针对随机
                                    //读操作相对较多的列族可以设置该属性为 true
BLOCKCACHE => 'true'                       //数据块缓存属性
```

注意：HBase 可以选择一个列族赋予更高的优先级缓存，激进缓存（表示优先级更高），IN_MEMORY 默认是 false。如果设置为 true，HBase 会尝试将整个列族保存在内存中，只有在需要保存时才会持久化写入磁盘。但是在运行时 HBase 会尝试将整张表加载

到内存里。这个参数通常适合较小的列族。

5）Alter：修改表结构。

修改 table_name 的表结构，将 TTL（生存周期）改为 30d，这里要注意，修改表结构前必须先 disable 使表失效，修改完成后再使用 enable 命令，使表重新生效（可用 is_enabled 'table_name'或 is_disabled 'table_name'判断表的状态）。

```
disable 'table_name'
alter 'table_name',{NAME=>'f1',TTL=>'2592000'}
enable 'table_name'
```

6）put：向表插入一行数据。

```
put 'table_name','rowkey001','f1:col1','value1'
put 'table_name','rowkey001','f1:col2','value2'
put 'table_name','rowkey002','f1:col1','value1'
```

7）获取表中数据。

使用 get 命令获取 table_name 表 rowkey001 中的 f1 下的 col1 的值。

```
get 'table_name','rowkey001', 'f1:col1'
```

使用 get 命令查询 table_name 表 rowkey001 中的 f1 下的所有列值。

```
get 'table_name','rowkey001'
```

使用 scan 命令获取全表数据。

```
scan 'table_name'
```

也可以限定扫描表的前几行数据，这里扫描前 1 行数据（见图 4.20）。

```
scan 'table_name',{LIMIT=>1}
```

```
hbase(main):023:0> scan 'table_name'
ROW                              COLUMN+CELL
 rowkey001                       column=f1:col1, timestamp=1506045223485, value=value1
 rowkey001                       column=f1:col2, timestamp=1506045223539, value=value2
 rowkey002                       column=f1:col1, timestamp=1506045224188, value=value1
2 row(s) in 0.0110 seconds

hbase(main):024:0> scan 'table_name',{LIMIT=>1}
ROW                              COLUMN+CELL
 rowkey001                       column=f1:col1, timestamp=1506045223485, value=value1
 rowkey001                       column=f1:col2, timestamp=1506045223539, value=value2
1 row(s) in 0.0160 seconds

hbase(main):025:0>
```

图 4.20　scan 命令结果

由此可以看出，rowkey 相同的数据被视为一行数据。

8）count：查看表中的数据行数。

查询表 table_name 中的数据行数，每 10 条显示一次，缓存区为 200。

```
count 'table_name', {INTERVAL => 10, CACHE => 200}
```

9）删除数据。

使用 delete 删除 table_name 表 rowkey001 中的 f1：col2 的数据。

```
delete 'table_name','rowkey001','f1:col2'
```

使用 deleteall 命令删除 table_name 表中 rowkey002 这行数据。

```
deleteall 'table_name','rowkey002'
```

使用 truncate 命令删除 table_name 表中的所有数据。

```
truncate 'table_name'
```

使用 drop 命令删除整个表。

```
disable 'table_name'
drop 'table_name'
```

4.4.3 HBase Shell 应用案例

1. HBase 数据导入

选择章鱼平台 HBase 课程 05 任务。将本地文件（test.csv）上传到 HDFS 的根目录下，然后将数据导入到 HBase。

1）本地写一个文件进行测试，文件名为 test.csv，内容如下。

```
1, “wang”
2, “zhao1”
3, “cheng”
4, “liu”
5, “sun”
6, “gao”
```

2）将文件上传到 Hadoop。

```
hadoop fs -put test.csv /
```

3）查看是否上传成功，若文件存在，则表示成功，如图 4.21 所示。

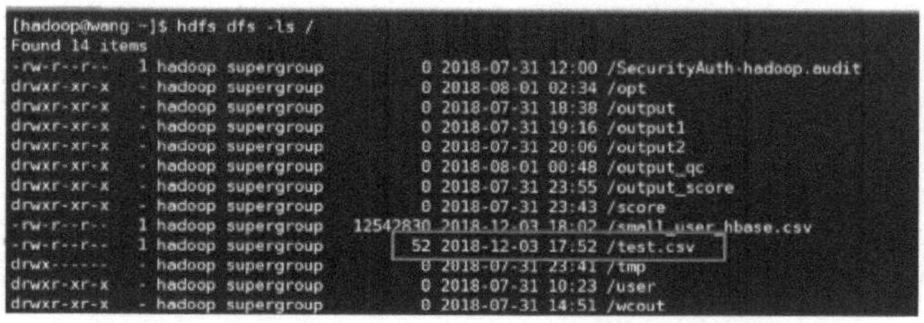

```
[hadoop@wang ~]$ hdfs dfs -ls /
Found 14 items
-rw-r--r--   1 hadoop supergroup          0 2018-07-31 12:00 /SecurityAuth-hadoop.audit
drwxr-xr-x   - hadoop supergroup          0 2018-08-01 02:34 /opt
drwxr-xr-x   - hadoop supergroup          0 2018-07-31 18:38 /output
drwxr-xr-x   - hadoop supergroup          0 2018-07-31 19:16 /output1
drwxr-xr-x   - hadoop supergroup          0 2018-07-31 20:06 /output2
drwxr-xr-x   - hadoop supergroup          0 2018-08-01 00:48 /output_qc
drwxr-xr-x   - hadoop supergroup          0 2018-07-31 23:55 /output_score
drwxr-xr-x   - hadoop supergroup          0 2018-07-31 23:43 /score
-rw-r--r--   1 hadoop supergroup   12542830 2018-12-03 18:02 /small_user_hbase.csv
-rw-r--r--   1 hadoop supergroup         52 2018-12-03 17:52 /test.csv
drwx------   - hadoop supergroup          0 2018-07-31 23:41 /tmp
drwxr-xr-x   - hadoop supergroup          0 2018-07-31 10:23 /user
drwxr-xr-x   - hadoop supergroup          0 2018-07-31 14:51 /wcout
```

图 4.21　查看 HDFS 根目录信息

4）进入 HBase Shell 创建表 hbase-tb1-001，列族为 cf。

```
create 'hbase-tb1-001', 'cf'
```

5）执行文件导入（Hadoop 用户中执行），如图 4.22 所示。

格式为 hbase [类] [分隔符] [行键，列族] [表] [导入文件] （默认分隔符为空格）。

```
  970  hbase org.apache.hadoop.hbase.mapreduce.ImportTsv -Dimporttsv.separato
r="," -Dimporttsv.columns=HBASE_ROW_KEY,cf hbase-tb1-001 /test.csv
```

图 4.22　导入文件到 HBase

6）查看是否导入成功（见图 4.23）。

```
hbase(main):002:0> scan 'hbase-tb1-001'
ROW                    COLUMN+CELL
 1                     column=cf:, timestamp=1543831176656, value="wang"
 2                     column=cf:, timestamp=1543831176656, value="zhao"
 3                     column=cf:, timestamp=1543831176656, value="cheng"
 4                     column=cf:, timestamp=1543831176656, value="liu"
 5                     column=cf:, timestamp=1543831176656, value="sun"
 6                     column=cf:, timestamp=1543831176656, value="gao"
6 row(s) in 0.5550 seconds
```

图 4.23　查看导入信息

2. HBase 过滤器

（1）创建表

```
create 'test1', 'lf', 'sf'
lf: column family of LONG values (binary value)
-- sf: column family of STRING values
```

（2）导入数据

```
put 'test1', 'user1|ts1', 'sf:c1', 'sku1'
```

说明：用户 user1 在时间 ts1 对产品 sku1 进行了 c1 操作，下同。

```
put 'test1', 'user1|ts2', 'sf:c1', 'sku188'
put 'test1', 'user1|ts3', 'sf:s1', 'sku123'
put 'test1', 'user2|ts4', 'sf:b1', 'sku2'
put 'test1', 'user2|ts5', 'sf:c2', 'sku288'
put 'test1', 'user2|ts6', 'sf:s1', 'sku222'
```

其中，c1 表示通过主页点击；c2 表示通过广告点击；s1 表示通过主页搜索；b1 表示购买。

（3）谁的值=sku188

```
scan 'test1', FILTER=>"ValueFilter(=,'binary:sku188')"
```

（4）谁的值包含 88

```
scan 'test1', FILTER=>"ValueFilter(=,'substring:88')"
```

（5）通过广告点击进来的值包含 88 的用户

```
scan 'test1', FILTER=>"ColumnPrefixFilter('c2')
AND ValueFilter(=,'substring:88')"
```

（6）通过搜索进来的值包含 123 或 222 的用户

```
scan 'test1', FILTER=>"ColumnPrefixFilter('s')
AND ( ValueFilter(=,'substring:123')
OR ValueFilter(=,'substring:222') )"
```

（7）user1 的操作记录

```
scan 'test1', FILTER => "PrefixFilter ('user1')"
```

习题 4

一、单选题

【1】HBase 来源于 Google 哪篇博文（　　）？

A．The Google File System　B．MapReduce　C．BigTable　D．Chubby

【2】（　　）不是 HBase 的特性。

A．高可靠性　B．高性能　C．面向列　D．预先定义模式

【3】以下有关 NoSQL 的叙述中，错误的是（　　）。

A．不需要事先定义数据模式，预定义表结构

B．数据中的每条记录都可能有不同的属性和格式

C．当插入数据时，并不需要预先定义它们的模式

D．所有数据存储到网络中服务器上

【4】（　　）是键值对数据库产品。

A．Redis　B．Neo4j　C．HBase　D．MongoDB

【5】（　　）是列式数据库产品。

A．Redis　B．Neo4j　C．HBase　D．MongoDB

【6】（　　）是图数据库产品。

A．Redis　B．Neo4j　C．HBase　D．MongoDB

【7】（　　）是文档数据库产品。

A．Redis　B．Neo4j　C．HBase　D．MongoDB

【8】为了在 HBase 中确定一个单元格，需要（　　）个参数。

A．1　B．2　C．3　D．4

【9】客户端首次查询 HBase 数据库时，首先需要从（　　）表开始查找。

A．.META.　B．-ROOT-　C．用户表　D．信息表

【10】下列不属于 HBase 基本元素的一项是（　　）。

A．表　B．记录　C．行键　D．单元格

【11】HBase 依赖（　　）提供强大的计算能力。

A．ZooKeeper　B．Chubby　C．RPC　D．MapReduce

【12】数据管理技术的发展经历了（　　）个阶段。

A．2　B．3　C．4　D. 5

二、填空题

【1】NoSQL 中的复制，往往是基于（　　）的异步复制。

【2】（　　）是谷歌 BigTable 博文开源实现。

【3】HBase 中“四维坐标”，指[行键, 列族, 列限定符,（　　）]。

【4】HBase 包含（　　）个 Master 主服务器。

【5】HBase 包含（　　）个 Region 服务器。

【6】HBase 存储的最小单位是（　　）。

三、判断题

【1】大数据时代下，数据管理需要 NoSQL 技术。

【2】大数据管理的粒度比操作系统要细，基本操作是对文件名的增、删、改、查。

【3】传统关系型数据库是基于行式存储的。

【4】成功的 NoSQL 必然会取代传统的 SQL。

【5】一个 HBase 表被划分成多个 Region。

【6】HBase 集群中 ZooKeeper 存储 HBase 元信息（-ROOT-）。

【7】客户端直接获取 HMaster 信息（.META.）。

四、简答题

【1】简述 NoSQL 特点。

【2】简述 HBase 系统基本架构以及每个组成部分的作用。

【3】简述 HBase 数据模型。

实验：HBase 基本操作

【实验目的】

熟练使用 HBase 的基本操作命令，掌握 HBase 中数据的增、删、改、查的基本命令。

【实验内容】

任务 1：启动 HBase。

任务 2：HBase 基本操作。

1）显示 HBase Shell 帮助文档。

2）退出 HBase Shell。

3）查看 HBase 状态。

4）关闭 HBase。

任务 3：数据定义。

1）创建表 test，包含字段 cf。

2）显示表名。

3）获取表 test 描述。

4）删除表 test。

任务 4：数据管理中的 DML 操作。

1）向表 test 插入数据 'row1', a,value1。

2）获取表 test 行 row1 数据。

第 5 章　数据可视化

数据可视化主要是借助于图形化手段，清晰有效地传达与沟通信息。但是，这并不意味着看上去绚丽多彩而显得极端复杂，而是通过直观地传达关键的内容与特征，从而实现对于相当稀疏而又复杂的数据集的深入洞察。

启示：理解数据可视化源自脚踏实地，让数据说出我们心中的梦想。

大数据启示 7

5.1　数据可视化概述

1. 为什么要数据可视化

1）视觉是人类获得信息的最主要途径。视觉感知是人类大脑的最主要功能之一，超过 50%的人脑功能用于视觉信息的处理。

2）数据可视化处理可以洞察统计分析无法发现的结构和细节（价值）。Anscombe 的四组数据（Anscombe's Quartet）见表 5.1。图 5.1 为表 5.1 的可视化结果。

表 5.1　Anscombe 的四组数据（Anscombe's Quartet）

一		二		三		四	
x	y	x	y	x	y	x	y
10.0	8.04	10.0	9.14	10.0	7.46	8.0	6.58
8.0	6.95	8.0	8.14	8.0	6.77	8.0	5.76
13.0	7.58	13.0	8.74	13.0	12.74	8.0	7.71
9.0	8.81	9.0	8.77	9.0	7.11	8.0	8.84
11.0	8.33	11.0	9.26	11.0	7.81	8.0	8.47
14.0	9.96	14.0	8.10	14.0	8.84	8.0	7.04
6.0	7.24	6.0	6.13	6.0	6.08	8.0	5.25
4.0	2.26	4.0	3.10	4.0	5.39	19.0	12.50
12.0	10.84	12.0	9.13	12.0	8.15	8.0	5.56
7.0	4.82	7.0	7.26	7.0	6.42	8.0	7.91
5.0	5.68	5.0	4.74	5.0	5.73	8.0	6.89

3）数据可视化处理结果的解读对用户知识水平的要求较低。

4）使人们能够快速吸取大量信息。

5）正确的数据可视化可以清晰展现数据背后的意义。

2. 什么是数据可视化

从概念层面，数据可视化如图 5.2 所示。

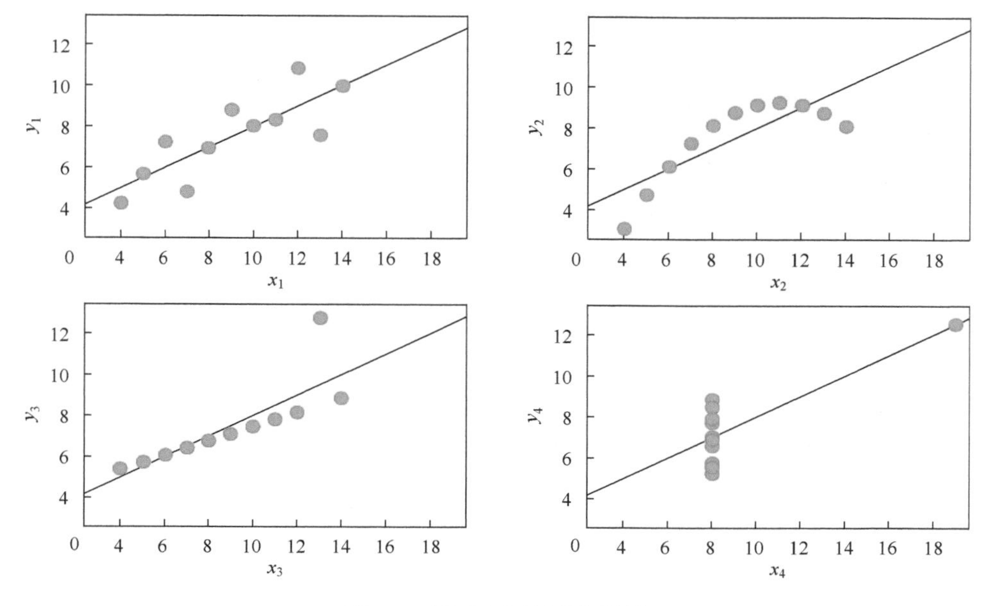

图 5.1　表 5.1 的可视化结果

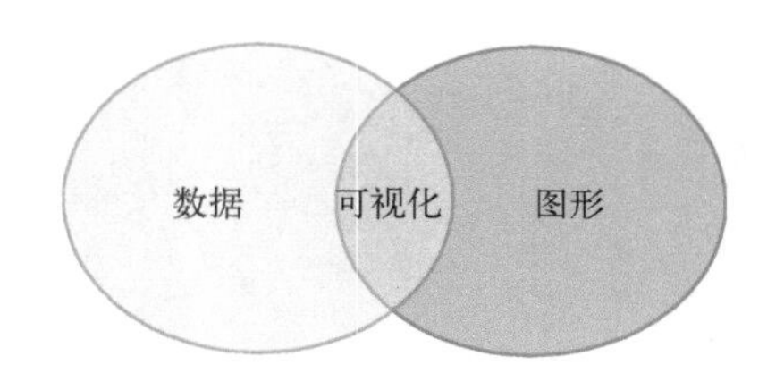

图 5.2　概念层面理解数据可视化

数据分析可视化的目的是化抽象为具体，将隐藏于数据中的规律直观地展现出来。不同类型的图表展示数据的侧重点不同，选择合适的图表可以更好地进行数据分析可视化。

5.2　常用图形

1. 柱状图

柱状图是通过宽度相等的柱形的高度差异来显示统计指标数值大小的一种图形。柱状图常用于显示各项之间的比较情况。在柱状图中，通常沿横轴组织类别，沿纵轴组织数值。常见的柱状图包括堆积柱状图、簇状柱状图和百分比堆积柱状图。

1）堆积柱状图用于显示单个项目与整体之间的关系，图 5.3 显示了各省份的员工男女人数分布。

2）簇状柱状图用于比较各个类别的值，图 5.4 显示了各省份的员工男女人数分布。

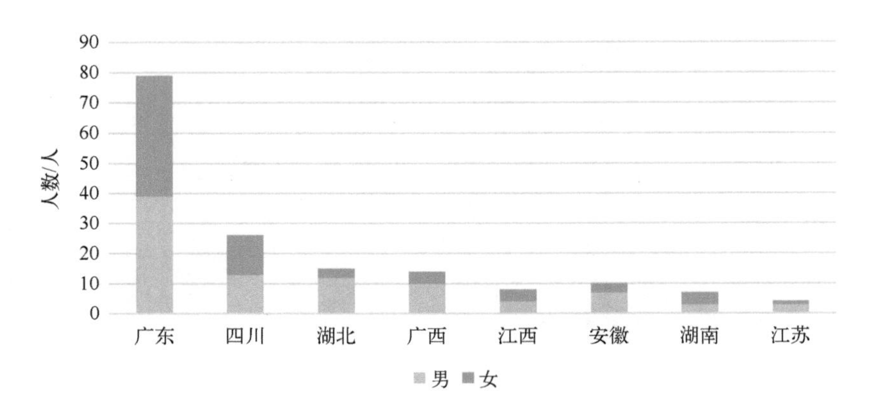

图 5.3　各省份的员工男女人数分布

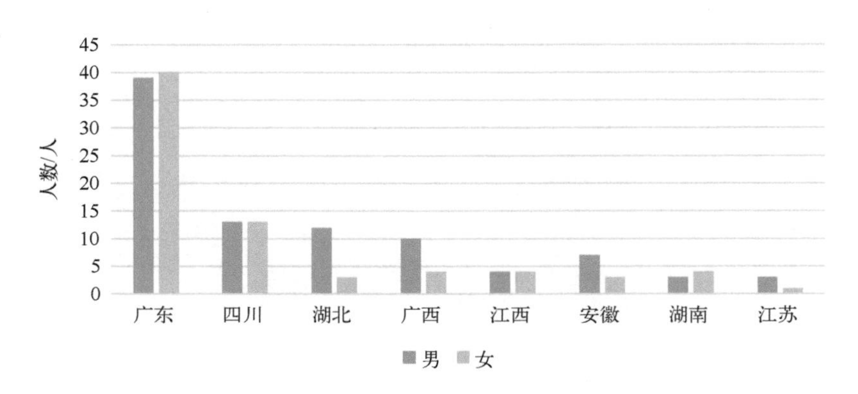

图 5.4　各省份的员工男女人数分布

3）百分比堆积柱状图用于比较各个类别数占总类别数的百分比大小，如图 5.5 所示为各部门每个年龄段的员工百分比分布情况。

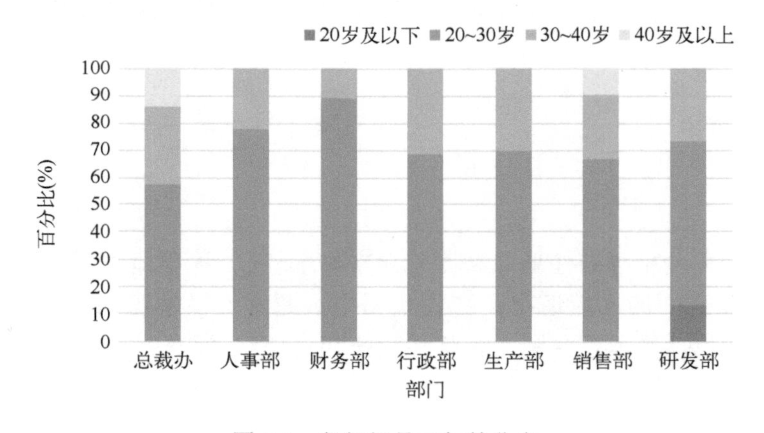

图 5.5　各部门员工年龄分布

2．饼图

饼图可看作极坐标形式的柱状图，用于单一定性变量的占比分析。每一块扇形的面积大小对应该类数据占总体的比例大小。

图 5.6 所示为 2018 年某水果摊双十一水果销量占比饼图示意。

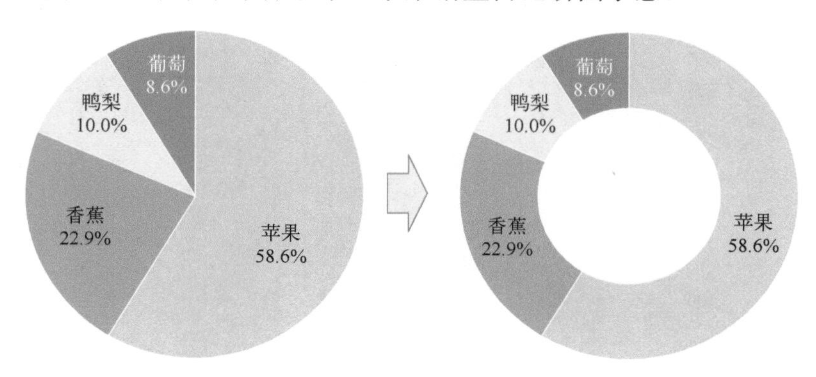

图 5.6　2018 年某水果摊双十一水果销量占比

与饼图一样，环形图也可显示各个部分与整体之间的关系。

3．玫瑰图

玫瑰图用于分析两个定性变量分布情况。每片“花瓣”大小代表 A 属性各类数目。图 5.7 所示为不同地区事件分布玫瑰图。

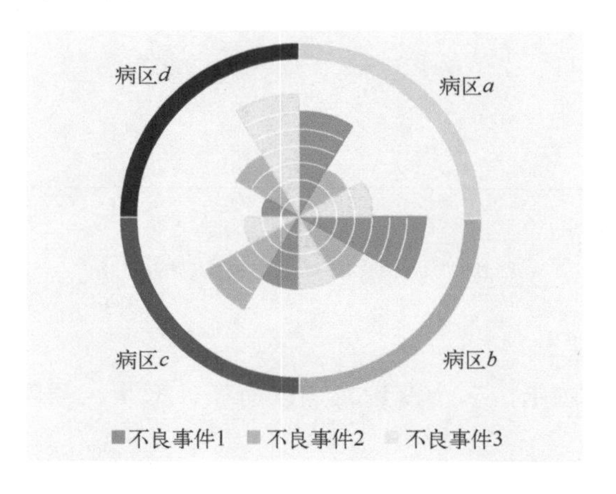

图 5.7　不同地区事件分布玫瑰图

4．直方图

直方图用于描述单一数值变量分布特征。人为分组，在每组统计数目或频率。

直方图与柱状图有本质区别，直方图是用面积表示各组频数的多少，矩形的高度表示每一组的频数或频率，宽度则表示分组，因此其高度与宽度均有意义。由于分组数据具有连续性，直方图的各矩形通常是连续排列，而柱状图则是分开排列。柱状图主要用于展示分类数据，而直方图主要用于展示数值型数据。直方图可以添加拟合曲线来查看变量的粗略分布，图 5.8 所示为住户年龄分布直方图。

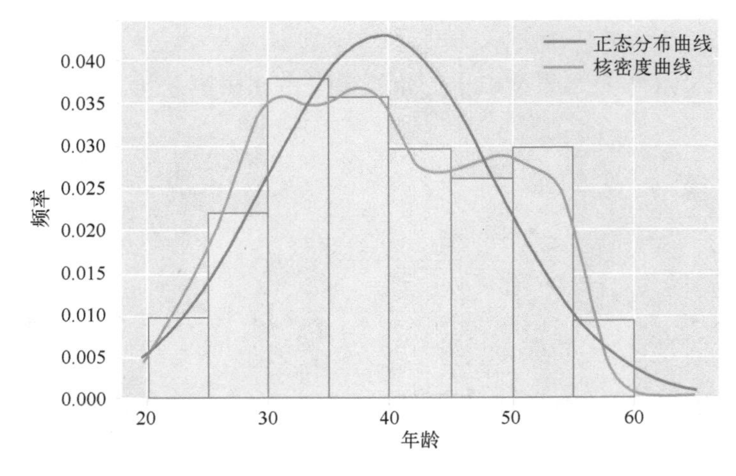

图 5.8　住户年龄分布直方图

5. 散点图

散点图用于对多个数值型变量之间的关系进行探究。图 5.9 所示为产品销量分布散点图。

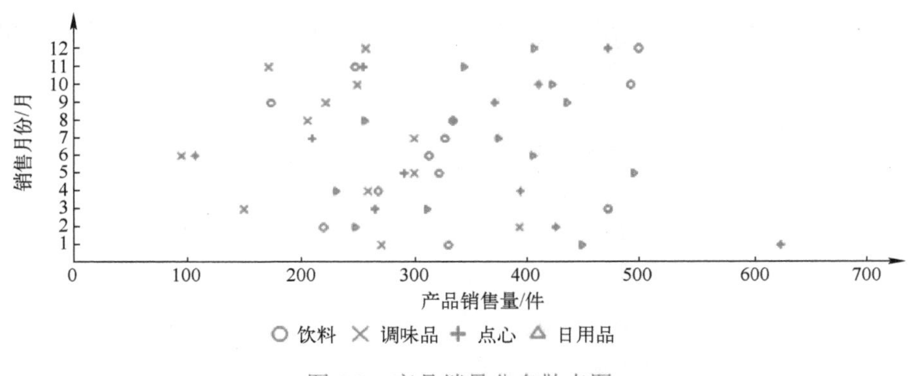

图 5.9　产品销量分布散点图

两个变量以点的形式画出，多个变量将点以面积、形状、颜色等形式展示于图中。

6. 折线图

折线图可显示随时间而变化的连续数据，常用于分析相等时间间隔下数据的发展趋势。在折线图中，类别数据沿横坐标均匀分布，数据沿总报表进行分布。例如，图 5.10 展示了 2018 年每月的销售总额。

7. 面积图

面积图强调的是数据随着时间变化的程度。例如，图 5.11 展示了 2018 年每月销售量的汇总情况，其中每月的销售量是“饮料+调味品+点心+日用品”销量的汇总结果。

8. 雷达图

雷达图将每列数据进行标准化，将条记录画在一个图上，对几张图进行对比。因此，该图适用于指标多、记录少的数据。例如，图 5.12 显示了个人、班级各科成绩雷达图。

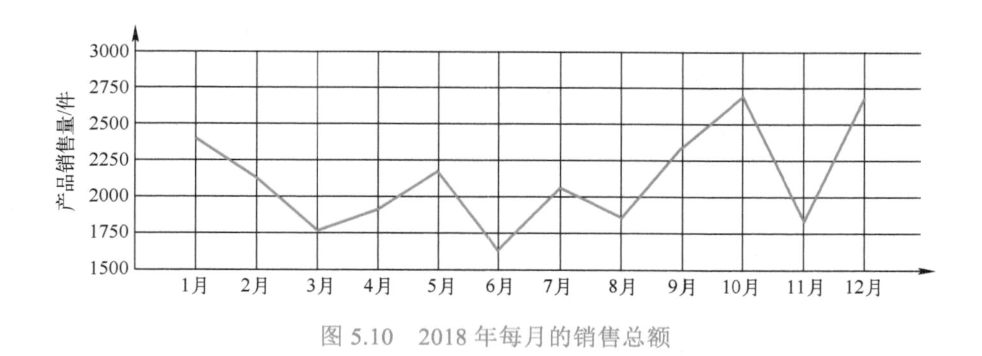

图 5.10　2018 年每月的销售总额

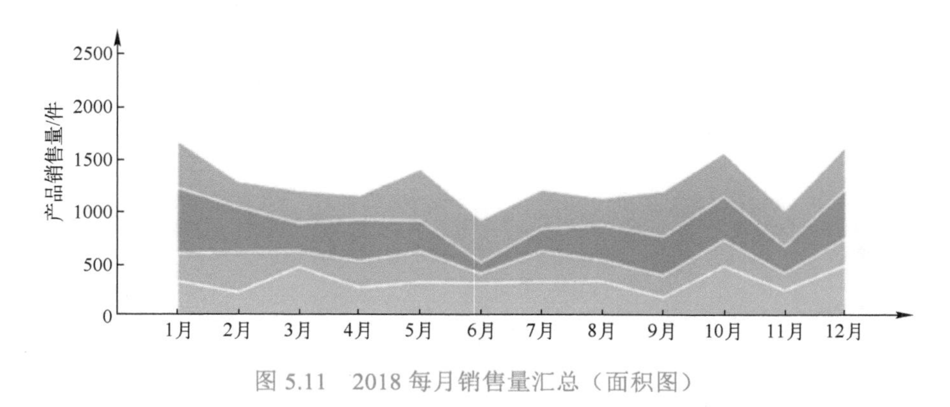

图 5.11　2018 每月销售量汇总（面积图）

9．箱线图

箱线图可以显示 5 个有统计学意义的数字，分别是上界、上四分位数、中位数、下四分位数和下界。因此，它在数据延伸的可视化上非常有用，常用于离群点发现（见图 5.13）。图 5.14 展示了家庭各项开支的箱线图，可以从中发现异常。

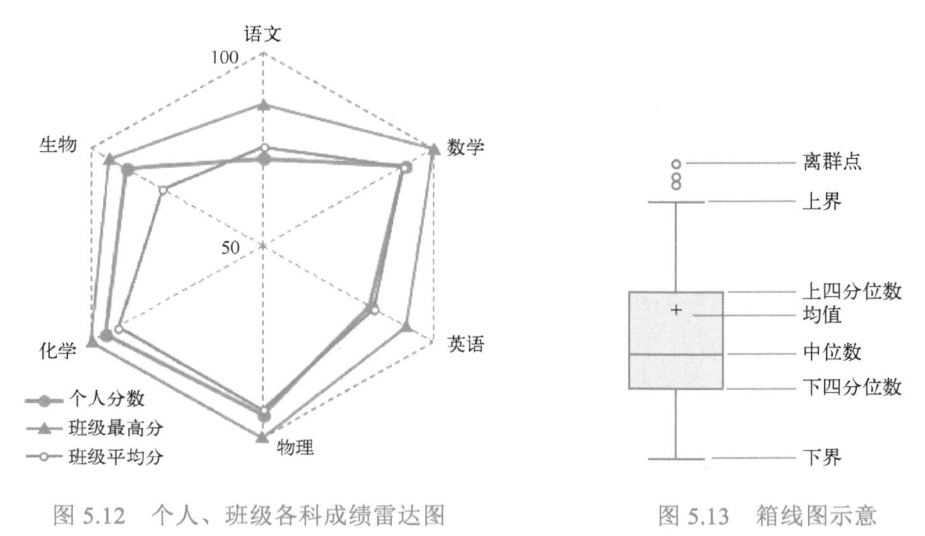

图 5.12　个人、班级各科成绩雷达图

图 5.13　箱线图示意

10．瀑布图

瀑布图采用绝对值与相对值结合的方式，适用于表达多个特定数值之间的数量变化关系，图 5.15 显示了广东省 7 个市的年利润分布状况。

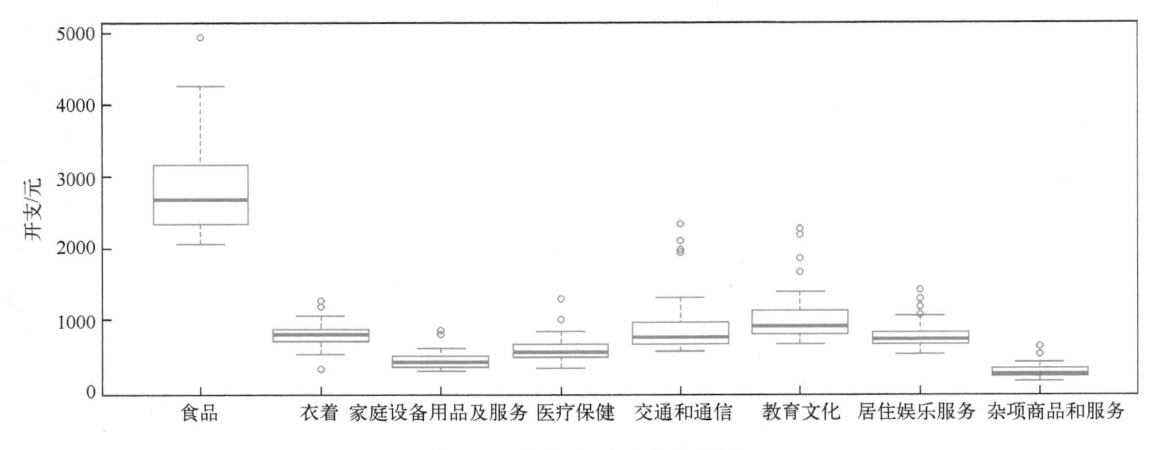

图 5.14　家庭各项开支箱线图

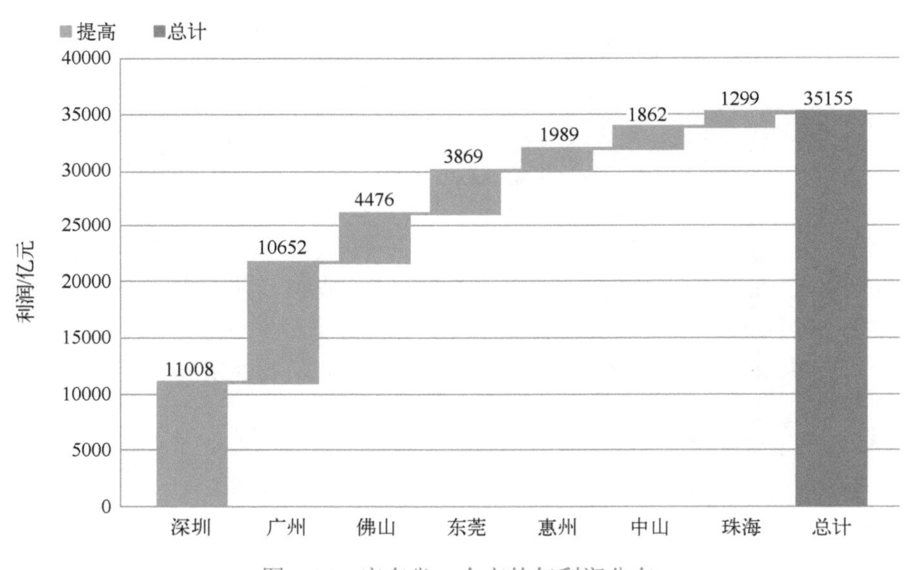

图 5.15　广东省 7 个市的年利润分布

11．漏斗图

漏斗图是一个倒三角形的条形图，它适用于业务流程比较规范、周期长、环节多的流程分析，通过漏斗图对各环节业务数据进行比较，能够直观地发现和说明问题，如图 5.16 所示，可以通过漏斗图分析销售各环节中哪些环节出了问题。

12．树状图

树状图是用于展现有群组、层次关系的比例数据的一种分析工具，它通过矩形的面积、排列和颜色来显示复杂的数据关系，并具有群组、层级关系展现的功能，能够直观地体现同级之间的比较。图 5.17 所示为我国部分地区 GDP 树状图。

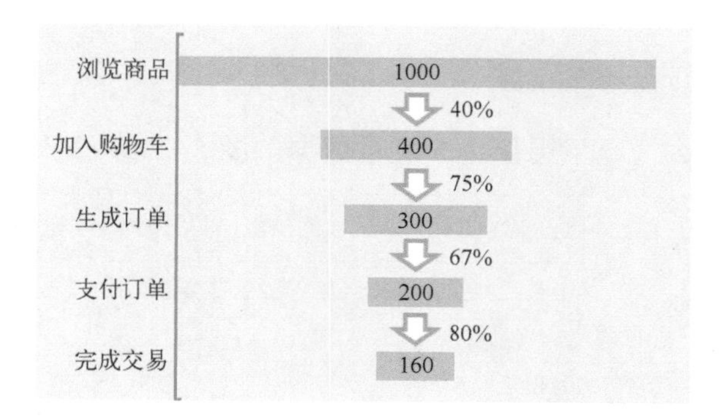

图 5.16　销售各环节漏斗图

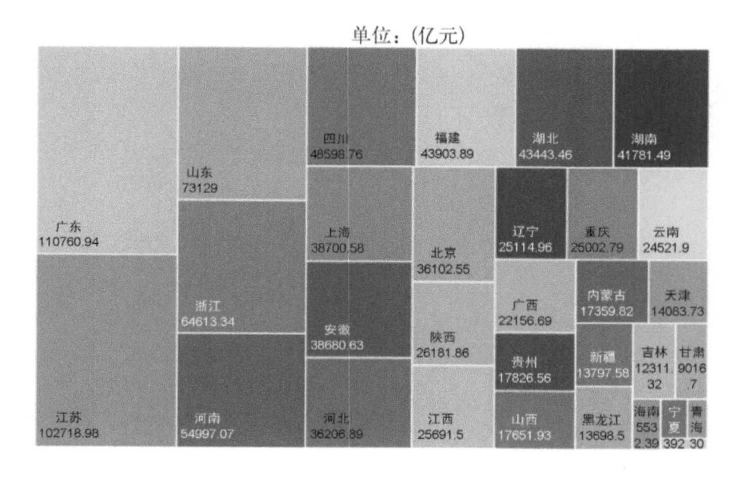

图 5.17　我国部分地区 GDP 树状图

5.3　可视化设计

做可视化之前，最好从一个问题开始，要弄清楚进行可视化设计的目的是什么，想讲什么样的故事，以及打算跟谁讲。要讲好故事要回答以下问题。

1）想表达什么？

2）想解决什么样的问题？

3）是否可以实现？

4）谁是数据的使用者？

5）他们需要什么样的数据？

6）如果使用者不是你，那他们的偏好是什么？

7）他们的首选是什么？

8）是否真正了解他们？

5.3.1 数据可视化图形选择建议

图表种类繁多，什么情况下用什么图表示数据，图 5.18 给出了一些建议。

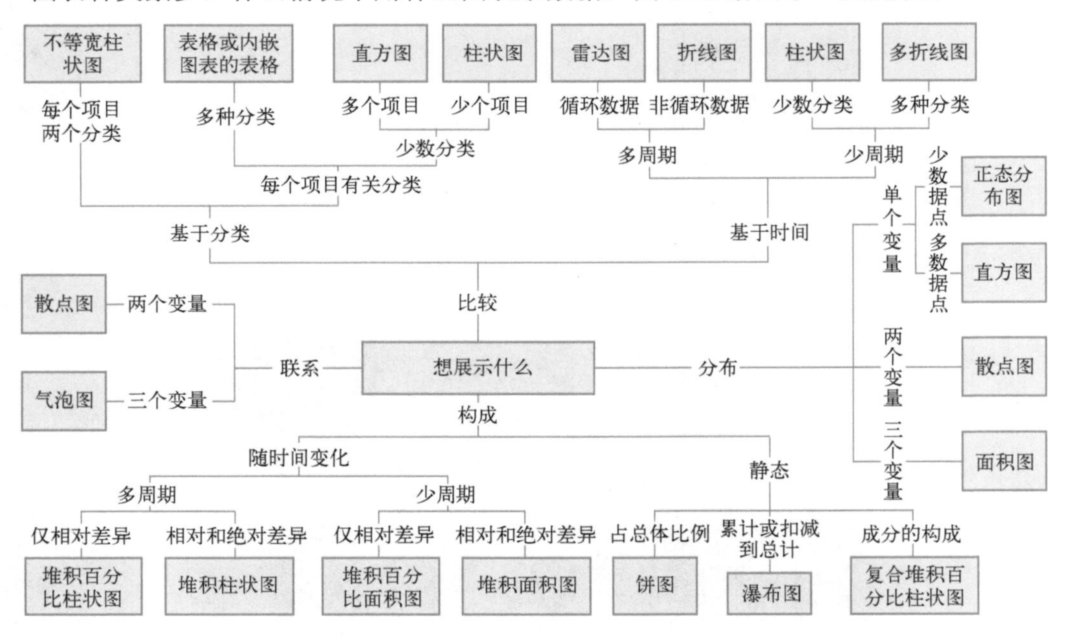

图 5.18　数据可视化图形选择建议

5.3.2 用数据讲故事

1. 用散点图讲故事

在图 5.19 中，可以看到世界各国平均预期寿命（在 y 轴上）与平均受教育时间（在 x 轴上）的散点图。

散点图可以帮助人们探索两个连续变量之间的关系。图 5.19 中的每个点代表一个国家，直线表示线性回归模型的趋势线。

根据图 5.19，选择出所有描述正确的选项。

A．随着平均受教育时间的增加，平均预期寿命通常也会增加。

B．没有哪个国家的平均受教育时间少于 6 年，平均预期寿命超过 75 岁。

C．预期寿命与受教育时间之间存在正相关性。

D．没有任何国家的平均预期寿命低于 55 岁。

E．每个平均预期寿命少于 60 岁的国家/地区的平均受教育时间都少于 7 年。

F．如果一个国家的平均受教育时间长于另一个国家，则该国家的平均预期寿命也将更长。

G．恰好有一个国家的平均受教育年限超过 14 年。

H．预期寿命与受教育时间之间呈负相关性。

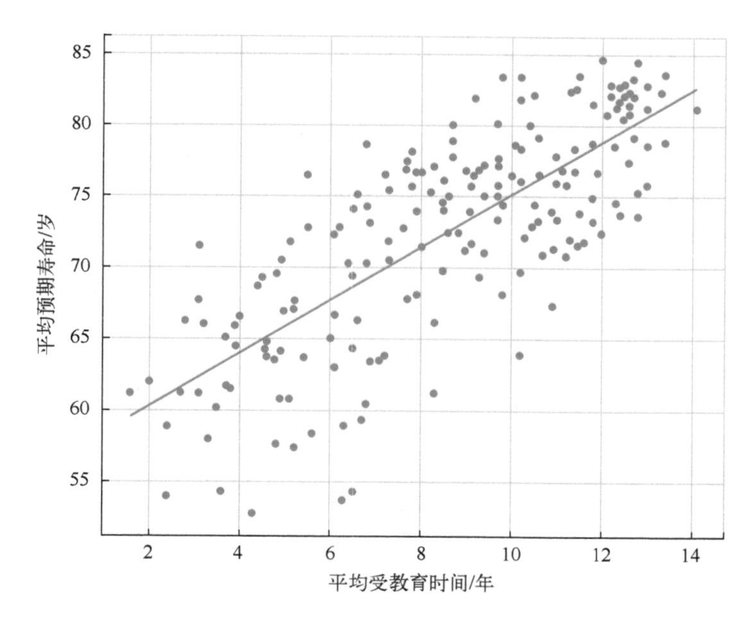

图 5.19　各个国家的平均预期寿命相对于平均受教育时间的散点图

回答描述正确的选项有 A、C、E、G。

在这个题目中很容易判断错误的是选项 F，某个国家的平均受教育时间长于另一个国家，并不意味着平均预期寿命也长，平均预期寿命是一个宽带，右面的点不一定在左面点的上面。

2．用折线图讲故事

图 5.20 显示了从 1930—1970 年采用四种技术（汽车、冰箱、炉灶和吸尘器）的美国家庭百分比。

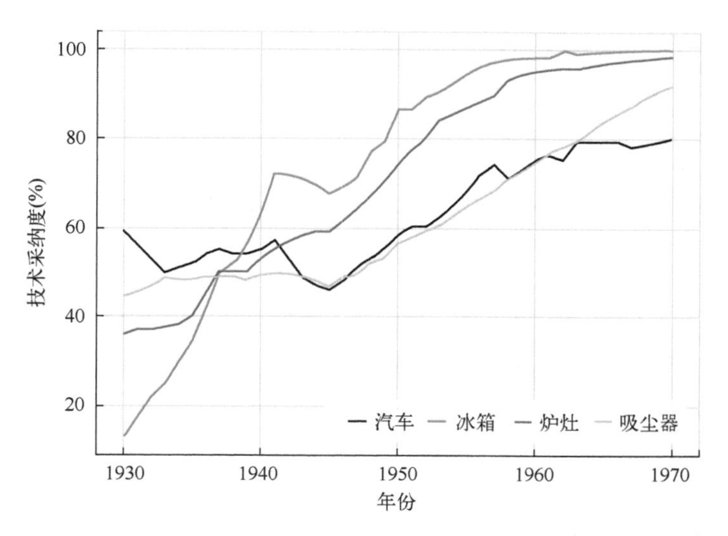

图 5.20　采用四种技术（汽车、冰箱、炉灶和吸尘器）的美国家庭百分比

再来看另一个案例，关于某传染病的绘图（见图 5.21a）。

折线图的刻度，有的时候非常重要。因为有的时候通过将线性坐标轴切换为对数坐标轴，会更加容易地发现问题（见图 5.21b）。

如果数据集的数值跨度有好几个数量级，那么使用对数刻度来查看数值会变得更加容易。

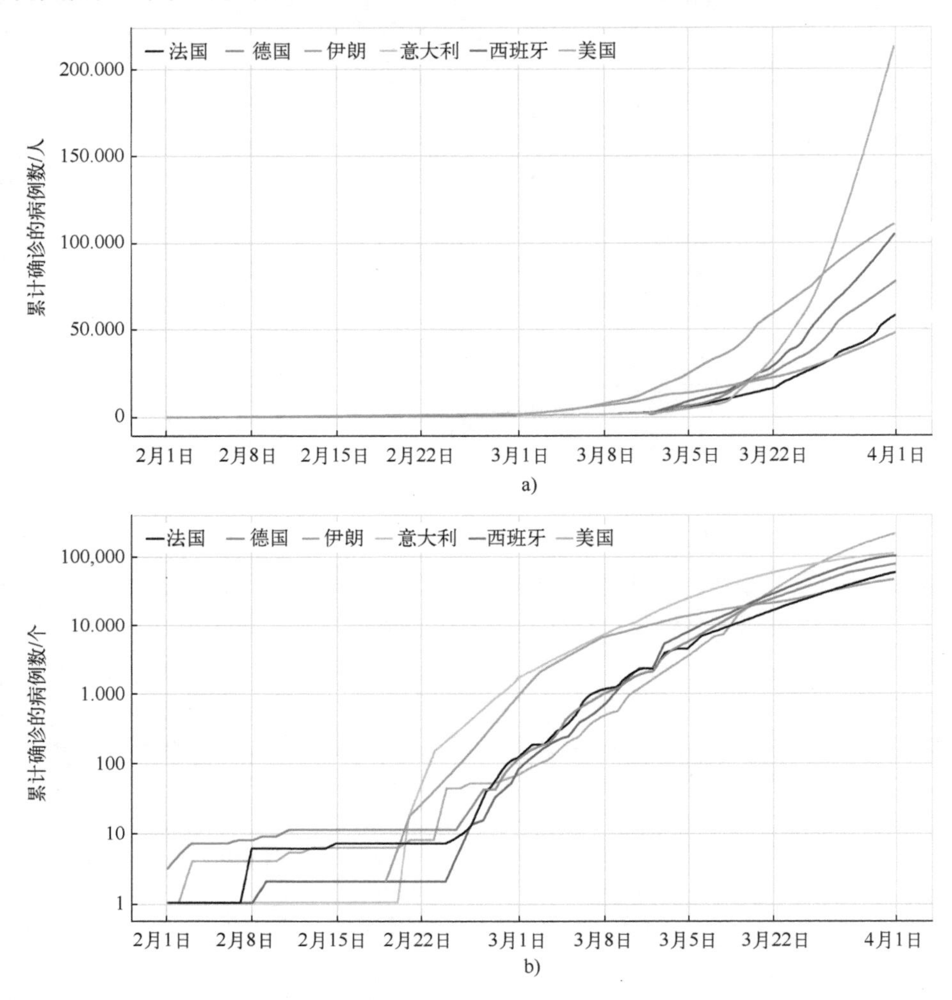

图 5.21 某传染病绘图

a) 线性（Linear）坐标系 b) 对数（Log）坐标系

很明显，如果使用线性坐标系的话，在进入三月份之前，很难区分数值之间的区别；而对数坐标系则完全不同，用肉眼就可以比较轻松地识别数据的差异。

3. 用柱状图讲故事

英国在 2018 年做了健康大调查的数据集（*Health Survey for England in 2018*），并解读了儿童每天要吃多少水果和蔬菜的情况，这里接着解读英国老年人每天需要协助的生活情况。

如果在解读数据时使用百分比而不是计数，那么堆积柱状图通常是不错的选择（见图 5.22）。

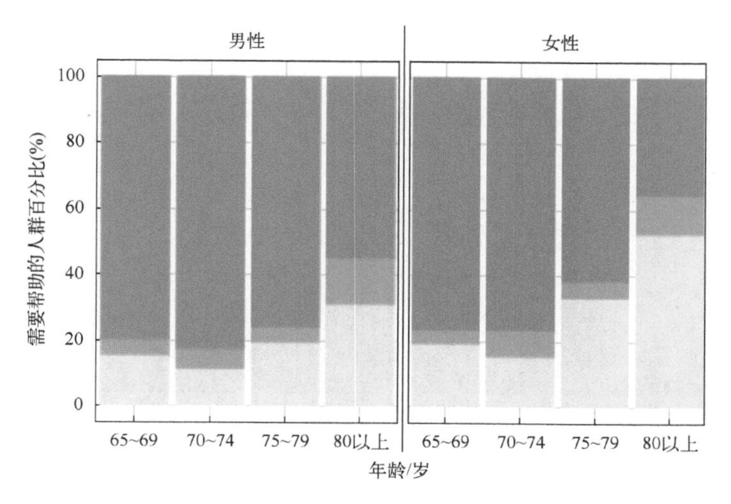

图 5.22　健康大调查数据可视化

在图 5.22 中，深色表示不需要帮助的人群百分比，浅色表示需要两次以上帮助的人群百分比，介于深色和浅色之间的颜色表示只需要一次帮助的人群百分比。

根据图 5.22，下面哪个描述是正确的？

A．年龄在 80 岁以上的女性中，只有不到一半的人需要两次或以上帮助来开展活动。

B．在需要一次帮助来开展活动的数据中，人数最少的人群是 75～79 岁的男性。

C．不需要帮助的人群中，比例最高的人群是 70～74 岁的男性。

D．80 岁以上的男性中，超过一半的人至少需要一次帮助来开展活动。

正确的选项是 C。

4．用直方图讲故事

直方图的外观在很大程度上受到其竖条区域（bin）的个数的影响：bin 确定了直方图中每个条形图在 x 轴上的位置以及间隔。

如果 bin 的个数太少，将看不到分布形状的足够细节；如果 bin 的个数太多，分布的整体形状可能会被噪声掩盖。“最佳”bin 的个数需通过查看直方图获得。

下面以泰坦尼克号故事的数据为例，观察 bin 的个数对乘客年龄分布的影响，如图 5.23 所示。

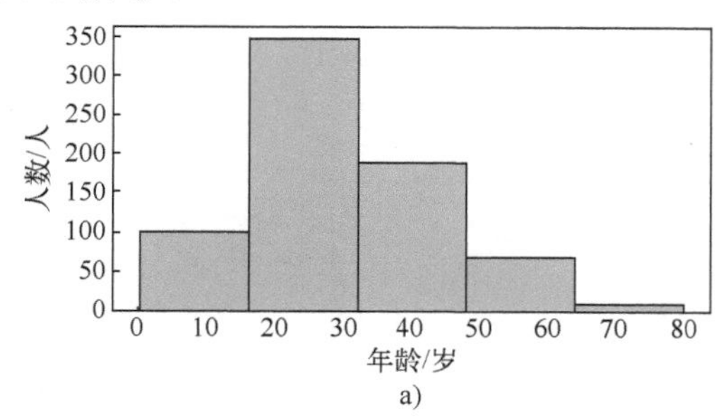

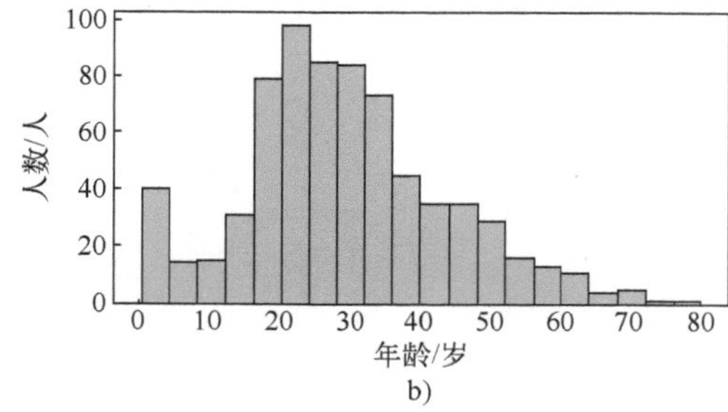

图 5.23　bin 的个数对乘客年龄分布的影响

a) bin 的个数为 5 时乘客年龄分布　b) bin 的个数为 20 时乘客年龄分布

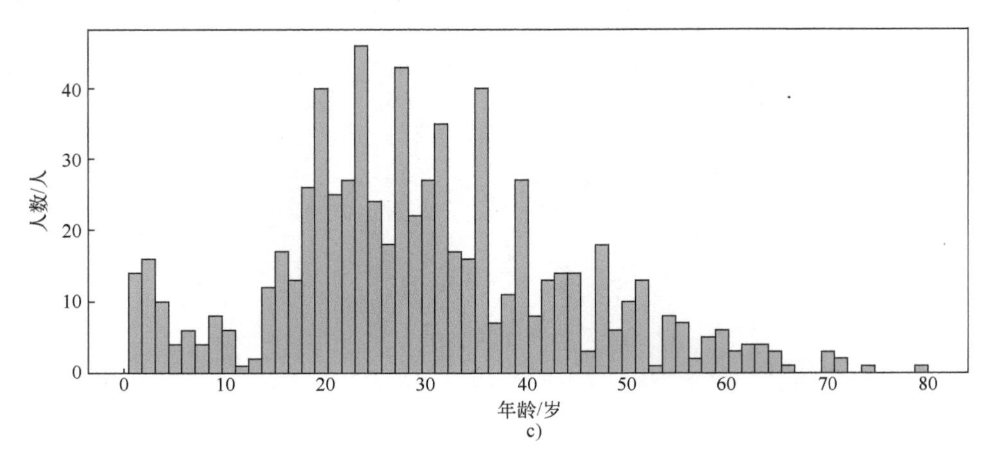

图 5.23 bin 的个数对乘客年龄分布的影响（续）

c) bin 的个数为 60 时乘客年龄分布

在图 5.23 中，哪个是正确的？

A．没有 75～79 岁年龄段的乘客。

B．21 岁龄的乘客超过 80 人。

C．人数较多的年龄段在 20～25 岁。

D．看整体分布，bin=50 最佳。

答案是 A，图 5.23c 在 75～79 岁年龄段为零，而从图 5.23a、b 看不出。虽然从图 5.23a、b 能够看出 21 岁的乘客超过 80 人，但图 5.23c 反映各年龄乘客最多人数不超过 50。

bin 的个数越多，看到的数据差异越明显，如果从整体角度观察数据分布，bin=20 较为适宜，这不是绝对的，与分析的粒度和问题有关。

5．用箱线图讲故事

图 5.24 是美国 1985—1995 年人均吸烟量的箱线图（不包括阿拉斯加和夏威夷）。

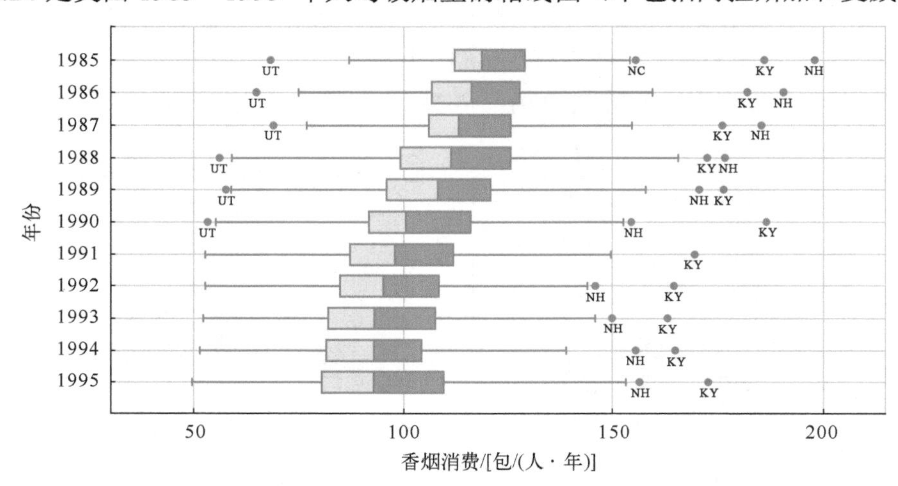

图 5.24 美国 1985—1995 年人均吸烟量

数据集中的每个观察值是一年中每个州每人吸烟的平均包数。因此，每个箱线图表示 48 个数据点的分布（因为数据集中包含 48 个美国州）。各州缩写见表 5.2。

表 5.2　各州缩写

缩　写	州名原文	州名中译	首府原文	首府中译
KY	Kentucky	肯塔基州	Frankfurt	法兰克福
NH	New Hampshire	新罕布什尔州	Concord	康科德
NC	North Carolina	北卡罗来纳州	Raleigh	罗利
UT	Utah	犹他州	Salt Lake City	盐湖城

从表 5.2 可以看出，犹他州一直是吸烟相对较少的州，NC、KY、NH 这些州吸烟相对较多。

那么下面哪些描述是正确的？

A．1985—1995 年，人均吸烟的下四分位数所代表的香烟数量都在减少。

B．1985—1995 年，人均吸烟包数的四分位间距（IQR）在逐年减少。

C．1992 年，人均吸烟包数的四分位间距最小。

D．从 1991 年开始，人均吸烟包数的中值低于 100。

E．1990 年，三个州被认为在人均吸烟的数量方面具有异常值。

F．1985—1995 年，人均吸烟的上四分位数所代表的香烟数量逐年减少。

答案是 ADE。

5.4　数据可视化工具

数据可视化工具按照基于的语言大体可分为如下 3 类，如图 5.25 所示。

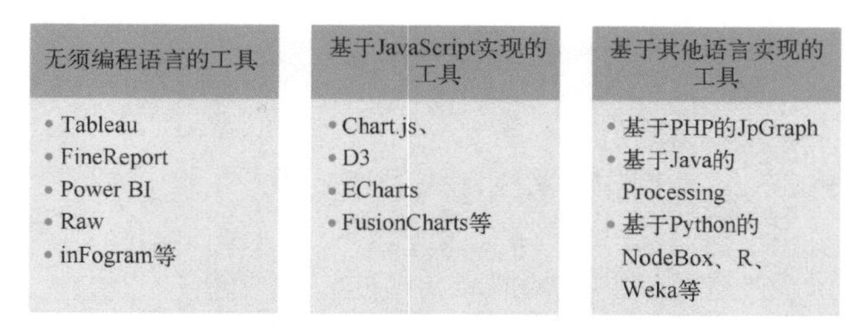

图 5.25　可视化工具分类

5.4.1　FineReport

1．FineReport 报表软件及功能

FineReport 报表软件是一款纯 Java 编写的、集数据展示（报表）和数据录入（表单）功能于一身的企业级 Web 报表工具，具有“专业、简捷、灵活”的特点和无码理念，仅需简单的拖拽操作便可以设计复杂的报表，搭建数据决策分析系统，官网为 https://www.finereport.com/。FineReport 设计器界面如图 5.26 所示。

2．制作报表流程

制作报表流程如图 5.27 所示。

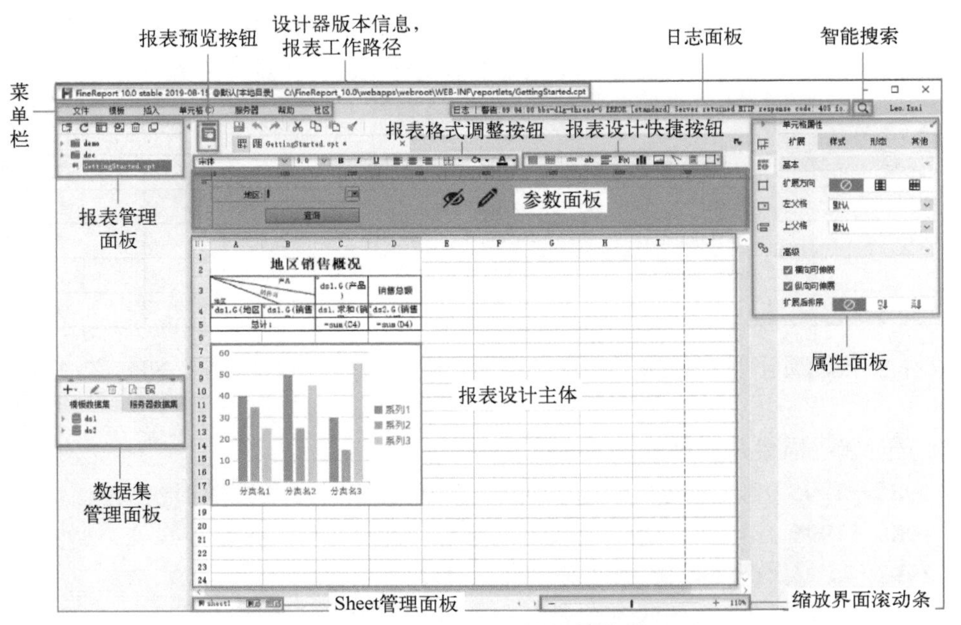

图 5.26　FineReport 设计器界面

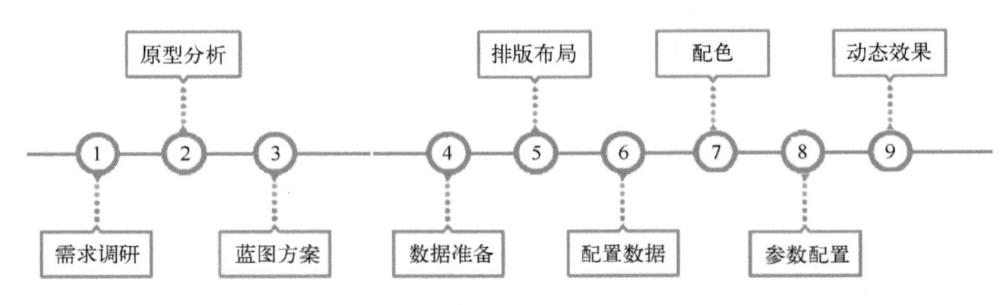

图 5.27　制作报表流程

3. FineReport 体验

图 5.28 为使用 FineReport 制作的员工流失看板效果。

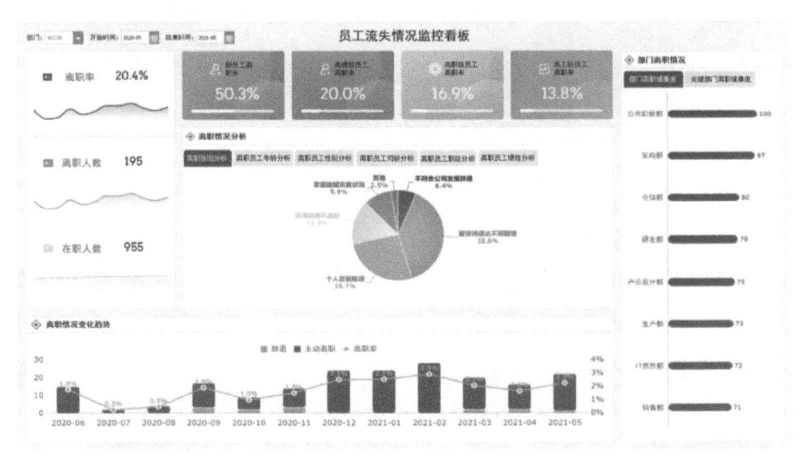

图 5.28　使用 FineReport 制作的员工流失看板

5.4.2 ECharts

ECharts 是一款由百度前端技术部开发的，基于 JavaScript 的数据可视化图表库，提供直观、生动、可交互、可个性化定制的数据可视化图表，官网为 https://echarts.apache.org/zh/index.html。

使用 ECharts 绘制图表的步骤如下。

第 1 步：在 https://www.jsdelivr.com/package/npm/echarts 选择 dist/echarts.js，单击并保存为 echarts.js 文件。

第 2 步：在刚才保存 echarts.js 的目录新建一个 index.html 文件，内容如下。

```
<!DOCTYPE html><html>
  <head>
    <meta charset="utf-8" />
    <!-- 引入刚刚下载的 ECharts 文件 -->
    <script src="echarts.js"></script>
  </head></html>
```

第 3 步：为 ECharts 准备一个定义了高和宽的 DOM 容器。在第 2 步</head>之后，添加如下内容。

```
<body>
  <!-- 为 ECharts 准备一个定义了高和宽的 DOM -->
  <div id="main" style="width: 600px;height:400px;"></div>
</body>
```

第 4 步：通过 echarts.init 方法初始化一个 ECharts 实例并通过 setOption 方法生成一个简单的柱状图，在第 3 步</div>后面添加如下代码。

```
<script type="text/javascript">
  //基于准备好的 DOM，初始化 ECharts 实例
  var myChart = echarts.init(document.getElementById('main'));
  //指定图表的配置项和数据
  var option = {
title: {
      text: 'ECharts 入门实例'
    },
    tooltip: {},
    legend: {
      data: ['销量']
    },
    xAxis: {
      data: ['衬衫', '羊毛衫', '雪纺衫', '裤子', '高跟鞋', '袜子']
    },
    yAxis: {},
    series: [
      {
        name: '销量',
```

```
                type: 'bar',
                data: [5, 20, 36, 10, 10, 20]
            }
        ]
    };
    //使用刚指定的配置项和数据显示图表
    myChart.setOption(option);
</script>
```

这样第一个图表就诞生了，如图 5.29 所示。

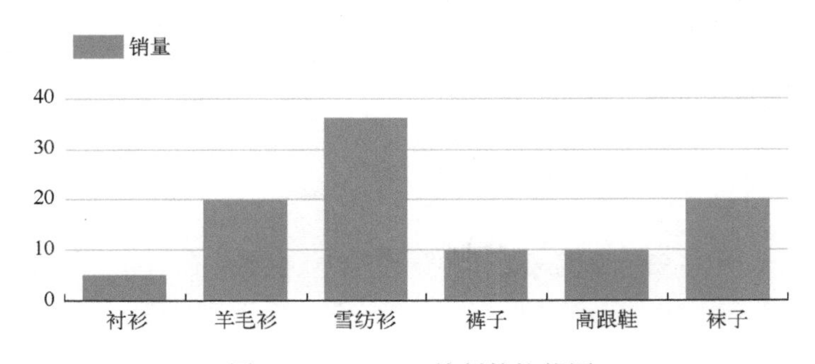

图 5.29　ECharts 绘制的柱状图

5.4.3　Tableau

Tableau 是能够帮助人们查看并理解数据的商业智能软件，官网为https://www. tableau. com/zh-cn）。Tableau 将数据运算与美观的图表完美地结合在一起。它的程序很容易上手，各公司可以用它将大量数据拖放到数字“画布”上，转眼间就能创建好各种图表。这一软件的理念是，界面上的数据越容易操控，公司就越了解自己在业务领域里的所作所为到底是正确还是错误的。Tableau 具有如下特点。

1．实时查询引擎：数据在你的手中

Tableau 的实时查询引擎是一种让人们无须任何编程或高级开发就能够查询数据库、多维数据集、数据仓库、云资源甚至 Hadoop 的第一门技术。它让人们通过点击界面的方式来查询不同的数据源，任何人都可以使用。

单击几下鼠标就可以连接到任何规模的数据。这些数据在数据源上形成了一个额外的数据层。连接、合并数据变得非常容易，即便是数据库新手也足以轻松实现。

2．Tableau Public：用数据讲故事的平台

Tableau Public 是一个免费的工具，它将数据带到了公共网络生活中。它容易使用并且非常强大，适用于喜欢将数据内容发布在网络上的任何人。人们使用 Tableau Public 来讲故事，用数据来说服、告知和激励人们。Tableau Public 在几分钟内可以创造惊人的交互式可视化，并在几秒钟内将信息发布出去。成千上万的人使用 Tableau Public 在网上讲述自己的故事 ——超过一亿人受益。

图 5.30 所示为 Tableau 数据分析的一个示例。

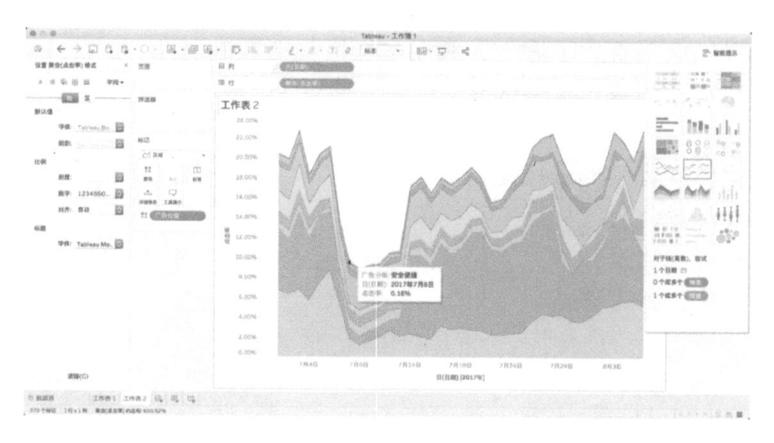

图 5.30 Tableau 数据分析的一个示例

习题 5

一、单选题

【1】如果想展示单个变量数据的分布，建议使用（ ）。

A．直方图　　B．散点图　　C．玫瑰图　　D．折线图

【2】（ ）适用于分析两个定性变量的分布情况。

A．直方图　　B．散点图　　C．玫瑰图　　D．折线图

【3】（ ）可添加拟合曲线，从而看出变量的粗略分布。

A．直方图　　B．散点图　　C．玫瑰图　　D．折线图

【4】（ ）可显示随时间而变化的连续数据。

A．直方图　　B．散点图　　C．玫瑰图　　D．折线图

【5】（ ）常用于异常值发现。

A．箱线图　　B．散点图　　C．玫瑰图　　D．折线图

【6】（ ）通过绘制连续型变量的五个分位数来描述变量的分布。

A．箱线图　　B．散点图　　C．玫瑰图　　D．折线图

二、填空题

【1】（ ）是以宽度相等的柱形高度的差异来显示统计指标数值大小的一种图形。

【2】（ ）可看作极坐标形式的柱状图。

【3】（ ）是一个倒三角形的条形图，它适用于业务流程比较规范、周期长、环节多的流程分析。

三、判断题

【1】数据可视化处理可以洞察统计分析无法发现的结构和细节。

【2】数据可视化处理结果的解读对用户知识水平的要求较高。

【3】数据分析可视化的目的是化抽象为具体，将隐藏于数据中的规律直观地展现出来。

【4】不同类型的图表展示数据的侧重点基本不同。

【5】数据可视化意味着为了看上去绚丽多彩而显得极端复杂。

【6】直方图与柱状图基本没有区别。

四、简答题

【1】简述数据可视化图形选择建议。

【2】为什么要可视化？

【3】如何理解可视化设计？

【4】简述可视化工具有哪些。

第 6 章　大数据分析

大数据不是简简单单的数据体量大，而是挖掘数据中蕴藏的巨大价值，大数据分析就是将“数据”转换为“价值”的技术。

6.1　大数据分析概述

数据分析是指用适当的统计分析方法对收集来的大量数据进行变换、分类汇总和展现，其目的就是提取有用信息并形成决策依据。大数据分析就是用分布式策略对数据进行分析，相对于传统数据分析，大数据分析的策略有了 3 个明显的转变：首先，数据采用全体而不是抽样的；其次，分析要的是效率而不是绝对精度；最后，分析的结果要的是相关性而不是因果性。

6.1.1　数据分析概念

1．狭义数据分析

狭义数据分析指统计分析（见表 6.1）或可视化分析（见图 6.1），根据分析目的，采用对比分析、分组分析、交叉分析和回归分析等分析方法，对收集来的数据进行处理与分析，提取有价值的信息，发挥数据的作用，从而得到一个特征统计量结果。

表 6.1　某地方财政收入情况

2018 年	2019 年	2019 年比 2018 年增长（%）
31737500 万元	33678876 万元	6.1

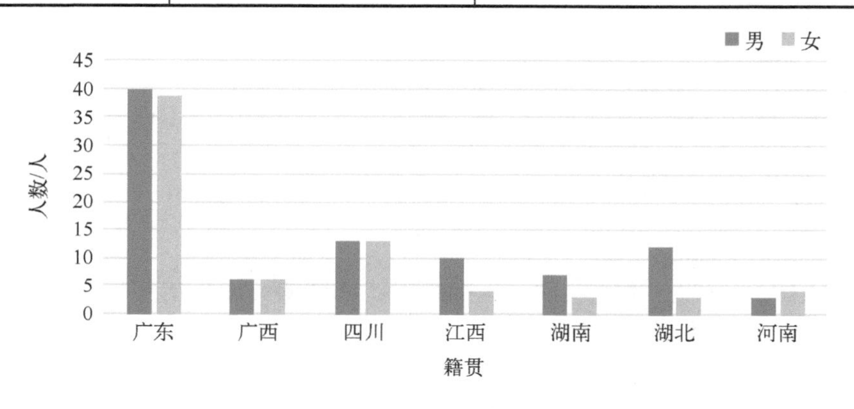

图 6.1　某公司员工籍贯统计

2．广义数据分析

广义数据分析包括狭义数据分析和数据挖掘，如图 6.2 所示。

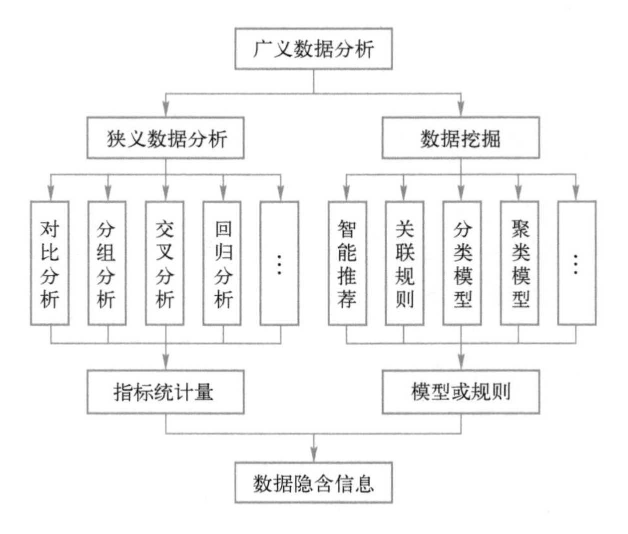

图 6.2　广义数据分析

表 6.2 是采集的患者信息。根据表 6.2 给出“肝炎”分类规则，这个问题通过简单的统计分析是无法完成的，需要利用机器学习方法对数据进行挖掘。

表 6.2　采集的患者信息

A	B	C	D	E	F	G	H	I	J	K	L	M	N	O	P	Q	R	S	T	U	V	W	X	Y	Z	AA	AB	AC
ID	年龄	性别	区域	体重	身高	体重指数	肥胖腰围	腰围	最高血压	最低血压	好胆固醇	坏胆固醇	总胆固醇	血脂异常	PVD	体育活动	教育	未婚	收入	视力不佳	饮酒	高血压	家庭高血压	糖尿病	肝炎	家族肝炎	慢性疲劳	ALF
4379	58	F	east	75.6	174.9	24.7	0	94.8	100	52	35	95	130	0	0	1	0	0	0	0	0	1	1	0	1	0	1	0
7623	85	F	east	66.3	166.1	24	0	89.6	134	84	59	153	212	0	0	2	0	0	0	0	1	0	0	0	0	0	0	
1764	32	F	east	109.9	173.2	36.6	1	111.7	124	84	39	133	172	0	0	2	1	0	1	0	0	0	0	0	0	0	0	0
5450	22	M	east	58.7	171.3	20	0	78	104	56	48	98	146	0	0	2	1	1	0	0	0	0	0	0	0	0	0	0
5196	44	F	west	79.7	172.1	26.9	0	93.8	114	60	34	195	229	0	0	2	0	0	0	0	0	0	0	0	0	0	0	0
1222	24	F	south	93.8	175.2	30.6	1	100.2	115	75	62	187	249	1	0	2	1	1		0	0	0	0	0	0	0	0	0
1169	85	M	south	41.2	132.5	23.5	0	85.9	154	62	57	99	156	0	0	1	0	1	0		1	1	0	0	0	0	0	0
805	33	F	north	146.3	186.3	42.2	1	137.2	125	83	33	152	185	0	0	1	0	1	1	0	0	0	0	0	0	0	0	0
8682	27	M	east	68.4	158.9	27.1	0	85.4	120	79	40	274	314	1	0	3	1	0	0	0	0	1	1	0	0	0	0	
7854	65	F	east	114.6	188.6	32.2	1	118.6	128	75	45	186	231	0	0	1	1	0	1	0	0	1	0	0	0	0	0	
7840	49	F	south	79.9	167.2	28.6	0	97.1			44	129	173	0	0	4	0	0			0		0	0	0	0	0	
314	70	F	south	76	167.9	27	0	101.7	179	87	41	203	244	0	0	2	0	1	0	0	0	1	0	0	0	0	0	0
3870	65	M	north	86.6	173.5	28.8	0	105	195	102	68	115	183	0	0	2	0	1	0	1	0	1	0	0	1	0	0	1
896	75	F	east	101.7	170.6	34.9	1	122.2	163	79	38	145	183	0	0	2	1			0	1	1	0	0	0	0	0	0
8076	45	M	east	93.5	167.7	33.3	1	95.3	127	73	50	160	210	0	0	3	0	1	0	0	0	1	0	0	0	0	0	
994	32	M	east	68.2	168.5	24	0	98	110	44	70	187	257	0	0	3	1	0	1	0	0	0	0	0	0	0	0	0
3207	84	F	east	63.9	161	24.7	0	90.7	126	46	46	132	178	0	1	1	0	0	0	0	1	0	0	0	0	0	0	0
8032	28	M	south	69.3	159	27.4	0	94.4	110	52	61	167	228	0	0	1	1		0	0	1	0	0	0	0	0	0	
7845	27	M	east	77.7	155.6	32.1	1	95.7	116	67	47	121	168	0	0	2	1	0	1	0	0	0	0	0	0	0	0	
5019	81	F	south	86.6				109.9	143	54	45	208	253	0	0	1	0	1	0	1	0	1	0	0	0	0	0	0
194	74	M	north	100.4	156.4	41	1	126.8	132	55	48	140	188	0	0	1	0	1	0	0	0	1	0	0	1	0	1	1
6381	21	M	east	68.8	163.4	25.8	0	83.4	118	60	60	166	226	0	0	2	1	1	1	0	0	0	1	0	0	0	0	
6538	43	M	west	69.7	167.9	24.7	0	84	109	88	62	202	264	0	0	1	0	1	0	0	0	1	1	0	0	0	0	
5440	48	F	north	75.1	175.6	24.4	0	85.1	114	73	82	106	188	0	0	1	1	1	0	0	0	0	0	0	0	0	0	0
1785	69	M	south	61.4	153.5	26.1	0	94.1	113	54	51	155	206	0	0	2	0	1	1	0	0	1	1	1	0	0	0	0
8150	59	F	east	78.6	178.4	24.7	0	93	120	76	46	191	237	1	0	3	1	0	1	0	1	0	0	0	0	0	0	
7086	72	F	south		166.4			98.3	174	69	46	156	202	0	0	2	0	0	0	1	1	1	0	1	0	0	0	
120	63	M	south	64.9	156.2	26.6	0	94.2	112	71	53	153	206	0	1	2	0	1	0	0	0	0	1	0	0	0	0	0
86	44	F	north	89.1	173.4	29.6	0	101.2	106	73	34	116	150	0	0	4	1		0	0	0	0	0	0	0	0	0	0

数据挖掘是从大量的、不完全的、有噪声的、模糊的、随机的实际应用数据中，通过应用聚类、分类、回归和关联规则等技术，挖掘潜在价值。

6.1.2　数据分析流程

图 6.3 展示了大数据分析的逻辑过程。

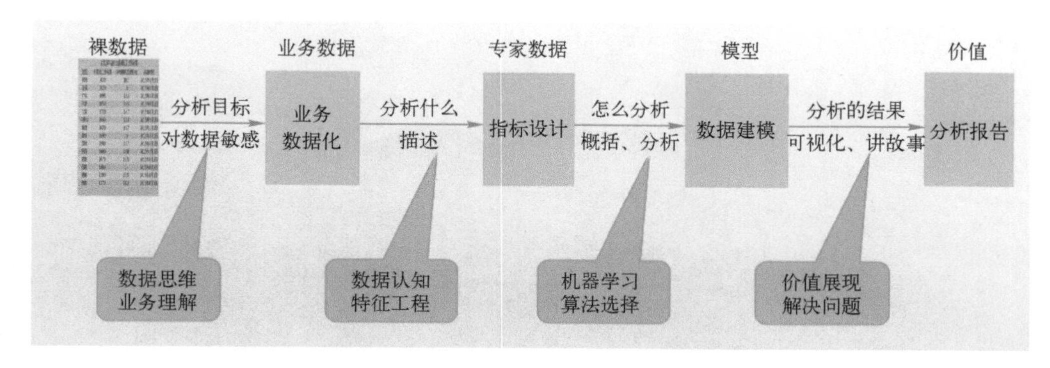

图 6.3　大数据分析的逻辑过程

（1）业务理解

业务理解就是识别需求，主要目的是理解数据，解决分析什么问题，这是数据分析环节的第一步和最重要的步骤之一，决定了后续分析的方向、方法。

（2）数据认知

数据认知从外延的角度认识数据，包括数据预处理、数据的形状、数据的边界（最大值/最小值）和数据相关性。通过数据认知可以得到数据总体概括。数据预处理是指对数据进行合并、清洗、变换和标准化，特征工程是将数据属性转换为分析指标的过程，好的特征可以帮用户使用简单的模型达到很好的效果。经特征工程后使得整体数据变得干净整齐，可以直接用于分析建模这一过程。

（3）机器学习

机器学习是从内涵视角认识数据，包括聚类分析、决策树分析、回归分析、神经网络、关联分析和时间序列分析等。

（4）价值展现

数据分析师如何把数据价值展示给业务部门，除遵循各公司统一规范原则外，具体形式还要根据实际需求和场景而定。但图文并茂、易于理解、生动、有趣、互动、讲故事都是加分项。

6.1.3　数据分析师的基本技能和素养

数据分析师的基本技能要求如图 6.4 所示，正确的思维习惯、对数据敏感程度是成为数据分析师的先决条件，其次才是 “硬件”条件。

1．“软件”条件

正确的思维习惯是一种能力，与数据敏感度有关，类似于情商，是看不见摸不着的东西，但它在价值获取过程至关重要，包括数学思维、统计思维和逻辑思维。

（1）数据思维

数据思维能力是一种从数据分析到商业价值的洞察能力。要具备这种能力，需要对业务有深刻的理解，具有将业务问题转化为数据可分析问题的能力。数据思维的一个重要特征体现在其方向性，另一个重要特征是客观性。数据思维能够帮助你摒弃主观的偏见与看法。

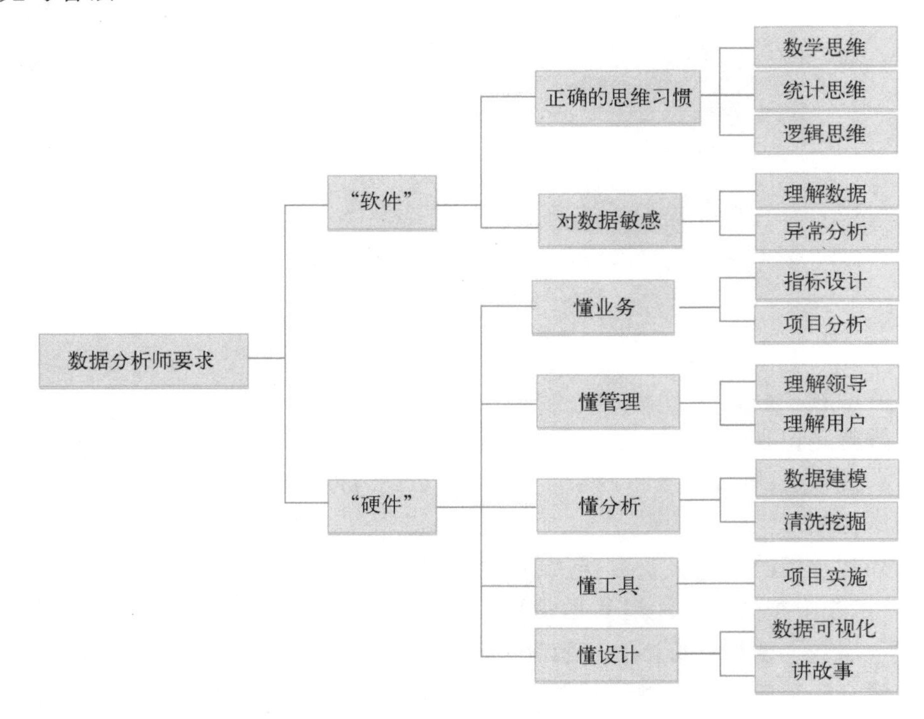

图 6.4　数据分析师的基本技能要求

（2）统计思维

相比数学思维，统计思维在日常生活中的应用要简单得多。统计思维可归类为描述、概括和分析。这些词看起来似乎意思差不多，但有本质差别。

1）描述。描述就是对事物或对象的直接描写，是对事物的客观印象。如果把描述概念对应到数据上，可以理解为这堆数据“长什么样”，通过对数据的描述能够让人认识到数据的真实“长相”。在统计学中描述数据使用的指标通常是如下统计量：平均数、众数、中位数、方差、极差、四分位点，这些指标就好像是数据的“鼻子”“眼睛”“嘴唇”“眉毛”等。在 Excel 通过公式可实现大多数统计功能（见图 6.5）。

2）概括。概括是形成概念的过程，把大脑描述的对象中的某些指标抽离出来并形成一种认识，就好像对一个人“气质”的概括，“气质”是将这个人的“谈吐”“衣着”“姿势”“表情”等指标综合在一起，然后基于历史对“气质”这样的概念得出结论，“气质”不可以依靠眼睛感受直接获取，而是需要收集这个人的详细描述信息，形成对这个人的整体印象。

如果将概括引入到数据分析中，最常见的就是分布分析。

例如，抛 10000 次骰子，记录每次的点数，会得到这样一组数据：

```
2，5,1,6,3，…，4,6,1
```

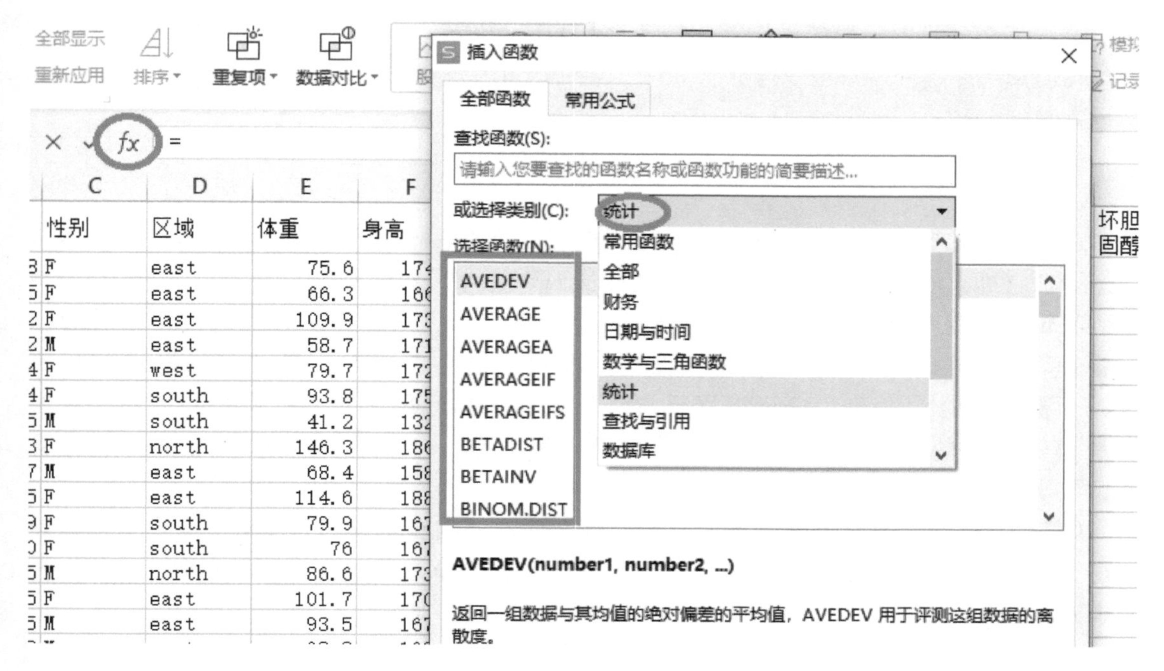

图 6.5　描述性分析

计算 1～6 出现的概率，X 表示点数，P 表示概率，会发现：

$$P(X=1)\approx 1/6$$
$$P(X=2)\approx 1/6$$
$$P(X=3)\approx 1/6$$
$$P(X=4)\approx 1/6$$
$$P(X=5)\approx 1/6$$
$$P(X=6)\approx 1/6$$

于是，可以说点数 X 服从均匀分布。

概括的意义在于用一两个简单的概念就能传递出大量的信息，如果数据服从正态分布，其含义是从数据的描述性指标中抽取均值和方差作为关键元素。所以说，概括是在描述的基础上抽离出来的概念。

3）分析。分析就是将研究对象的整体分为各个部分、方面、因素、层次并加以考查的认知活动，也可以通俗地解释为发现隐藏在数据中“模式”和“规则”。

通过描述可以获取数据的细节，通过概括可以得到数据的结构，通过分析可以得到想要的结论。分析区别于描述和概括的一个非常重要的特征就是以目标为前提，以结果为导向。

假设采集到 B 地 1000 名 20 岁男性的身高（单位：m）：

1.69、1.77、1.81、1.74、2.76、…、1.80、1.74、1.68、1.75

采集到 A 地 1000 名 20 岁男性的身高（单位：m）：

1.70、1.75、1.82、1.75、1.76、…、1.81、1.75、1.69、1.78

放在一起得到 2000 个观测值的矩阵，如果想知道 A 地男生身高与 B 地男生身高的差

异情况，怎么分析？一般的做法是比较两地的均值μ和方差σ等统计量的差异，即

均值$\mu_A=\mu_B$

方差$\sigma_A=\sigma_B$

……

（3）逻辑思维

逻辑思维，又称为抽象思维，是人运用概念、判断、推理等思维类型来反映事物本质与规律。它是人的认识的高级阶段，即理性认识阶段。

逻辑思维是一种确定的，而不是模棱两可的；前后一贯的，而不是自相矛盾的；有条理、有根据的思维。在逻辑思维中，要用到概念、判断、推理等思维形式和比较、分析、综合、抽象、概括等思维方法，而掌握和运用这些思维形式和方法的程度就是逻辑思维的能力。逻辑思维具体包括上取思维、下钻思维、求同思维、求异思维、层次思维。

1）上取思维。上取思维就是在看完数据之后，要站在更高的角度上去看这些数据。站在更高的位置上、从更长远的观点来看，你会怎样理解这些意义？也许上取思维能为你明确方向。

关键：建立长远目标、全局观念、整体概念，完整地分析数据。

2）下钻思维。下钻思维就是把事物切细了分析。数据是一个过程的结果反映，怎样通过看数据找到隐藏在现象背后的真相，需要对事物进行切分。

原理：显微镜原理。

关键：知道数据的构成、分解数据的手段，对分解后数据的重要程度有所了解。

实际情况：哪些数据需要分解分析？

3）求同思维。当一堆数据摆在面前时，它们表现出了各异的形态，然而人们却要在种种表象背后，找出其有共同规律的特点。

关键：找到共性的东西进行分析，要客观。

实际情况：现在的整体数据表现出什么问题？是否有规律可言？

4）求异思维。每一个数据都有相似之处，同时，也要看到它们不同的地方、特殊的地方。

关键：对实际情况的了解，对日常情况的积累，对个体情况的了解，对个体主观因素的分析。

实际情况：你了解你的下属员工吗？如何帮助他们分析问题，从自身找到解决方案。

5）层次思维。问题发现是第一步，怎样分析问题才能找到问题出现的真正原因？就要熟练地运用层次分析方法（见图 6.6）。

2. “硬件”条件

1）懂业务。从事数据分析工作的前提是懂业务，即熟悉行业知识、公司业务及流程，最好有自己独到的见解。若脱离行业认知和公司业务背景，则分析的结果不会有太大的使用价值。业务知识是架起书本和实际应用的桥梁。

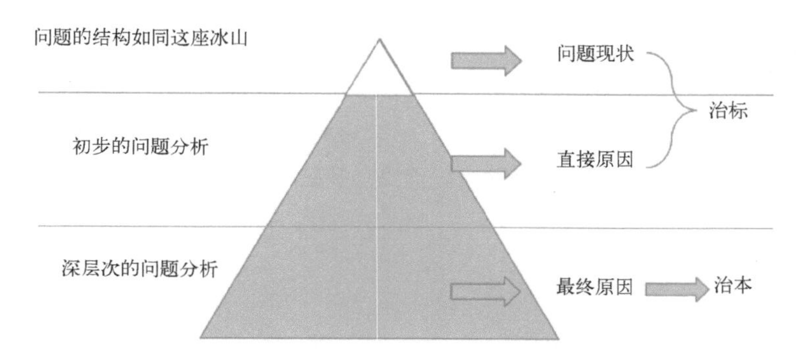

图 6.6　问题的层次分析方法

假如你在互联网公司工作，却不知道 PV（Page View，即页面浏览量或点击量；通常是衡量一个网络新闻频道、网站甚至一条网络新闻的主要指标）、UV 为何物，那可就是外行了。

2）懂管理。数据分析师所面临的工作通常都是以项目形式展开的，数据分析师需要控制自己所参与的项目的进度、成本、质量。如果不熟悉管理理论，就很难搭建数据分析的框架，后续的数据分析结论也很难提出有指导意义的分析建议。

3）懂分析。懂分析指掌握数据分析基本原理和方法，并能灵活运用到实践工作中。基本的分析方法有对比分析法、分组分析法、交叉分析法、结构分析法、漏斗图分析法、综合评价分析法、因素分析法、矩阵关联分析法等。高级的分析方法有相关分析法、回归分析法、聚类分析法、判别分析法、主成分分析法、因子分析法、对应分析法、时间序列分析法等。方法没有好坏，只要能切实地解决问题就是好方法。

4）懂工具。掌握了数据分析方法仅仅是了解了分析理论，而数据分析相关工具就是将数据分析方法落地的手段。面对越来越庞大的数据，人们不能只依靠计算器进行分析，必须依靠强大的数据分析工具来完成数据分析工作。数据分析师最常用的工具有 Excel、SQL Server、SPSS、SAS、R、Python 等。

5）懂设计。懂设计是指运用图表有效表达数据分析师的分析观点，使分析结果一目了然，增加数据分析报告的可读性。图表的设计是门大学问，如图形的选择、版式的设计、颜色的搭配等，都需要掌握一定的设计原则。良好的审美和一定的设计技巧能够帮助数据分析师高效地运用图表分析观点。

由于数据分析师对上面 5 个特征的理解不同，所以，最终的数据分析报告也不追求一个模式，这就是数据分析师的魅力，个人的价值取决于其对数据的敏感程度。除此之外，数据分析师还要具备以下素养。

1）态度严谨负责。态度严谨负责即要求一名合格的数据分析师保持客观评价企业发展过程中存在的问题，为决策层提供有效的参考依据。

2）好奇心强烈。好奇心强烈指数据分析师要积极主动地发现和挖掘隐藏在数据内部的真相。

3）协调沟通。对于初级数据分析师，了解业务、寻找数据、讲解报告都需要和不同部门的人打交道，因此沟通能力很重要。对于高级数据分析师，需要开始独立带项目或者和产品做一些合作，因此除了沟通能力以外，还需要一些项目协调能力。

4）快速学习。无论做数据分析的哪个方向，初级还是高级，都需要有快速学习的能力，学业务逻辑、学行业知识、学技术工具、学分析框架……一个优秀分析师要通过快速学习，站在更高的角度来看问题，为整个研究领域带来价值。

6.2 业务理解

懂业务的人拿到数据后，不仅明白这些数据代表什么，还知道利润是增长了还是降低了，是否异常，以及增长是来源于行业大势好转还是公司产品的竞争优势等。

启示：理解业务理解源自知己知彼。在社会实践中，很多人会犯一个很致命的错误，无论是用于企业管理，还是工作中，花费太多的时间和精力去了解对手，却对自己的情况不怎么在意，忽略了对自己的深入分析和认识。因为在潜意识中，人们理所当然地认为是最了解自己的，因此走入了一个认知误区。记住："最了解你的人是你自己，最不了解你的人还是你自己。"

6.2.1 业务理解概述

经常碰到有人提出这样一个问题：应该如何分析这些数据？

这个问题无法回答，因为同一组数据，不同的业务目标，会产生完全不同的分析方案。因此，在不清晰业务的情况下，是没有办法回答这个问题的。

此时需要反问另外一个问题：你到底想干什么？你的业务目标是什么？

在这个问题没有得到清晰回答之前，所有的数据分析都是无效的。这就是为什么说：数据分析的第一步不是分析数据，而是梳理业务目标。

什么叫作梳理业务目标？如果能说清楚因变量 Y 和自变量 X，就认为业务目标已经定义清晰了，否则业务目标没有定义清晰。

因变量 Y 用于刻画人们最关注的一个结果。如果你研究客户流失，那么 Y 就是流失与否；如果你关心客户花费，那么 Y 就是消费能力；如果你关心客户细分，那么 Y 就是品牌的选择。

总而言之，你最关心什么，Y 就应该是什么。这个事情看似简单，其实很难。例如，Y 是客户是否流失，但是，怎么定义流失？

就移动公司而言，有的客户流失非常容易界定，因为客户到营业网点销号了，这个很清晰。但是，更多的用户采用的方式是"停止使用，不销号"。从移动运营商的角度来看，只能看到这个用户最近不活跃了，但是不容易确信他是否真的流失了，或者有别的原因（如短期出国）。

那么怎么定义 Y？在这方面，整个行业都没有特别好的办法。一个可以接受的做法是，如果一个用户连续 3 个月不使用服务，也不缴费，那就视作等同流失。这个定义是最好的吗？并不是。但是，至少这是一个可以付诸实施并且为行业所接受的 Y。

自变量 X 是多个指标的集合，用于解释 Y。例如，Y 是客户是否流失，此时，企业渴望理解：为什么有的客户流失了？有的客户没有流失？背后有没有规律？有没有什么因素

或特征可以解释 Y？性别与流失有关系吗？是否女性用户更加忠诚？如果这个猜测有道理，那么性别就应该是 X 的一个分量。类似地，也可以思考：年龄与流失有关系吗？消费习惯与流失有关系吗？当前使用的产品与流失有关系吗？等等。

这些思考能够帮助人们极大地丰富 X，让它包含诸如性别、年龄、消费、产品等众多信息。如果说 Y 具体定义了业务目标，那么 X 就决定了人们对业务目标理解的深度和广度。对于 X 的设计需要创意，需要对业务有深刻的理解和想象力。

总之，数据分析的第一步，不是分析数据，而是把业务问题定义清晰。判断的标准是 Y 和 X 是否定义清晰。

6.2.2 数据业务化

所谓数据业务化是要在真实的业务环境中，让数据产生可被产品化的商业价值。

1. 数据业务定义

在一个真实的企业环境中，数据并不是人们关心的根本，关心业务才是根本。业务是企业存在的根本，如果一个企业核心业务的发展不需要数据助力，那就没人关心数据分析，事实上，数据可以助力核心业务发展。

所以，在工作中没有人会告诉你该分析什么数据，更不会有人告诉你应该如何分析。相反，老板会告诉你他关心什么业务问题。接下来需要你把这个业务问题定义为一个数据可分析问题。如果不能把业务问题定义成数据可分析问题，那么数据就无法助力企业核心业务。

比如，某物流公司“希望通过货车车联网数据帮助货车司机改进驾驶行为”。这是一个典型的业务问题。但是，这个业务问题应该如何转化为数据可分析问题？首先是如何定义一个货车司机的驾驶行为叫作“好”，如果没有一个清晰定义的标准，后续的数据分析就会缺乏一个业务认可的因变量 Y。在缺乏因变量 Y 的前提下做的任何数据分析都毫无意义。

2. 数据分析与建模

一旦业务问题可转化为数据可分析问题，它的核心业务诉求就应该清晰明了了，这构成了因变量 Y。此外，相关的业务知识构成了自变量 X。从 Y、X 出发，人们可以尝试各种经典的机器学习模型。因为 Y 和 X 都定义清晰了，所以非常适合做数据分析与建模。

3. 数据业务实施

数据分析与建模完成后，接下来需要把这些成果转化为一个在商业环境中可以被实施的产品。这一步非常艰难，因为在更多的业务场景中，即使模型做得很好，但是最后如何同业务结合变成可执行的产品，极具挑战。这里涉及企业资源、政策法规等众多问题。例如，基于车联网数据的 UBI 保险产品是一个不错的商业模型。但是，每个国家都有自己的政策环境、市场环境、消费者习惯。因此，时至今日，也没有在市场上看到一款真正的 UBI 保险产品。这里的主要困难就是“数据业务实施”。

6.3 数据认知

数据认知的目的是让你快速地从一堆数据中抽象出信息，是数据的外在描述。数据认知具体过程包括描述性分析、对比分析、细分分析、交叉分析、相关分析等。

6.3.1 描述性分析

描述性分析研究如何对客观现象的数量特征进行计量、观察、概括和表达。

描述性分析运用分类、制表、图形以及统计量来描述数据特征的各项活动，主要包括以下几个方面。

1）数据的频数分析。在数据的预处理部分，利用频数分析和交叉频数分析可以发现异常值。

2）数据的集中趋势分析。数据的集中趋势分析用来反映数据的一般水平，常用的指标有平均值、中位数和众数等。

3）数据的离散程度分析。数据的离散程度分析主要是用来反映数据之间的差异程度，常用的指标有方差和标准差。

4）数据的分布。在数据分析中，通常要假设样本所属总体的分布属于正态分布，因此需要用偏度和峰度两个指标来检查样本数据是否符合正态分布。

5）绘制统计图。用图形的形式来表达数据，比用文字表达更清晰、更简明。

6.3.2 对比分析

任何事物都是既有共性，又有个性的，只有通过对比，才能分辨出事物的性质、变化、发展等个性特征，从而更深刻地认识事物的本质和规律。数据分析中的对比分析法是对客观事物进行对比，以认识其本质并发现规律，从而做出正确评价。对比分析法通常根据现象之间的客观联系，将两个或多个有关的统计指标进行对比，以反映数量上的差异和变化。

对比分析法根据分析的需要可分为绝对数比较和相对数比较两种形式。绝对数比较是利用绝对数进行对比，从而寻找出差异。相对数比较利用相对数进行对比，相对数是由两个有联系的指标计算得出的，用于反映客观现象之间数量联系程度的综合指标。

1．对比分析原理

对比分析，就是给孤立的数据一个合理的参考系，否则孤立的数据将毫无意义。例如，如果一个企业盈利增长 10%，人们并无法判断这个企业的好坏，如果这个企业所处行业的其他企业普遍为负增长，则 5%增长已经不错，如果行业其他企业增长平均为 50%，则这是一个较差的数据。

对比分析最关键的是 A、B 两组只保持单一变量，其他条件保持一致。只有这样才能得到比较有说服力的数据。

2．常用对比分析方法

（1）同比

同比就是今年第 n 月与去年第 n 月进行对比。

利用同比主要是为了消除季节变动的影响，用以说明本期发展水平与去年同期发展水平对比而达到的相对发展速度。

$$同比增加率=\frac{本期数值-上一周期同期数值}{上一周期同期数值}\times 100\%$$

在实际工作中，经常使用某年、某季、某月与上年同期进行对比。

（2）环比

同比分析不能揭示企业最近6个月的业绩增长变动情况，而这一点对投资决策更富有指导意义，环比可实现这一功能。

环比就是今年第 n 月与第 n-1 月或第 n+1 月进行对比，可以反映本期比上期增长了多少。

$$环比增加率=\frac{本期数值-上一期数值}{上一期数值}\times 100\%$$

环比发展速度一般是指报告期水平与前一时期水平之比，表明现象逐期的发展速度。

根据批发市场价格分析需要，环比分为日环比、周环比、月环比和年环比。

通过环比分析可消除年报缺陷给投资者造成的误导。例如，某公司 2000 年全年主营业务收入为 395364 万元，2000 年上半年主营业务收入为 266768 万元，二者相减得出下半年主营业务收入为 128596 万元，再用 128596 万元减去 266768 万元，再除以 266768 万元，乘以百分之百，便得出该公司报告期主营业务收入环比大幅滑坡 51.80%的分析结果。

（3）定基比

定基比是环比指数的乘积，比如要求 2012 年 8 月的定基比，那么，就要知道 2012 年 1～8 月的环比指数，然后得出的乘积就是定基比（数值为百分比）。

定基比发展速度是报告期水平与某一固定时期水平之比，表明这种现象在较长时期内总的发展速度。例如，1～5 月企业利润总额分别为 31 万元、35 万元、36 万元、38 万元、41 万元，若以 1 月为固定基期，则 2～5 月的定基发展速度分别为 35/31、36/31、38/31、41/31。

$$定基比增加率=\frac{本期数值-基期数值}{基期数值}\times 100\%$$

3. 对比的参照物

举一个例子：企业 A 今年收入为 8000 万，是高还是低？大家看着这个问题，应该会感到无从判断，因为没有参照物，即没有对比。因此，拿到一个数据，要判断是好是坏、是高是低，必须要进行对比。

第一，企业 A 可以跟自己比。如果前年收入为 2000 万，去年收入为 4000 万，那今年 8000 万算很好了。去年收入 1 个亿，今年 8000 万就不太理想。这叫纵向对比。

第二，企业 A 也可以与其他企业比。同行的几家竞争对手企业今年都收入几个亿，那企业 A 的 8000 万就不理想。这叫横向对比。

第三，企业 A 还可以对比不同的维度和度量。比如竞争对手都做全国市场，企业 A 只做山东市场。企业 A 在山东市场的收入比竞争对手在山东市场的收入高，那么就本地区而言，企业 A 做得更好；而放眼全国，企业 A 做的就有局限。如果竞争对手都做了十几年，而企业 A 刚做四五年，那企业 A 就算做得不错，但如果成立的时间相近的竞争对手的收入已经过亿了，那企业 A 就算做得不够好。这叫综合对比。

4. 对比标准分类

1）时间标准。即选择不同时间的指标数值作为对比标准。例如，与上年同期比较（同比）、与前一时期的比较（环比）、与达到历史最好水平的时期或历史上一些关键时期进行比较。

2）空间标准。即选择不同空间的指标数据作为对比标准。例如，与相似的空间比较，如与同级部门、单位、地区比较；与先进空间比较，如与行业内标杆企业比较；与扩大的空间标准比较，如与行业内平均水平比较。

3）经验或理论标准。经验或理论标准是通过对大量历史资料进行归纳总结或由已知理论进行推理而得到的标准，如借助恩格尔系数衡量某国家或地区的生活质量。

4）计划标准。计划标准即选择计划数、定额数和目标数作为对比标准，如实际销售额与计划销售额的对比。

6.3.3 细分分析

在得到一些初步结论后，需要进一步地细拆，因为在一些综合指标的使用过程中，会消除一些关键的数据细节。这里的细分一定要进行多维度的细拆。常见的拆分方法包括分时、分渠道、分用户、分地区、组成拆分。

细分分析是认识数据的一个非常重要的手段，多问一些为什么才能得到有意义的结论，而一步一步拆分，就是在不断问为什么的过程。

1. 找原因用细分

先看一个示例“因为四季度华南区域洗衣机的销量下降了，导致今年利润的下降”。可以发现，这个原因是由时间、区域、产品这三个维度和销量这一个度量组成的，于是可以知道，对于问题原因的查找定位，本质上就是在回答哪些维度下的哪些度量的下降或上升导致了问题的发生。这就是在做数据细分。

2. 细分无止境

可以按维度细分，有多少维度，就可以有多少种细分的方向。比如看是去年所有月份都下降了，还是只有某几个月下降。如果是后者，那么就可以缩小查找的数据范围。聚焦到这几个月后，可以再看是哪些区域下降了，进一步细分。

细分无止境，细到什么地步才够？答案是，细分到每个子问题都可操作为止。

如果细分到“四季度利润下降，其他季度没有下降”，还是没有解决问题的办法，必须细到哪个时间段哪个区域哪条产品线，直到细到某一个最终责任人，才具有可操作性。需要注意的是，在真实情况中，问题往往不一定只有一个原因，而是多个原因综合起来造成的。

3. 细分策略

1）分时。不同时间段数据是否有变化。

2）分渠道。不同来源的流量或产品是否有变化。

3）分用户。新注册用户和老用户相比是否有差异，高等级用户和低等级用户相比是否有差异。

4）分地区。不同地区的数据是否有变化。

5）组成拆分。比如搜索由搜索词组成，可以拆分不同搜索词；店铺流量由不用店铺产生，可以拆分不同的店铺。

6.3.4 交叉分析

1. 交叉分析概念

在进行数据分析的时候，大部分时间都在使用比较分析、细分分析方法，但其实还有一种方法也会经常使用——交叉分析，在排查数据异常的问题时，该方法能展现其强大的威力。

交叉分析是指对数据在不同维度进行交叉展现，弥补了“各自为政”分析方法所带来的偏差。

交叉分析是细分分析的扩充。细分分析是基于同一维度的纵深展开，而交叉分析不再局限于一个维度。

2. 交叉分析模型

图 6.7 展示了三维数据立方体，当然维度可以继续扩展。假设产品维有 20 个产品大类，再加上 32 个省份或直辖市，一个月 30 天，那么原先每月的 1 条记录就变成了 1×30×20×32=19200 条。

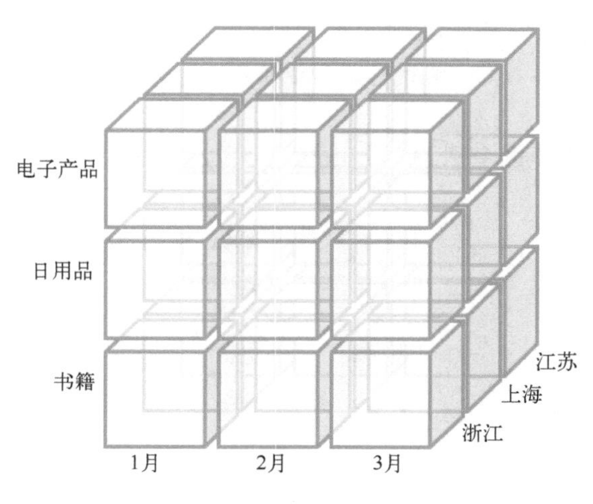

图 6.7 数据立方

虽然丰富的多维立方能够给分析带来便利，但同时也给数据的存储和查询带来了压力。数据立方很好地权衡了灵活的数据分析与复杂数据模型之间的关系。

6.3.5 相关分析

1. 相关分析概念

相关分析用于研究现象之间是否存在某种依存关系，并对具有依存关系现象的相关方向和相关程度进行探讨。

线性相关关系一般通过散点图或折线图表示，如图 6.8 所示。

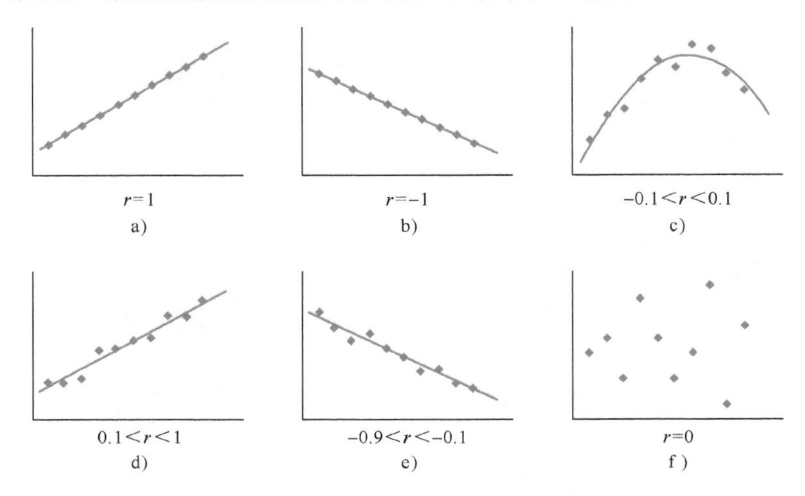

图 6.8　线性相关关系分类

a) 完全正线性相关　b) 完全负线性相关　c) 非线性相关　d) 正线性相关　e) 负线性相关　f) 不相关

2. 相关性度量

图 6.9 中的统计指标 r 称为相关系数，取值区间为-1～1。1 表示两个变量完全正线性相关，-1 表示两个变量完全负线性相关，0 表示两个变量线性不相关。相关系数越趋近于 0 表示两个变量之间的线性相关程度越弱。

在二元变量的相关分析过程中比较常用的有 Pearson 相关系数和判定系数。

（1）Pearson 相关系数

一般用于分析两个连续性变量之间的线性关系，其计算公式为

$$r=\frac{\sum_{i=1}^{n}(x_i-\overline{x})(y_i-\overline{y})}{\sqrt{\sum_{i=1}^{n}(x_i-\overline{x})^2\cdot\sum_{i=1}^{n}(y_i-\overline{y})^2}}$$

相关系数 r 的取值范围为$-1\leqslant r\leqslant 1$。

$$\begin{cases} r>0\text{为正相关} \\ r<0\text{为负相关} \\ |r|=0\text{表示不存在线性相关} \\ |r|=1\text{表示完全线性相关} \end{cases}$$

$0<|r|<1$ 表示存在不同程度线性相关。

在 R 语言中，使用 cor 函数计算列与列间的相关系数，得到的 cor[i,j]是第 i 列与第 j 列的相关系数。

（2）判定系数

判定系数是相关系数的二次方，用 r^2 表示，用来衡量回归方程对 y 的解释程度。判

定系数取值范围为 $0 \leqslant r^2 \leqslant 1$。$r^2$ 越接近于 1，表明 x 与 y 之间的相关性越强；r^2 越接近于 0，表明两个变量之间几乎没有线性相关关系。

6.4 分析指标设计

如果已经树立了正确的思维观，对数据足够敏感，懂业务，理解用户的需求，接下来就是项目分析的关键环节——分析指标设计。分析指标设计是特征工程的一部分。

在数据分析中，分析目标的定义永远都是模糊笼统的，如什么样的推荐者能够带来高（或者低）价值客户？但是，分析指标却是具体的。

怎样把一个抽象的分析目标具体化？谁来起到桥梁的作用？那就是分析指标设计。

由分析指标构成的数据称为专家数据，它的质量决定了分析的深度，决定了数据的价值。分析指标设计对分析师的经验和知识要求较高。

6.4.1 设计指标技巧

分析指标设计依赖于对业务的理解，一般可采用如下原则。

1）时间戳处理。时间戳属性通常需要分离成多个维度，如年、月、日、小时、分钟、秒。但是在很多的应用中，大量的维度信息是不需要的，比如预测一个城市的交通故障程度，通过维度“秒”去学习趋势其实是不合理的。并且维度“年”也不能很好地显示模型增加值的变化，小时、日、月维度比较合适。因此在呈现时间的时候，试着保证提供的所有数据是建模所需要的。

2）类别变量编码。最常用的方式是把每个类别变量（如颜色变量）转换成{0,1}取值。因此增加的属性等于相应数目的类别，并且对于数据集中的每个实例，只有一个是 1（其他的为 0），称为独热（One-Hot）编码方式。

3）数值变量分箱。有时候，将数值型属性转换成类别呈现更有意义，同时通过将一定范围内的数值划分成确定的块，能使算法减少噪声的干扰。例如，预测一个人是否拥有某款衣服，这里这个人的年龄是一个确切的因子。其实年龄组是更为相关的因子，所以可以将年龄分布划分成 1～10、11～18、19～25、26～40 等。而且，不是将这些类别分解成两个点，可以使用标量值，因为相近的年龄组表现出相似的属性。

4）交叉特征。交叉特征算是特征工程中非常重要的方法之一，交叉特征是将两个或更多的类别变量组合成一个特征。从数学上来说，交叉特征个数等于类别特征的所有可能值相乘。假如特征 A 有两个可能值{A_1，A_2}，特征 B 有两个可能值{B_1，B_2}。则 A 和 B 之间的交叉特征如下：{（A_1，B_1），（A_1，B_2），（A_2，B_1），（A_2，B_2）}，并且可以给这些组合特征取任何名字。但是需要明白每个组合特征其实代表着 A 和 B 各自信息协同作用。

6.4.2 如何设计指标

如何设计数据分析指标，统计学起着举足轻重的作用。不同的分析任务、业务、时期、数据源，分析指标肯定是不一样的。所以，分析指标设计永远没有最好，合适就好。

分析指标设计的目的是把原始数据转换为专家数据，使数据分析项目落地，分析指标设计过程就是数据业务化的过程。

1. 网站订单分析指标体系

表 6.3 为网站订单分析指标体系。

表 6.3　网站订单分析指标体系

序　号	指标名	序　号	指标名
1	本周订单数	6	本周与上周订单分析
2	本周支付订单总量	7	本周各来源注册用户订单转化量
3	本周取消订单量	8	本周订单平均转化率
4	本周被投诉订单量	9	不同终端订单量
5	每日订单及环比情况	10	本周新增订单分布

2. 手机上网分析指标

手机上网分析指标如图 6.9 所示。

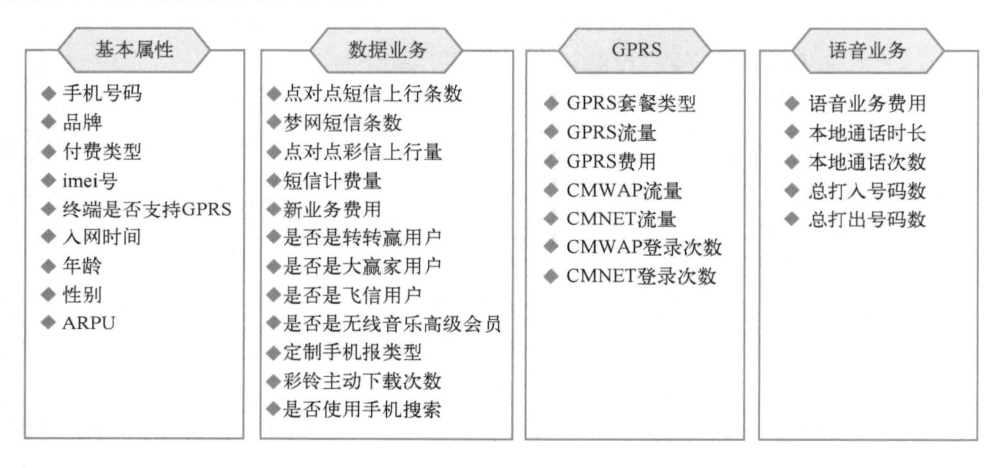

图 6.9　手机上网分析指标

3. 客户分析指标体系

客户分析指标体系如图 6.10 所示。

人口统计
- 性别
- 年龄
- 户籍
- 职业
- 婚姻状况
- 教育程度
- 收入
- ……

行为方式
- 通话时段
- 繁忙和非繁忙通话量
- 漫游服务
- 方便程度
- 行为方式的变化
- ……

态度
- 形象
- 价值观
- 生活方式
- 心理因素
- ……

客户价值
- 高利润率
- 中等利润率
- 低利润率
- 负利润率
- ……

图 6.10　客户分析指标体系

4. 网站数据分析指标体系

表 6.4 为网站数据分析指标体系。

表 6.4 网站数据分析指标体系

序　号	指标名	序　号	指标名
1	日均 PV	12	排名前 20 的栏目
2	日均 IP	13	排名前 20 的入站页面
3	日均访次（每访客平均访次）	14	排名前 20 的单一页面
4	每访客平均 PV	15	来源省份
5	alexa 排名	16	浏览器版本
6	搜索引擎收录量	17	操作系统版本
7	访问来源	18	显示器分辨率
8	访前链接网站	19	周人气指数
9	搜索关键词	20	各时段人气指数
10	各栏目流量分析	21	访问时长及访问次数
11	排名前 20 的文章及链接		

6.5 数据建模

要想挖掘数据更大的价值，必须认识数据的内涵，即建立数据模型。图 6.11 列出了常用数据模型的分类。

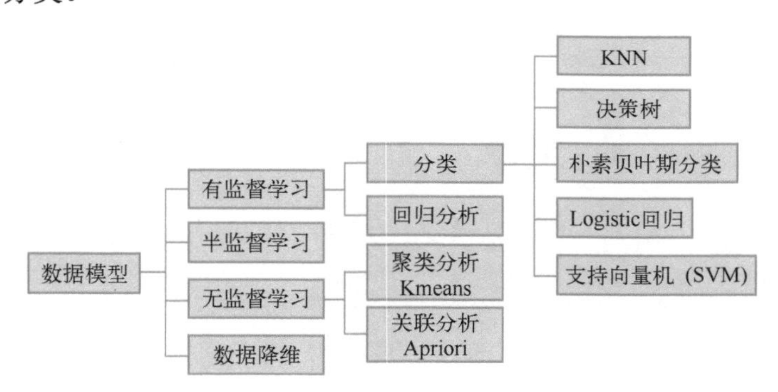

图 6.11 常用数据模型分类

有监督学习是通过已有的训练样本（带标签）去训练得到一个最优模型，然后利用这个最优模型将所有输入映射为相应的输出。如果输出值是离散的，有监督学习称为分类；如果输出值是连续的，有监督学习称为回归分析。

无监督学习没有训练样本，而是直接对数据进行建模。典型案例就是聚类，其目的是把相似的东西聚在一起，而不关心这一类是什么。聚类算法通常只需要知道如何计算相似度，它可能不具有实际意义。

如何选择有监督学习还是无监督学习？可以从定义入手，如果在分类过程中有训练样本，则可以考虑采用有监督学习的方法，否则不能使用有监督学习。

如果所给的数据有的是有标签的，而有的是没有标签的，这就需要半监督学习。为什么使用半监督学习，因为实际缺乏的不是数据，而是带标签的数据。给收集的数据进行标记的代价是较大的。

数据模型原理的讨论不在本书进行，感兴趣读者可以参考相关文献。

6.6 内存计算引擎 Spark

6.6.1 Spark 概述

1. Spark 生态

Spark 是 2013 年加州大学伯克利分校 AMP 实验室（Algorithms, Machines and People Lab）开发的通用内存并行计算框架。Spark 以其先进的设计理念，迅速成为社区的热门项目，围绕着 Spark 推出了实时查询 Spark SQL、流计算 Spark Streaming、机器学习 MLlib 和图计算 GraphX 等组件，这些组件逐渐形成大数据处理一站式解决平台。图 6.12 给出了 Spark 生态。

2. Spark 特点

（1）运行速度快

Spark 拥有 DAG（Directed Acyclic Graph）执行引擎，支持在内存中对数据进行迭代计算。官方提供的数据表明，如果数据由磁盘读取，则速度是 MapReduce 的 10 倍以上，如果数据从内存中读取，则速度可以高达 MapReduce 的 100 多倍（见图 6.13）。

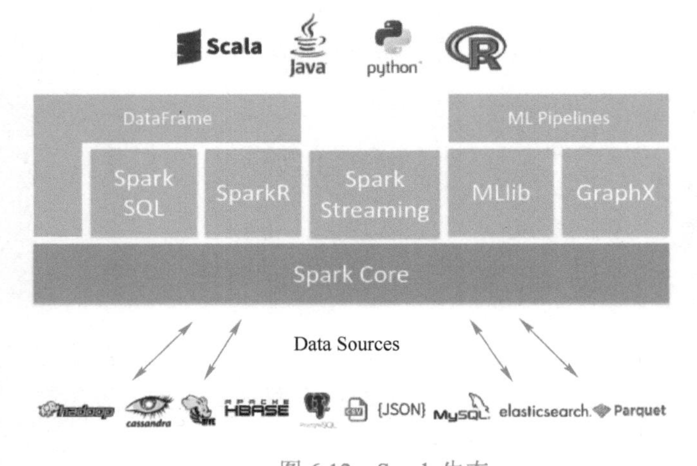

图 6.12 Spark 生态

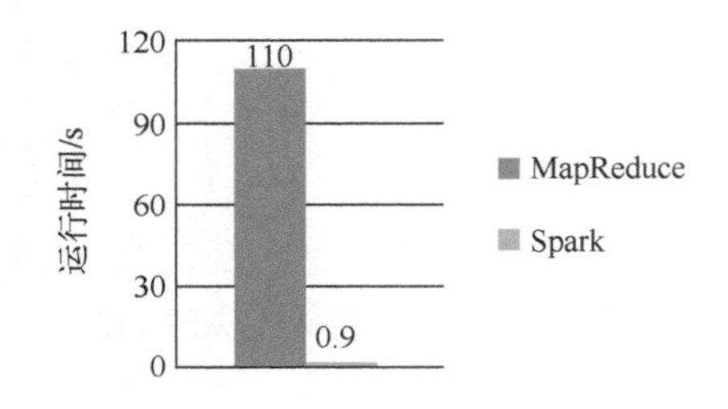

图 6.13 Spark 和 MapReduce 处理速度对比

（2）易用性好

Spark 使用 Scala 语言进行实现，Scala 语言是一种面向对象、函数式编程语言，能够像操作本地集合对象一样轻松地操作分布式数据集。Spark 不仅支持 Scala 编写应用程序，而且支持 Java、R 和 Python 等语言进行编程。

（3）通用性强

Spark 不像 Hadoop 只提供了 Map 和 Reduce 两种操作，Spark 提供的数据集操作类型有很多种，大致分为 Transformations 和 Actions 两大类。Transformations 包括 Map、Filter、flatMap、Sample、groupByKey、reduceByKey、Union、Join、Cogroup、mapValues、Sort 和 PartionBy 等多种操作类型，同时还提供 Count；Actions 包括 Collect、Reduce、Lookup 和 Save 等操作。所以，Spark 具有很强的通用性。

3．Spark 应用场景

1）Spark 是基于内存的迭代计算框架，适用于需要多次操作特定数据集的应用场合。需要反复操作的次数越多，所需读取的数据量越大，受益越大，数据量小但是计算密集度较大的场合，受益就相对较小。

2）由于 RDD（Resilient Distributed Datasets）的特性，Spark 不适用于异步细粒度更新状态的应用，如 Web 服务的存储或者增量的 Web 爬虫和索引。

3）数据量不是特别大，但是要求实时统计分析需求。

6.6.2 Spark 结构

1．Spark 体系结构

Spark 体系结构如图 6.14 所示。

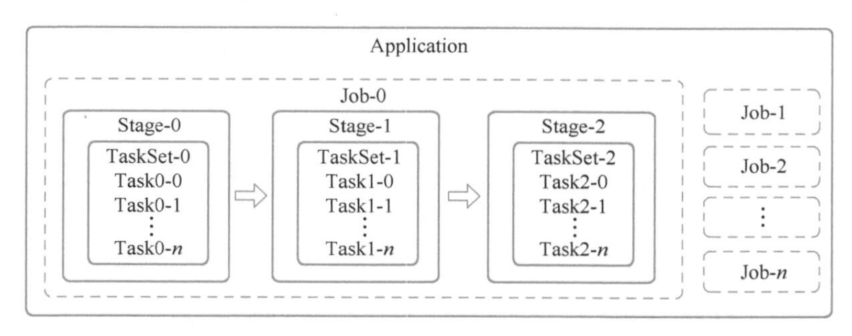

图 6.14　Spark 体系结构

1）Application：由多个 Job 构成。

2）Job：由多个 Stage 组成。

3）Stage：对应一个 TaskSet。

4）TaskSet：对应一组关联的、相互之间没有 Shuffle 依赖关系的 Task。

5）Task：任务的最小工作单元。

2．Spark Core 计算原理

Spark Core 计算原理如图 6.15 所示。

1）Spark 的 Driver 是用户的应用程序，是 Spark 的核心。

2）Driver 构建 SparkContext（Spark 应用的入口），完成 Task 的解析和生成。

3）将用户提交的 Job 转换为 DAG 图。

4）根据策略将 DAG 图划分为多个 Stage，根据分区生成一系列 Task。

5）根据 Task 要求，Cluster Manager（集群资源管理器）申请运行 Task 需要的资源。

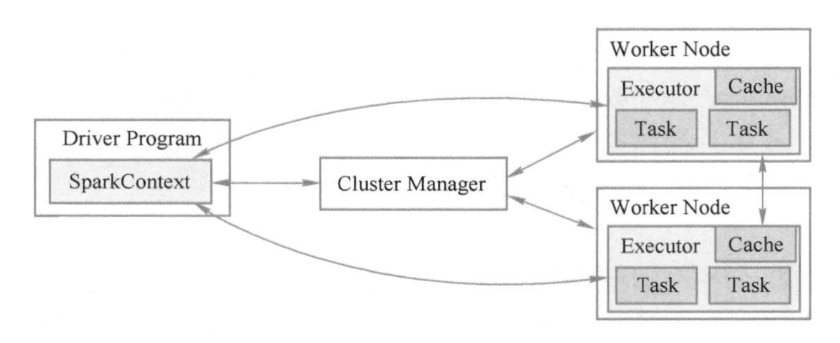

图 6.15 Spark Core 计算原理

6）集群资源管理器为 Task 分配满足要求的节点，并在节点按照要求创建 Executor。

7）创建的 Executor 向 Driver 注册。

8）Driver 将 Spark 应用程序的代码和文件传送给分配的 Executor。

9）Executor 运行 Task，运行完之后将结果返回给 Driver 或者写入 HDFS 或其他介质。

10）RDD 是 Spark 的基石，也是 Spark 的灵魂。Spark 将所有数据都抽象成 RDD。

11）Scheduler 是 Spark 的调度机制，分为 DAGScheduler 和 TaskScheduler。

12）Storage 模块主要管理缓存后的 RDD、Shuffle 中间结果数据和 Broadcast 数据。

13）Shuffle 分为 Hash 方式和 Sort 方式，两种方式的 Shuffle 中间数据都写入本地磁盘。

3. RDD

（1）RDD 特性

弹性分布式数据集（Resilient Distributed Datasets，RDD）是只读的分区记录集合。每个 RDD 有 3 个特性。

1）一组分片（Partition）：数据集的最基本组成单位。

2）一个计算每个分片的函数：对于给定的数据集，需要做哪些计算。

3）依赖（Dependencies）：RDD 的依赖关系，描述了 RDD 之间的 lineage。

（2）RDD 操作

作用于 RDD 上的 Operation 分为 Transformation 和 Action。Spark 中的所有“Transformation”都是惰性的，在执行“Transformation”操作时，并不会提交 Job，只有在执行“Action”操作时，所有 Operation 才会被提交到 Cluster 中真正地被执行，这样可以大大提升系统的性能（见图 6.16）。

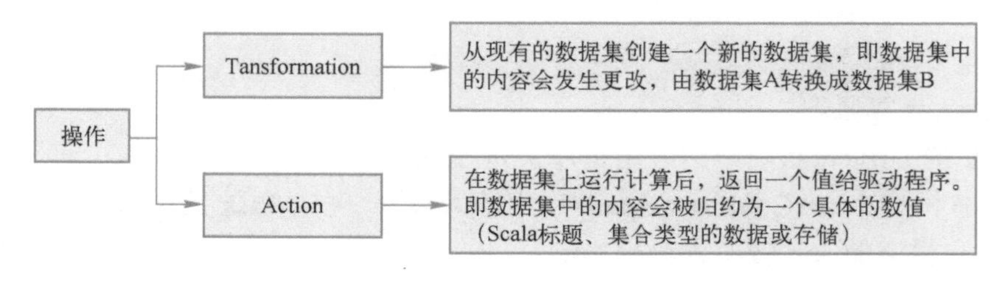

图 6.16 RDD 操作

（3）RDD 依赖关系

RDD 依赖关系如图 6.17 所示。

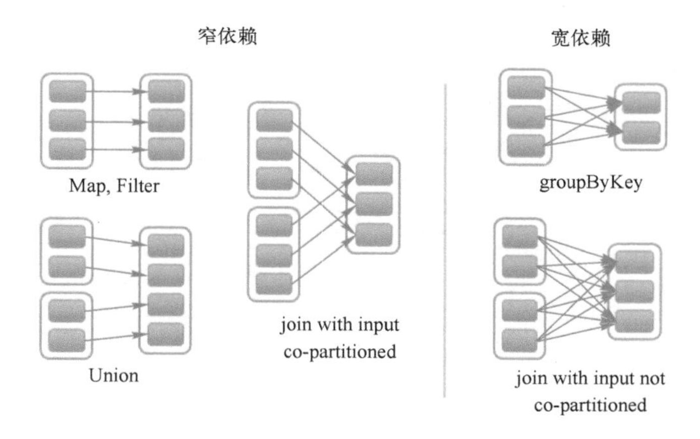

图 6.17 RDD 依赖关系

1）窄依赖：一个父 RDD 最多被一个子 RDD 用在一个集群节点上被依次执行。

2）宽依赖：指子 RDD 的分区依赖于父 RDD 的所有分区，这是因为 Shuffle 类操作要求所有父分区可用。

根据 RDD 依赖关系的不同，Spark 将每一个 Job 分为不同的 Stage，Stage 之间的依赖关系形成了 DAG 图（见图 6.18）。

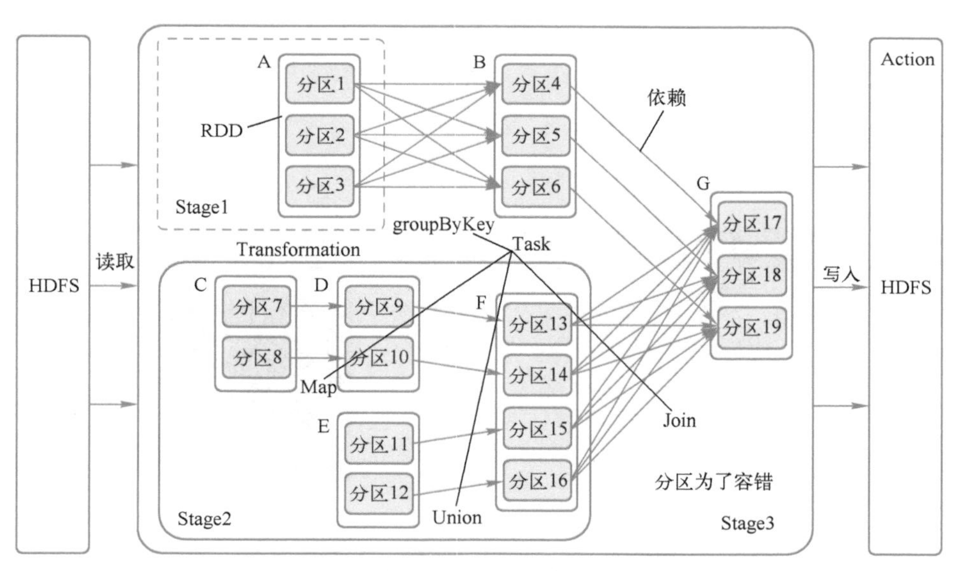

图 6.18 DAG 示意图

6.6.3 Spark 部署

1. Spark 运行模式

Spark 运行模式见表 6.5。

表 6.5 Spark 运行模式

运行环境	模　式	描　述
Local	本地模式	常用于本地开发测试，本地还分为 local 单线程和 local-cluster 多线程

（续）

运行环境	模　式	描　述
Standalone	集群模式	典型的 Mater/Slave 模式，不过也能看出 Master 是有单点故障的；Spark 支持 ZooKeeper 来实现 HA
On YARN	集群模式	运行在 YARN 资源管理器框架之上，由 YARN 负责资源管理，Spark 负责任务调度和计算
On Mesos	集群模式	运行在 Mesos 资源管理器框架之上，由 Mesos 负责资源管理，Spark 负责任务调度和计算
On Cloud	集群模式	比如 AWS 的 EC2，使用这个模式能很方便地访问 Amazon 的 S3 Spark 支持多种分布式存储系统，如 HDFS 和 S3

2. 安装 Spark

在章鱼平台搜索 Spark 课程，得到图 6.19。

图 6.19　Spark 伪分布式安装部署

选择任务 01，得到图 6.20。

图 6.20　Spark 安装任务

单击“开始学习”，出现图 6.21。

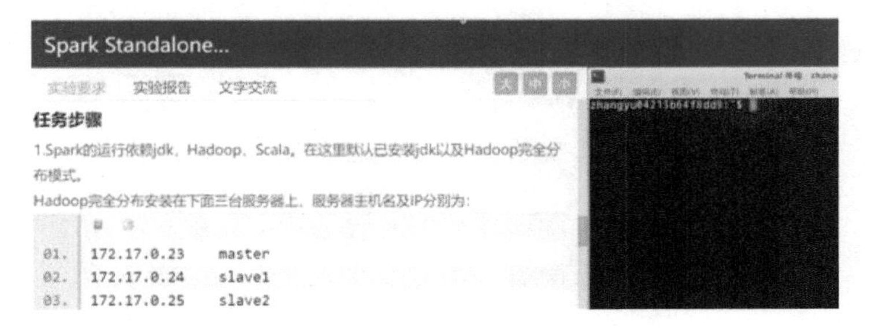

图 6.21　Spark 安装环境

第 1 步：下载 Spark。

可通过 http://spark.apache.org/downloads.html 下载 Spark 安装程序。

第 2 步：安装 Spark。

```
#tar -zxvf spark-2.2.0-bin-hadoop2.7.tgz
#mv spark-2.2.0-bin-hadoop2.7 spark-2.2.0
```

第 3 步：配置环境变量。

```
#vi ~/.bashrc
```

```
        export SPARK_HOME=/usr/local/spark-2.2.0
        export PATH=$PATH:$SPARK_HOME/bin
#source ~/.bashrc
```

第 4 步：配置 Spark 环境。首先把缓存的文件 spark-env.sh.template 改为 spark 识别的文件 spark-env.sh。

```
#cp conf/spark-env.sh.template conf /spark-env.sh
#vi conf/spark-env.sh
```

在尾部加入以下内容。

```
        export JAVA_HOME=/usr/java/jdk1.8.0_141
        export SCALA_HOME=/usr/scala-2.11.7
        export HADOOP_HOME=/usr/local/hadoop-2.7.2
        export HADOOP_CONF_DIR=/usr/local/hadoop-2.7.2/etc/hadoop
        export SPARK_MASTER_IP=SparkMaster
        export SPARK_WORKER_MEMORY=4g
        export SPARK_WORKER_CORES=2
        export SPARK_WORKER_INSTANCES=1
#vi conf/slaves
```

在最后面添加以下内容。

```
SparkWorker1
SparkWorker2
```

第 5 步：同步 SparkWorker1 和 SparkWorker2 的配置。

```
#rsync -av /opt/spark-2.3.0/ SparkWorker1:/opt /spark-2.3.0/
#rsync -av /opt/spark-2.3.0/ SparkWorker2: /opt/spark-2.3.0/
```

第 6 步：启动 Spark。

```
#./sbin/start-all.sh
```

第 7 步：测试 Spark 集群是否安装成功。

```
 # bin/spark-shell
```

Spark 测试成功截图如图 6.22 所示。

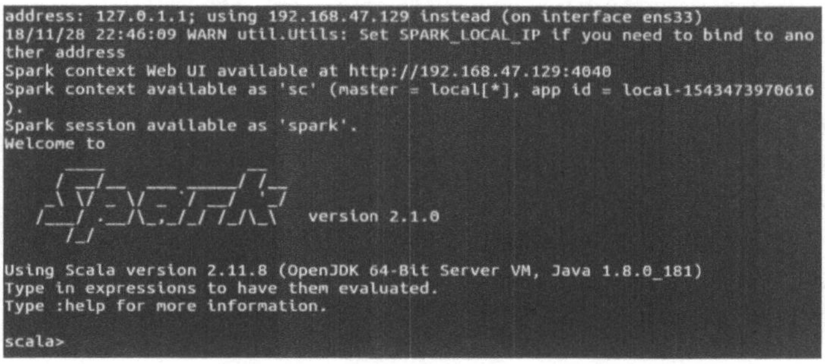

```
address: 127.0.1.1; using 192.168.47.129 instead (on interface ens33)
18/11/28 22:46:09 WARN util.Utils: Set SPARK_LOCAL_IP if you need to bind to ano
ther address
Spark context Web UI available at http://192.168.47.129:4040
Spark context available as 'sc' (master = local[*], app id = local-1543473970616
).
Spark session available as 'spark'.
Welcome to
                                version 2.1.0

Using Scala version 2.11.8 (OpenJDK 64-Bit Server VM, Java 1.8.0_181)
Type in expressions to have them evaluated.
Type :help for more information.

scala>
```

图 6.22　Spark 测试成功截图

6.6.4 Spark 实战

1. 任务内容

使用 Spark shell 对数据进行 WordCount 统计、去重、排序操作。

2. 任务步骤

在章鱼平台搜索 Spark 课程，得到图 6.23。

图 6.23 Spark Shell 操作

选择任务 01，得到图 6.24。

图 6.24 SparkShell 操作任务

单击“开始学习”，出现图 6.25。

图 6.25 SparkShell 基本操作实验环境

（1）WordCount 统计

某电商网站记录了大量的用户对商品的收藏数据，并将数据存储在名为 buyer_favorite 的文本文件中。文本数据格式如下。

```
用户 ID（buyer_id），商品 ID（goods_id），收藏日期（dt）
用户 ID   商品 ID   收藏日期
10181   1000481   2010-04-04 16:54:31
20001   1001597   2010-04-07 15:07:52
20001   1001560   2010-04-07 15:08:27
20042   1001368   2010-04-08 08:20:30
20067   1002061   2010-04-08 16:45:33
20056   1003289   2010-04-12 10:50:55
20056   1003290   2010-04-12 11:57:35
```

现要求统计用户收藏数据中，每个用户收藏商品数量。

1）创建本地目录/data/spark3/wordcount，用于存储实验所需的数据。

```
#mkdir -p /data/spark3/wordcount
```

2）下载实验数据。

```
#cd /data/spark3/wordcount
#wget http://192.168.1.100:60000/allfiles/spark3/wordcount/buyer_favorite
```

3）启动 Hadoop 和 Spark Shell。

4）将下载的实验数据上传到 HDFS 上的/myspark3/wordcount 目录下。

```
#hadoop fs -mkdir -p /myspark3/wordcount
#hadoop fs -put /data/spark3/wordcount/buyer_favorite /myspark3/wordcount
```

5）编写 Scala 语句，统计用户收藏数据中每个用户收藏商品数量。

① 加载数据。

```
val rdd = sc.textFile("hdfs://localhost:9000/myspark3/wordcount/buyer_favorite");
```

② 执行统计并输出。

```
rdd.map(line=> (line.split('\t')(0),1)).reduceByKey(_+_).collect
```

（2）去重

使用 Spark Shell 对上述实验中用户收藏数据文件进行统计。根据商品 ID 进行去重，统计用户收藏数据中都有哪些商品被收藏。

1）在 Linux 上，创建/data/spark3/distinct，用于存储实验数据。

```
#mkdir -p /data/spark3/distinct
```

2）下载实验数据。

```
#cd /data/spark3/distinct
#wget http://192.168.1.100:60000/allfiles/spark3/distinct/buyer_favorite
```

3）启动 Hadoop 和 Spark Shell。

4）将下载的实验数据上传到 HDFS 上的/myspark3/distinct 目录下。

```
#hadoop fs -mkdir -p /myspark3/distinct
#hadoop fs -put /data/spark3/distinct/buyer_favorite/myspark3/distinct
```

5）在 Spark 窗口，编写 Scala 语句，统计用户收藏数据中都有哪些商品被收藏。

① 加载数据，创建 RDD。

```
val rdd = sc.textFile("hdfs://localhost:9000/myspark3/distinct/buyer_favorite");
```

② 对 RDD 进行统计并将结果打印输出。

```
rdd.map(line => line.split('\t')(1)).distinct.collect
```

（3）排序

电商网站都会对商品的访问情况进行统计，现有一个 goods_visit 文件，存储了电商网站中的各种商品以及各个商品的点击次数。

```
商品 ID（goods_id）  点击次数（click_num）
1010037              100
1010102              100
1010152               97
1010178               96
1010280              104
1010320              103
1010510              104
1010603               96
1010637               97
```

现根据商品的点击次数进行排序，并输出所有商品。输出结果样式如下。

```
点击次数      商品 ID
96           1010603
96           1010178
97           1010637
97           1010152
100          1010102
100          1010037
103          1010320
104          1010510
104          1010280
```

1）在 Linux 上，创建/data/spark3/sort，用于存储实验数据。

```
mkdir -p /data/spark3/sort
```

2）下载实验数据。

```
#cd /data/spark3/sort
#wget   http://192.168.1.100:60000/allfiles/spark3/sort/goods_visit
```

3）将实验数据上传到 HDFS 上的/spark3/sort/目录下。

```
hadoop fs -mkdir -p /myspark3/sort
hadoop fs -put /data/spark3/sort/goods_visit/myspark3/sort
```

4）在 Spark 窗口加载数据，将数据转变为 RDD。

```
val rdd1 = sc.textFile("hdfs://localhost:9000/myspark3/sort/goods_visit");
```

5）对 RDD 进行统计并将结果打印输出。

```
rdd1.map(line => ( line.split('\t')(1).toInt, line.split('\t')(0) ) ).sortByKey(true).collect
```

6.7 数据仓库 Hive

6.7.1 数据仓库概述

数据仓库（Data Warehouse）是一个面向主题的、相对稳定的数据集合，用于决策支持。

数据仓库体系结构通常含 5 个层次：数据源、数据集成、数据存储和管理、数据服务、数据应用。

1）数据源：是数据仓库的数据来源，包括外部数据、现有业务系统和文档资料等。

2）数据集成：完成数据的抽取、清洗、转换和加载任务，数据源中的数据采用 ETL（Extract-Transform-Load）工具以固定的周期加载到数据仓库中。

3）数据存储和管理：此层次主要涉及对数据的存储和管理，包括数据仓库、数据集市、数据仓库检测、运行与维护工具和元数据管理等。

4）数据服务：为前端和应用提供数据服务，可直接从数据仓库中获取数据供前端应用使用，也可通过联机分析处理（OnLine Analytical Processing，OLAP）服务器为前端应用提供数据服务。

5）数据应用：此层次直接面向用户，包括数据查询工具、自由报表工具、数据分析工具、数据挖掘工具和各类应用系统。

6.7.2 Hive 设计特点

Hive 是建立在 Hadoop 上的数据仓库基础架构。它提供了一系列的工具，可以用来进行数据提取转化加载（ETL），这是一种可以存储、查询和分析存储在 Hadoop 中的大规模数据的机制。Hive 定义了简单的类 SQL 查询语言，称为 HQL。

Hive 的设计特点如下。

1）支持索引，加快数据查询。

2）支持不同的存储类型，如纯文本文件、HBase 中的文件。

3）将元数据保存在关系数据库中，大大减少了在查询过程中执行语义检查的时间。

4）可以直接使用存储在 Hadoop 文件系统中的数据。

5）内置大量用户函数 UDF 来操作时间、字符串和其他的数据挖掘工具，支持用户扩展 UDF 函数来完成内置函数无法实现的操作。

6）类 SQL 的查询方式，将 SQL 查询转换为 MapReduce 的 Job 在 Hadoop 集群上执行。

6.7.3 Hive 系统架构

图 6.26 显示 Hive 的主要组成模块。Hive 主要由以下 3 个模块组成。

1）用户接口模块：含 CLI、HWI、JDBC、Thrift Server 等，用来实现对 Hive 的访问。CLI 是 Hive 自带的命令行界面；HWI 是 Hive 的一个简单网页界面；JDBC、ODBC 以及 Thrift Server 可向用户提供进行编程的接口，其中 Thrift Server 是基于 Thrift 软件框架开发的，提供 Hive 的 RPC 通信接口。

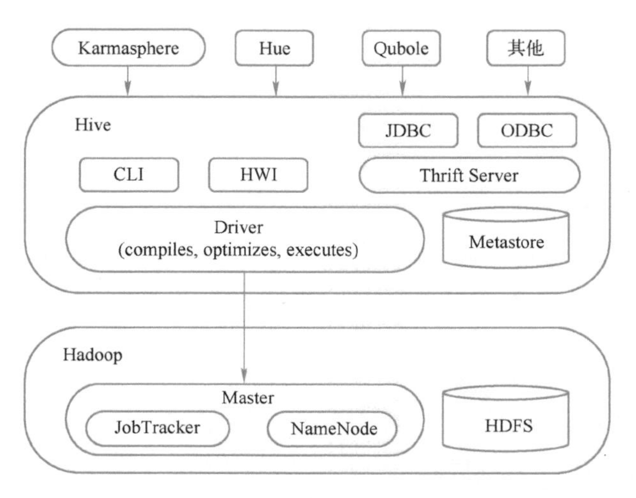

图 6.26　Hive 的主要组成模块

2）驱动模块（Driver）：包括编译器、优化器、执行器等，负责把 HQL 语句转换成一系列 MR 作业，所有命令和查询都会进入驱动模块，通过该模块的解析变异，对计算过程进行优化，然后按照指定的步骤执行。

3）元数据存储模块：是一个独立的关系型数据库，通常是与 MySQL 数据库连接后创建的一个 MySQL 实例，也可以是 Hive 自带的 Derby 数据库实例。此模块主要保存表模式和其他系统元数据，如表的名称、表的列及其属性、表的分区及其属性、表的属性、表中数据所在位置信息等。

喜欢图形界面的用户，可采用几种典型的外部访问工具，如 Karmasphere、Hue、Qubole 等。

6.7.4　Hive 部署

在章鱼平台搜索 Hive 课程，选择 01 任务。

第 1 步：下载 Hive。

```
https://mirrors.tuna.tsinghua.edu.cn/apache/hive/
```

第 2 步：MySQL 配置。

1）解压缩 MySQL。

```
#tar -zxvf mysql-5.6.40-linux-glibc2.12-x86_64.tar.gz -C /usr/local/
#cd /usr/local/
#mv mysql-5.6.40-linux-glibc2.12-x86_64 mysql
```

2）添加用户组。

```
#groupadd mysql
```

3）添加用户 mysql 到用户组 mysql。

```
#useradd -g mysql mysql
```

4）安装 MySQL。

```
#cd /usr/local/mysql
#mkdir ./data/mysql
#chown -R mysql:mysql ./
#./scripts/mysql_install_db --user=mysql --datadir=/usr/local/mysql/
  data/mysql
#cp support-files/mysql.server /etc/init.d/mysqld
#chmod 777 /etc/init.d/mysqld
#cp support-files/my-default.cnf /etc/my.cnf
```

5）修改启动脚本。

```
vi /etc/init.d/mysqld
#修改项
basedir=/usr/local/mysql/
datadir=/usr/local/mysql/data/mysql
```

6）配置系统环境变量。

```
#vi ~/.bashrc
export PATH=$PATH:/usr/local/mysql/bin
```

7）系统环境变量生效。

```
#source ~/.bashrc
```

8）启动 MySQL。

```
#service mysqld start
#mysql -u root -p
```

第 3 步：部署 Hive。

1）安装 Hive。

```
#tar -zxvf apache-hive-2.3.3-bin.tar.gz –C /opt
#mv apache-hive-2.3.3-bin   hive
```

2）修改系统环境变量。

```
# vi ~/.bashrc
export HIVE_HOME=/opt/hive
export PATH=$HIVE_HOME/bin:$HIVE_HOME/conf:$PATH
#source   ~/.bashrc
```

3）修改 hive-site.xml 配置文件。

```
vi hive-site.xml
```

加入以下内容。

```
<configuration>
<property>
    <name>javax.jdo.option.ConnectionURL</name>
```

```
        <value>jdbc:mysql://localhost:3306/hive?createDatabaseIfNotExist=true&amp;characterEncoding=UTF-8&amp;useSSL=false</value>
      </property>
      <property>
        <name>javax.jdo.option.ConnectionDriverName</name>
        <value>com.mysql.jdbc.Driver</value>
      </property>
      <property>
        <name>javax.jdo.option.ConnectionUserName</name>
        <value>root</value>
      </property>
      <property>
        <name>javax.jdo.option.ConnectionPassword</name>
        <value>root</value>
      </property>
    </configuration>
```

4）修改 hive-env.sh 配置文件。

```
    vi hive-env.sh。
HADOOP_HOME=/opt/hadoop-3.1.0              ##Hadoop 安装路径
```

5）配置 JDBC 驱动包。

MySQL 的 JDBC 驱动包下载地址为 https://downloads.mysql.com/archives/c-j/。下载完成后把 mysql-connector-java-5.1.30-bin.jar 放入 $HIVE_HOME/lib 目录下。

第 4 步：初始化 Hive。从 Hive 2.1 版本开始，需要先运行 schematool 命令来执行初始化操作。

```
#schematool -dbType mysql –initSchema
```

看到 schemaTool completed，则初始化完成。

第 5 步：测试。检测 Hive 部署是否成功，直接在命令行输入 hive 即可。

```
#hive
```

6.7.5 Hive 实战

（1）数据说明

文件名为 train_format2.csv 的数据格式详细信息见表 6.6。

表 6.6 train_format2.csv 变量说明

数据字段	解　释
user_id	购物者的唯一 ID
age_range	用户的年龄范围：1 为小于 18；2 为[18,24]；3 为[25,29]；4 为[30,34]；5 为[35,39]；6 为[40,49]；7 和 8 为大于或等于 50；0 和 NULL 为未知

（续）

数据字段	解　　释
gender	用户性别：0 为女；1 为男；2 和空为不详
merchant_id	商家的唯一 ID
label	值来自{0，1，-1，NULL}。“1”表示“user_id”是“merchant_id”的重复购买者，而“0”则相反。“-1”表示“user_id”不是给定商家的新客户，因此超出了预测。但是，这些记录可能会提供更多信息。“NULL”只在测试数据中出现，表明这是一对预测
activity_log	{user_id，merchant_id}之间的交互记录集，其中每个记录表示为“item_id：category_id：brand_id：time_stamp：action_type”的操作。“#”用来分隔两个相邻的元素。记录没有以任何特定顺序排序

train_format2.csv 原始数据见表 6.7。

表 6.7　train_format2.csv 原始数据

user_id	age_range	gender	merchant_id	label	activity_log
34176	6	0	944	-1	408895:1505:7370:1107:0
34176	6	0	412	-1	17235:1604:4396:0818:0#954723:1604:4396:0818:0#275437:1604:4396:0818:0#236488:1505:4396:1024:0

中间表 1：初步创建表，将 activity_log 中以“#”分割的数据拆成多行数据（见表 6.8）。

表 6.8　中间表 1

user_id	age_range	gender	merchant_id	label	activity_log
34176	6	0	944	-1	408895:1505:7370:1107:0
34176	6	0	412	-1	17235:1604:4396:0818:0
34176	6	0	412	-1	954723:1604:4396:0818:0
34176	6	0	412	-1	275437:1604:4396:0818:0
34176	6	0	412	-1	236488:1505:4396:1024:0

中间表 2：将 activity_log 中以“：”分割的数据拆分成多行数据（见表 6.9）。

表 6.9　中间表 2

user_id	age_range	gender	merchant_id	label	item_id	category _id	brand_id	time_stamp	action_type
34176	6	0	944	-1	408895	1505	7370	1107	0
34176	6	0	412	-1	17235	1604	4396	818	0

（2）创建数据表

创建原始数据表 match_data，信息包含用户 ID user_id、用户性别 gender、商家唯一 ID merchant_id、购物者标签 label，均为 int 类型，用户与商家交互信息 activity_log 为 varchar 类型。

```
create table match_data(
    user_id int,
```

```
            age_range int,
            gender int,
            merchant_id int,
            label int,
            activity_log varchar(1000)
        )
        row format delimited fields terminated by ',';
```

（3）将 train_format2.csv 数据导入创建的 match_data 表中

```
load data local inpath '/root/train_format2.csv' overwrite into table match_data;
```

（4）查看 match_data 数据

```
SELECT * FROM match_data limit 100;
```

执行结果如图 6.27 所示。

```
hive> load data local inpath '/root/train_format2.csv' overwrite into table match_data;
Loading data to table hongya.match_data
[Warning] could not update stats.
OK
Time taken: 33.547 seconds
hive> select * from match_data limit 100;
OK
NULL    NULL    NULL    NULL    NULL    activity_log
34176   6       0       944     -1      408895:1505:7370:1107:0
34176   6       0       412     -1      17235:1604:4396:0818:0#954723:1604:4396:0818:0#275437:1604:4396:0818:0#548906
:4396:0818:0#236488:1505:4396:1024:0
34176   6       0       1945    -1      231901:662:2758:0818:0#231901:662:2758:0818:0#108465:662:2758:0820:0#231901:6
8:0819:0
34176   6       0       4752    -1      174142:821:6938:1027:0
34176   6       0       643     -1      716371:1505:968:1024:3
34176   6       0       2828    -1      996061:662:540:0602:0
```

图 6.27　导入数据并查看 match_data 表

（5）创建中间表 RESULT

```
CREATE TABLE   RESULT AS          //创建 RESULT 表并获取 match_data 的
                                  //USER_ID、ITEM_ID、BRAND_ID、ATIION_TYPE
SELECT USER_ID,
    SPLIT(LOG_SPLIT,':')[0] AS ITEM_ID,       //将拆成行的数据以：为分隔符筛选字符串第 0 位
    SPLIT(LOG_SPLIT,':')[2] AS BRAND_ID,      //将拆成行的数据以：为分隔符筛选字符串第 2 位
    SPLIT(LOG_SPLIT,':')[4] AS ATIION_TYPE//将拆成行的数据以：为分隔符筛选字符串第
                                              //4 位
    FROM (SELECT USER_ID,LOG_SPLIT
  FROM match_data
  LATERAL  VIEW  EXPLODE(SPLIT(ACTIVITY_LOG, ‘#’)) ACTIVITY_LOG AS
LOG_SPLIT ) T1;
//lateral view 和 split、explode 一起使用，以#为分隔符将一列数据拆成多行数据
```

（6）创建 click 表，写入商品点击次数 top100 数据

```
AS //创建 click 表，代表点击量
```

```
    SELECT ITEM_ID,COUNT(1) COUNT_1      //对所有的行 ITEM_ID 相同的进行统计
    FROM RESULT
    WHERE ATIION_TYPE = '0'              //限定条件 ATIION_TYPE = '0'
    GROUP BY ITEM_ID                     // group by 操作表示按照 ITEM_ID 字段的值
                                         //进行分组，有相同的 ITEM_ID 值放到一起
    ORDER BY COUNT_1 DESC                //按照统计结果全局降序排序
    LIMIT 100;                           //限制数据 100 行
select * from click;                     // 查看 click 表中所有数据
```

结果如图 6.28 所示。

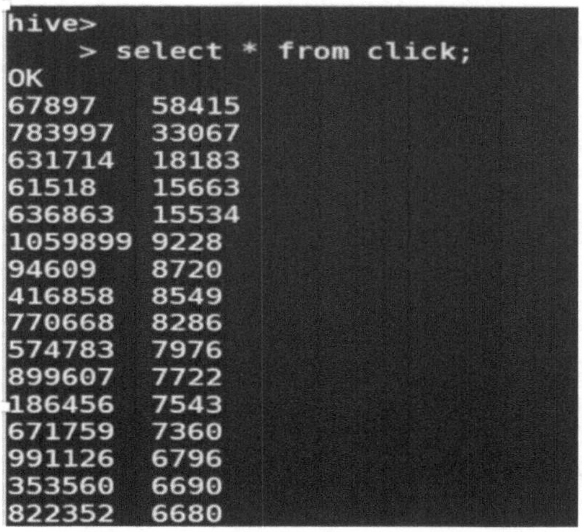

```
hive>
    > select * from click;
OK
67897    58415
783997   33067
631714   18183
61518    15663
636863   15534
1059899  9228
94609    8720
416858   8549
770668   8286
574783   7976
899607   7722
186456   7543
671759   7360
991126   6796
353560   6690
822352   6680
```

图 6.28　查看 click 表

（7）创建 CLICK_EMP 表，保存点击购买转化率

```
TABLE    CLICK_EMP AS                                        //创建 CLICK_EMP 表
 SELECT ITEM_ID,                                             //商品 ID
 SUM(IF(ATIION_TYPE = '0',1,0))/COUNT(1) CLICK_EMP_RATE     // 点 击 总 和 除 以 该
ITEM_ID 的购买总和
    FROM RESULT T1
  GROUP BY ITEM_ID                                 //进行分组，有相同的 ITEM_ID 值放到一起
  ORDER BY CLICK_EMP_RATE DESC;                    //按照点击购买转化率降序排序
```

习题 6

一、单选题

【1】大数据分析就是将“数据”转换为（　　）。

A．价值　　B．图形　　C．模型　　D．产品

【2】交叉分析是基于（　　）横向地组合交叉。

A．同一维度　　B．不同维度　　C．同一方向　　D．以上都不是

【3】（　　）不是常用对比分析方法。

A．定基比　B．同比　C．环比　D．纵横比

【4】（　　）是指对数据在不同维度进行交叉展现，进行多角度结合分析的方法，弥补了“各自为政”分析方法所带来的偏差。

A．相关分析　B．交叉分析　C．主成分分析　D．因子分子

【5】（　　）不属于监督学习的数据模型。

A．分类　B．回归分析　C．聚类　D．KNN

【6】（　　）不属于无监督学习的数据模型。

A．关联分析　B．回归分析　C．聚类　D．K-均值

【7】Spark 生态圈不包含（　　）。

A．Spark Core　B．HBase　C．MLlib　D．GraphX

【8】Spark 生态圈的核心是（　　）。

A．Spark Core　B．Spark Streaming　C．MLlib　D．GraphX

【9】Spark 生态圈中的 MLlib 功能是（　　）。

A．批量计算　B．图计算　C．流式计算　D．机器学习

【10】以下有关 Hive 叙述中，错误的是（　　）。

A．Hive 是建立在 Hadoop 上的数据仓库基础构架

B．Hive 提供了一系列的工具，可以用来进行数据 ETL

C．Hive 定义了简单的类 SQL 查询语言，称为 HQL

D．Hive 不直接使用存储在 Hadoop 文件系统中的数据

二、判断题

【1】细分的方法更多的是基于同一维度的纵深展开，也就是 OLAP 中的钻取，比如从省份的数据细分查看省份中各城市的数据，是基于地域维的下钻。

【2】交叉分析涉及多维度的组合，通常以图表为主进行展现。

【3】一般来说，环比可以与环比相比较，也可以与同比相比较。

【4】对比分析最关键的是 A、B 两组只保持单一变量，其他条件保持一致。

【5】同比就是今年第 n 月与第 n-1 月或第 n+1 月比。

【6】环比就是今年第 n 月与去年第 n 月比。

【7】交叉分析基于多维模型，数据的维度越丰富，所能实现的交叉也越丰富和灵活，通过各种交叉分析能够更加有效地发现问题，因此，对基层模型也没有要求。

【8】对比分析中，对比的参照物不同，得到的判断结论也就不同。

【9】数据细分时，可以按维度细分，有多少维度，就可以有多少种细分的方向，细分一步即可。

【10】考查两个变量是否具有线性相关关系的最直观的方法是直接绘制散点图。

【11】需要同时考查多个变量间的相关关系时，可利用散点图矩阵同时绘制各变量间的散点图。

【12】细分策略中，分渠道用来分析不同时间段数据是否有变化。

【13】交叉分析不再局限于一个维度，就像数据立方体与 OLAP 中的立方体，是基于

不同维度的交叉，时间维、地域维和产品维交叉在一起分析每个小立方的数据表现，可以通过 OLAP 的切片（Slice）和切块（Dice）操作查看。

【14】为了更加准确地描述变量之间的线性相关程度，可以通过计算相关系数来进行相关分析。

【15】交叉分析是基于不同维度横向地组合交叉。

三、填空题

【1】Spark 使用（　　）语言编程。

【2】Spark 把中间数据放到（　　）中，迭代运算效率高。

【3】Hive 提供了类似于关系数据库 SQL 语言的查询语言（　　）。

【4】Hive 大部分的查询、计算由（　　）完成。

【5】Hive 驱动模块（Driver）含编译器、（　　）、执行器等。

【6】Spark 的灵魂是（　　）。

【7】在 Spark 中，Stage 划分的标准是（　　）依赖。

【8】Spark 操作构建了 RDD 之间的关系，整个计算过程形成了一个由 RDD 和关系构成的（　　）。

【9】RDD 的操作分为 Transformation 操作和（　　）操作。

实验：Hive 实验

【实验目的】

探索 Hive，熟悉 Hive，加载数据到 Hive。

探索 Hive，熟悉 Hive，使用 Hive 查询语言进行查询。

【实验内容】

利用 train_format2.csv 转换后的 RESULT 数据。

1）创建 add_to_cart 表，写入商品被加入购物车次数 top100 数据。

```
代码类似于创建 click 表，只是将第 4 行的 ATIION_TYPE = '0'修改为 ATIION_TYPE = '1'
```

2）创建 collect 表，写入商品被收藏次数 top100 数据。

```
代码类似于创建 click 表，只是将第 4 行的 ATIION_TYPE = '0'修改为 ATIION_TYPE = '3'
```

3）创建 emption 表，写入商品被购买次数 top100 数据。

```
代码类似于创建 click 表，只是将第 4 行的 ATIION_TYPE = '0'修改为 ATIION_TYPE = '2'
```

4）创建 ADD_EMP 表，保存加入购物车转化率（参考点击购买转化率计算）。

```
CREATE TABLE   ADD_EMP AS //创建 ADD_EMP 表
 SELECT ITEM_ID,SUM(IF(ATIION_TYPE = '1',1,0))/COUNT(1) CLICK_EMP_RATE
//加入购物车总和除以该 ITEM_ID 的购买总和
    FROM RESULT T1
    GROUP BY ITEM_ID //按照 ITEM_ID 字段的值进行分组，有相同的 ITEM_ID 值放到一起
```

```
        ORDER BY CLICK_EMP_RATE DESC; //按照点击购买转化率降序排序
```

5）创建 COLLECT_EMP 表，保存收藏购买转化率（参考点击购买转化率计算）。

```
CREATE TABLE    COLLECT_EMP AS //创建 COLLECT_EMP 表
  SELECT ITEM_ID,SUM(IF(ATIION_TYPE = '1',1,0))/COUNT(1) CLICK_EMP_RATE
//收藏总和除以该 ITEM_ID 的购买总和
    FROM RESULT T1
    GROUP BY ITEM_ID //按照 ITEM_ID 字段的值进行分组，有相同的 ITEM_ID 值放到一起
ORDER BY CLICK_EMP_RATE DESC; //按照点击购买转化率降序排序
```

第 7 章　大数据应用

随着大数据技术越来越成熟，应用的行业也越来越多，每天都可以看到大数据的一些新奇的应用，从而帮助人们从中获取到更多的价值。人们的学习、工作、生活都会受到大数据应用的影响。下面介绍大数据应用比较成功的几个领域。

7.1　零售业大数据

在零售业，大数据可带来 60% 的利润增加，主要包括市场营销、商品管理、运营管理、供应链管理和商业模式，如图 7.1 所示。

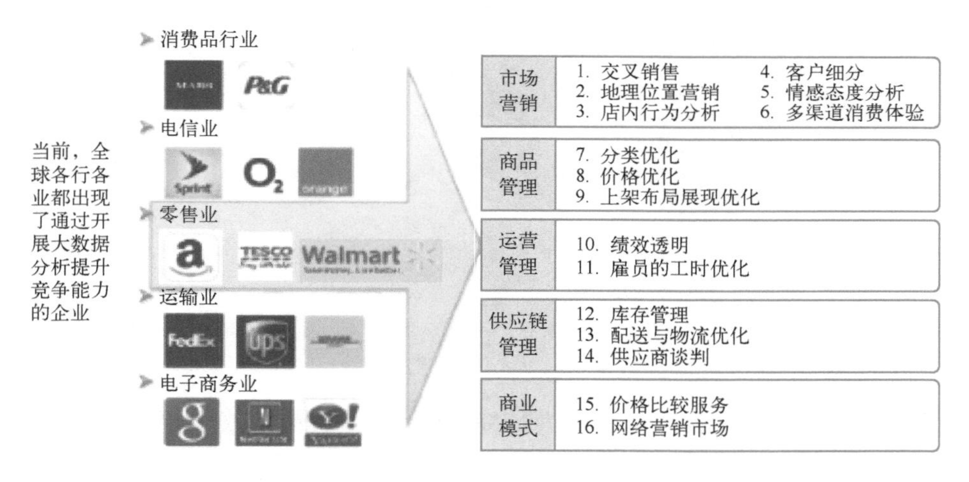

图 7.1　大数据在零售业中的应用

7.1.1　市场营销

1．交叉销售

交叉销售通常是发现一位现有顾客的多种需求，并通过满足其需求而实现销售多种相关的服务或产品。因为消费者在购买这些产品或服务时必须提交真实的个人资料，这些数据一方面可以用来分析顾客的需求，作为市场调研的基础，从而为顾客提供更多更好的服务；另一方面也可以在保护用户个人隐私的前提下将这些用户资源与其他具有互补型的企业共享信息开展营销。

2001 年，IBM 和 eBay 达成了一项合作协议：IBM 计划通过 eBay 扩大自己的销售，eBay 将在自己的网站首页为 IBM 网站做一个 88×31 像素的 LOGO 链接，另外 eBay 也将选用 IBM 的应用平台来升级自己的技术。双方合作的基础在于 eBay 拥有 3400 万注册用户，随时提供 600 多万种产品和服务，具有数额巨大的在线交易量，而且 eBay 上 70%的用户都是 IBM 的新用户。

2．客户分析

客户分析主要是根据客户的基本数据信息进行商业行为分析。首先，界定目标客户，根据客户的需求、目标客户的性质、所处行业的特征和客户的经济状况等基本信息，使用统计分析方法和预测验证法分析目标客户，提高销售效率；其次，了解客户的采购过程，根据客户采购类型、采购性质进行分类分析，制定不同的营销策略；最后，可以根据已有的客户特征进行客户特征分析、客户忠诚分析、客户注意力分析、客户营销分析和客户收益率分析。客户分析示例如图 7.2 所示。

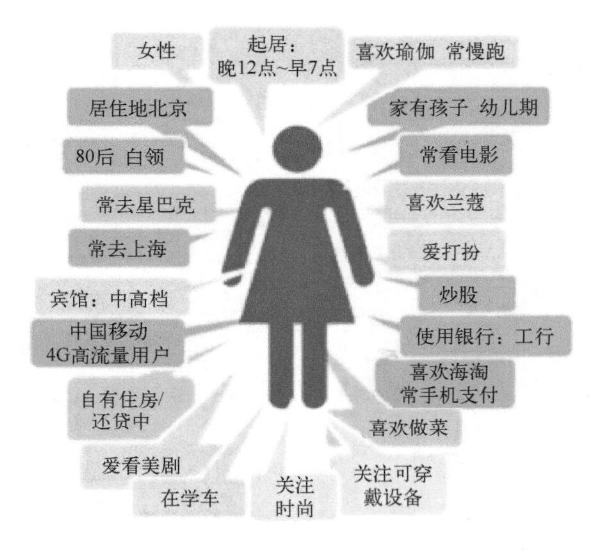

图 7.2　客户分析示例

通过客户分析能够掌握客户具体行为特征，将客户细分，制定最优的运营、营销策略，提升企业整体效益。

3．营销分析

营销分析包括产品分析、价格分析、渠道分析、广告与促销分析等。

1）产品分析主要是竞争产品分析，通过对竞争产品的分析制定自身产品策略。

2）价格分析又可以分为成本分析和售价分析，成本分析的目的是降低不必要成本，售价分析的目的是制定符合市场的价格。

3）渠道分析是指对产品的销售渠道进行分析，确定最优的渠道配比。

4）广告与促销分析能够结合客户分析，通过制定运营、营销策略来实现销量的提升、利润的增加。

4．地理位置营销

基于位置的大数据分析技术在智慧零售领域的市场覆盖面极其广泛，并且具备不可替代的基石作用。

（1）商铺选址

将地理位置大数据（包括 POI 数据、路网数据、交通数据等）与周边人群分布、属性、配套设施、店前的人流、影响因素、周边业态分布、店铺经营状况、价格对比等数据进行综合分析，为店主提供全面翔实的分析评估建议，指导商铺选址，从而达到吸纳客流、店铺赢利的目的。

（2）商铺信息地图展示

可以将店铺位置信息及商品信息在地图上进行集中展示，方便用户搜索就近商铺位置，并及时获取商家的最新产品和优惠信息（见图 7.3），提高消费者的到店流量及线上成交率。

图 7.3　商铺信息地图展示

（3）精准系统派单服务

通过精准定位服务，获得线上用户订单的准确位置，联合商铺、仓库管理系统货仓信息，配置最优货仓。无须人工操作，自动进行地址解析、系统派单。

5. 情感态度分析

客户在购买新产品之前，通常会从不同网站查看其他人的产品评论或意见。情感分析是指收集和分析顾客对于营销活动、产品或服务等各种企业行为的评价的过程，也被称为意见挖掘。顾客往往根据自己对产品、服务或企业活动的亲身体验发表评论或意见，这些评价可能以“like”或“tweet”的形式出现。对此进行细致的反馈分析可以为企业创造巨大价值，为企业开发战略或者预测未来转型指明方向。因此，情感分析常常用于分析顾客反馈与各领域产品销量之间的关系。

在情感消费时代，消费者购买商品所看重的已不再仅仅是商品数量的多少、质量好坏以及价钱的高低，更是为了一种感情上的满足、一种心理上的认同。

情感营销从消费者的情感需要出发，唤起和激起消费者的情感需求，诱导消费者心灵上的共鸣，寓情感于营销之中，让有情的营销赢得无情的竞争。情感是人们生活中的一个决定力量，是人们大部分重要体验和记忆的核心。商界和营销界一直都在利用情感的力量影响消费者的购买冲动和品牌忠诚度。

具体做法如下。

1）切实为客户认真地处理好各种相关的问题和提出的相关要求。

2）与客户谈论有意义且有意思的话题，并结合产品的优势和需求，让客户感兴趣之时接受产品的订单需要，倾力为客户量身定制产品的营销策略方案，为客户提供更方便、更快捷的优质服务。

3）提升产品的品质和品位，追求卓越的高品质和优良的信誉度，为客户提供产品的增值服务。

6. 店内行为分析

过去，销售被视为一种艺术形式，人们认为，商品销售中，决策的具体影响是无法确切衡量的。而随着在线销售的增长，一种新的趋势开始显现：顾客会先去实体店对商品做一番了解，继而回家网购。

行为追踪技术的出现，为分析店内行为以及衡量销售策略提供了新的途径。零售商必须吃透这些数据来优化销售策略，同时，通过忠诚度应用程序，对店内体验进行个性化定制，并及时采取行动，促使顾客完成购置——最终目标就是提升所有渠道的销售额。

通过分析 POS 机系统和店内传感器等数据来源，全渠道零售商可以完成以下工作。

1）就不同营销与销售策略对客户行为和销售产生的影响，进行相应的测试与量化。

2）依据顾客的购买和浏览记录，确定顾客的需求与兴趣，然后为顾客量身定制店内体验。

3）监测店内顾客习惯，并及时采取行动，促使顾客当场完成购物，或者之后上网购置，由此完成交易。

7.1.2 商品管理

沃尔玛的购物篮分析在运营体系中占据了非常重要的地位。购物篮分析的结果不仅为门店的商品陈列、促销提供了有力的依据，更重要的是，使沃尔玛能够充分了解客户的真实需求，并帮助供应商开发了很多新的产品。

1. 婴儿护肤礼品和商务卡

沃尔玛的采购人员在对一种礼品包装的婴儿护肤品购物篮进行分析时发现，该礼品的购买者基本是一些商务卡客户，进一步了解才知道，商品都是作为礼品买来送人的，而不是原先预想的“母亲”群体客户买给自己的孩子。因此该商品的购买目的才得以明确，这样的购买目的信息对于商品的进一步改进提供极大的帮助。

2. 沐浴用品主题商品

通过购物篮分析，沃尔玛发现在购买沐浴用品时，很多客户都会同时购买沐浴露一类商品。这条信息提示，可以针对这种需求，将毛巾、沐浴球、洗澡用品与沐浴露等沐浴主题商品进行捆绑销售或进行相关沐浴用品主题陈列。

3. 水杯和游泳圈

在对 Playtex（美国著名婴儿用品品牌）商品进行购物篮分析时发现，一种带吸管的不溢水杯与婴儿用的套在肚子上的游泳圈商品之间具有关联关系。这种商品关联关系提示沃尔玛的卖场可以将这两件商品在夏季一起陈列，从中获得了很好的商业机会。

4. 小猪肉熏肠和脆饼

沃尔玛帮助美国著名饮料制造商 Welch's 通过购物篮分析发现，客户在举行聚会时，购买的购物篮中会同时出现大量小猪肉熏肠、奶油起司、脆饼等商品（当然也有 Welch's 的果汁饮料），这样的购物篮信息给了 Welch's 的商品组合很大的启发。

5. 情人节专用饮料和巧克力

Welch's 专门为情人节订制了果汁饮料，但是如何展示（或陈列）这种情人节专用饮料始终是个难题。通过购物篮分析，有关商品展示人员发现这种商品与情人节专用的糖果（如巧克力）、贺卡具有商品关联关系。因此这种饮料在情人节前与情人节专用季节性通道的糖果货架、贺卡放在一起，并成为情人节商品整体规划的一部分。

6. 中国卖场中存在的商品交叉关联关系

洗衣粉-洗衣袋、毛巾-牙刷、儿童用品-温度计、烤鸭-啤酒、尿布-啤酒、尿布-奶嘴、遥控玩具-电池、牙膏-旅行盒、面粉-擀面杖、床上用品-樟脑球、酱油-抹布、方便面-火腿肠、红茶-领带、保健品-健身球、白酒-袋装花生、脸盆-毛巾、被子-晾衣绳、CD 唱片-雪碧等，上述商品的关联关系适用于沃尔玛的卖场，并不一定适用其他卖场。其他零售企业应根据自己卖场的实际情况，研究并发现自己卖场中的关联商品列表。

7.1.3 运营管理

1. 利用大数据分析绩效

一般来说，在公司中对员工的绩效考评标准主要有两种：上级评价和业务数据体现。然而，大部分情况下，上级评价很难用数字表示，很容易被变通地理解。如果要使绩效数据真正帮助到公司发展，来确认哪些部门为公司做出重要贡献，哪些员工的工作真正起到实际作用，就要在部门间和部门内做横向和纵向对比。

而这些对比不能通过业务数据来分析，因为每个部门功能不同，工作情况也不同，并且业务数据无法体现真实的工作效率，只能做总结性的对比。特别是销售业绩，也许某个部门或员工为产品市场推广做了大量工作并起到积极作用，最终导致了他人销售业绩增长，如果业绩分析错误也就等于误判了市场发展方向。

如果要真实地体现所有员工或部门的效率，就要用一种标准化且统一的方式，那就是记录每一个员工的每一种工作情况，计算其平均或合计工作数量、实际完成速度、有效完成数量。以销售部和市场部为例，市场部本月工作数量和效率明显高于上月，而销售部的工作量却保持持平状态，如果销售业绩提高了，则说明市场推广起到明显作用。当然，这只是一个简单的例子，其中还要考虑其他各种因素，这时，最好的方法还是要确认关键项目的实际工作内容。

2. 雇员的工时优化

大多数企业都有考勤数据，不论是用一些智能化终端实时获取，还是简单的纸质打卡钟，甚至是手工签到，但除了月末以此来算工资，并没有更多的管理人员利用这些数据来获取更大价值，比如发现其中影响到工资虚高的部分，有可能造成的对生产运营的影响以及会损坏员工士气的不公平现象等。

某商场为了保障销售高效，派专人在班次开始时到柜台巡视，检查所有人员（特别是关键岗位）是否到位，如此所付出的管理成本非常高昂，而如果主管在上班后 5 分钟内就能通过手机自动收到所属员工的迟到或缺勤的信息，他就立刻能做出相对应的处理。这其实也是大数据在劳动力管理运用中的一个例子。

因此，面对企业每天成千上万的打卡记录，假如不予重视，造成的损失或许就会随着时间积累而越来越大；反之，如果借用一些专业的工具进行大数据运算和分析，必然能从中发现闪光的价值。

3．农夫山泉用海量照片提升销量

图 7.4 中是上海城乡结合部九亭镇新华都超市的一个角落，农夫山泉的业务员每天来到这个点，拍摄 10 张照片：水怎么摆放、位置有什么变化、高度如何等。这样的点每名业务员一天要跑 15 趟，按照规定，下班之前 150 张照片就被传回了杭州总部。每个业务员每天产生的数据量为 10MB，这似乎并不是个大数据。

图 7.4　农夫山泉业务员在商店中所拍的照片

但农夫山泉全国有 10000 余名业务员，这样每天的数据就是 100GB，每月为 3TB。当这些图片如雪片般进入农夫山泉在杭州的机房时，农夫山泉董事长想知道的问题包括：怎样摆放水更能促进销售?什么年龄的消费者在货架前停留更久，他们一次购买的量多大？气温的变化让购买行为发生了哪些改变?竞争对手的新包装对销售产生了怎样的影响?不少问题目前也可以回答，但它们更多是基于经验，而不是基于数据。

从 2008 年开始，业务员拍摄的照片就被收集起来，如果按照数据的属性来分类，“图片”属于典型的非关系型数据，还包括视频、音频等。要系统地对非关系型数据进行分析是设想的下一步计划，这是农夫山泉在“大数据时代”必须迈出的步骤。如果商品的位置有更多的方式可以被监测到，那么农夫山泉董事长想知道的问题就不是问题了。

有了强大的数据分析能力做支持后，农夫山泉近年以 30%～40%的年增长率，在饮用水方面快速超越了原先的三甲：娃哈哈、乐百氏和可口可乐。

7.1.4　供应链管理

有效的供应链计划系统集成了企业所有的计划和决策业务，包括需求预测、库存计划、资源配置、设备管理、渠道优化、生产作业计划、物料需求与采购计划等。企业根据多工厂的产能情况编制生产计划与排程，以保证生产过程的有序与匀速，其中包括物料供应的分解和生产订单的拆分。在这个环节中企业需要综合平衡订单、产能、调度、库存和成本间的关系，需要大量的数学模型、优化和模拟技术为复杂的生产和供应问题找到优化解决方案。

（1）库存优化

零售商现在可以利用新的大数据见解来改善库存管理，例如，在异常寒冷的天气过后，某些城市的啤酒销售量会减少，而其他城市则会增加。

（2）物流效率

通过大数据分析合理的运输管理、道路运力资源管理，构建全业务流程的可视化、合理的配送中心间的货物调拨以及正确选择和管理外包承运商和自有车队，提高企业对业务风险的管控力。

7.1.5 商业模式

（1）重构人、货、场

零售由人、货、场三个要素组成，大数据零售时代以消费者为核心，从传统的 B2C 模式转变为 C2B 模式，更好地满足消费者的定制化需求。

在大数据零售时代，“人、货、场”的定义不单单局限于单纯的消费者、商品与销售场所，每个角色都有了更宽泛的定义。“人”可以是消费者、商家、品牌方等，可以来自线上或线下；“货”不局限于单一渠道获取，线上线下多渠道，供应链层级缩短，更方便快捷，不止局限于实物商品，还有更多的虚拟商品买卖；“场”也不局限于单一的线下售卖场所，可以是线上、线下、配送的最后一公里。

人、货、场的变革让大数据时代零售变得更加丰富便捷，让消费者、品牌方以及小商户都从中受益。

（2）线上线下统一化

随着实体店铺逐渐线上化以及物流产业的快速发展，未来零售将会形成线上线下统一价格、质量、体验等消费场景，打破线上线下落差，为消费者提供更专业的服务、产品。

线上线下统一化，可以有效缩短供应链层级，也为小型实体门店提供了更多的发展机会，让门店能够以更快捷、简单、方便以及便宜的方式获取品类丰富的货物，更好地开展经营，进入良性商业循环。

（3）生产智能化

在大数据时代零售模式中，可以将消费者需求定制化。需求及生产供给信息相互融合，根据消费大数据和消费者定制需求进行产能控制，制订生产计划，有效减少企业库存积压等状况，提高企业利润。

7.2 交通大数据

随着城市的迅速发展，交通拥堵、交通污染日益严重，交通事故频繁发生，这些都是各大城市亟待解决的问题。目前，智能交通成为改善城市交通的关键所在，及时、准确获取交通数据并构建交通数据处理模型是建设智能交通的前提，而这一难题的解决则有望以大数据技术作为突破口。

7.2.1 道路运输安全事故预警

在大数据的基础上，应用车载黑匣子信息，车辆在行驶的状态下，可以通过黑匣子将车辆的各种信息进行整合，从而对车辆的运行状态进行了解，如果发现异常情况，则可以向驾驶员发出警告，及时地对车辆故障进行查看，以免发生交通事故。如果车辆发生了交通事故，也可以通过查看黑匣子中的信息来对车辆事故的发生原因进行分析，对事故的发生真相进行还原，从而追究相关的法律责任。黑匣子对车辆的信息进行搜集，主要包括车辆的定位信息、路况信息、车辆内的声音视频以及温度等，并对这些信息进行搜集、储存，然后对一些关联信息进行提取，对数据信息进行分类和整理，从中获得有用的数据信息。

7.2.2 城市道路交通信号灯智能调时

数据显示，70%左右的拥堵源于交通信号灯设置不当。交通信号灯控制器只配备了五六套通行方案，面对时刻在变的复杂路况，信号灯的指挥并不人性化，有时半条路面空着，却无法分担对向车流的拥堵，有时半夜路上没有几辆车，驾驶员依旧要长时间苦等红灯。因此迫切需要一个新型的智能交通信号灯协调控制系统来解决这类问题。

基于大数据的交通信号灯控制把全天划分为 11 个信号灯控制时段，即早晚两个高峰时段、两个早晚次高峰时段、3 个平峰时段、3 个过渡时段和一个夜间时段，对每个时段进行信号配时优化，一个时段有一个时段的配时方案。除此之外，各个路口之间的协调控制上在不同时段也对应不同的协调方案。

比如，早晚高峰协调信号配时的目的就是在保证单个交叉口配时最佳化的前提下，防止溢流（车辆排队排到下一个路口，并且影响了下一个路口的放行），保持各条交通干线流量协调，提高区域整体通行效率。

平峰时推送绿波速度，如果按照显示“绿波速度45km/h”的推荐速度行驶（见图 7.5），会很少遇到红灯，几乎是一路绿灯就经过了繁忙的路段。

图 7.5 推荐行驶速度

这个推荐速度正是协调旅游路沿线信号灯配时后给出的合理速度。

7.2.3 绘制实时路况信息图

对于用户来说，高德地图只是在出行时能够提供具体的搜索、定位、路线推荐和导航服务的电子地图。随着使用高德地图的用户数量迅速攀升，用户本身也成为电子地图海量信息的组成部分。提供用户回传的位置信息数据，结合详细地理信息，高德能够绘制如图 7.6 所示的北京五环内实时路况信息图，实时展现拥堵情况。

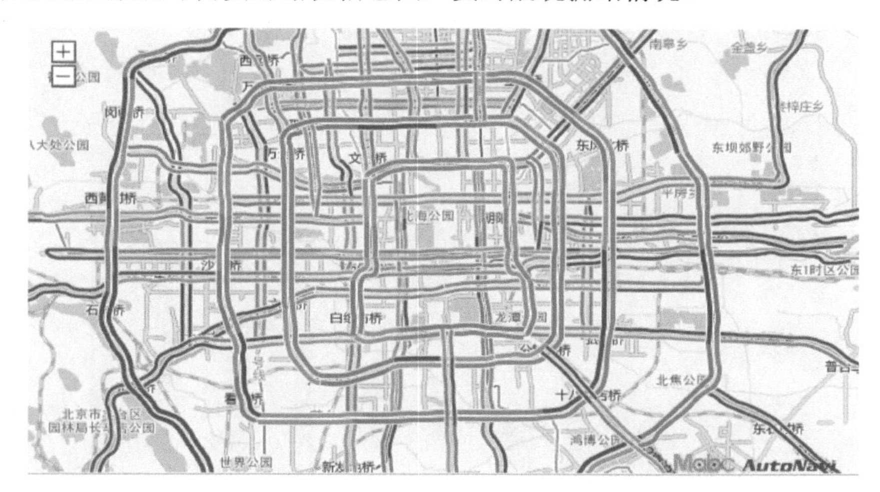

图 7.6　北京五环内实时路况信息图

绘制实时路况信息图，难点不在于准确详细的静态地图，而在于获取并分析、处理用户实时反馈的海量动态信息。

高德地图通过实时数据处理系统对大量的分布式消息进行挖掘与加工，计算出每条道路的实时行驶速度，再进一步结合道路等级、用户回传数据，即可呈现出道路不同路段处的实时拥堵状态。

7.2.4 停车管理

停车管理是城市道路交通治理的重要环节。使用传统方法寻找停车位不但费时费力，而且车辆在寻找停车位过程中可能造成交通拥堵。据统计，通常驾驶员平均要花 10min 才能找到停车位，这相当于多行驶了 4.5km，排放 1.3kg 的二氧化碳。

应用大数据的停车管理系统主要利用交通摄像头监控系统、GPS、手机客户端以及其他传感器收集数据，进行计算分析，并引导驾驶员停车。该智能系统主要具有以下功能：一是车位感知，使用传感器掌握车位状态，临近传感器间可以进行通信，并被接入到城市的交通管理系统；二是嵌入导航，将车位情况嵌入导航软件，根据目的车位情况提醒使用者选择合适的停车场以及车位，该系统不但能推荐更经济实惠的停车位，如果目的地车位紧张，还会及时通知驾驶员改乘公共交通工具；三是车位预测，通过记录每天的停车数据

（如区域内停车的变化频率、空余时间等），建模分析车位状态变化规律，并结合其他的数据（如天气、日期等），它能够给出停车位状况的预测，指导用户出行。

7.3 医疗大数据

目前，大数据医疗的应用场景主要包括临床决策支持、健康及慢病管理、医药研究、医疗管理等，其应用有助于提高医疗服务质量、减少资源浪费、优化资源配置、控制骗保行为、改善自我健康管理，具有巨大的潜在价值。据前瞻产业研究院预测，2015—2024年大数据医疗行业市场规模年复合增长率达到303.6%（见图7.7）。

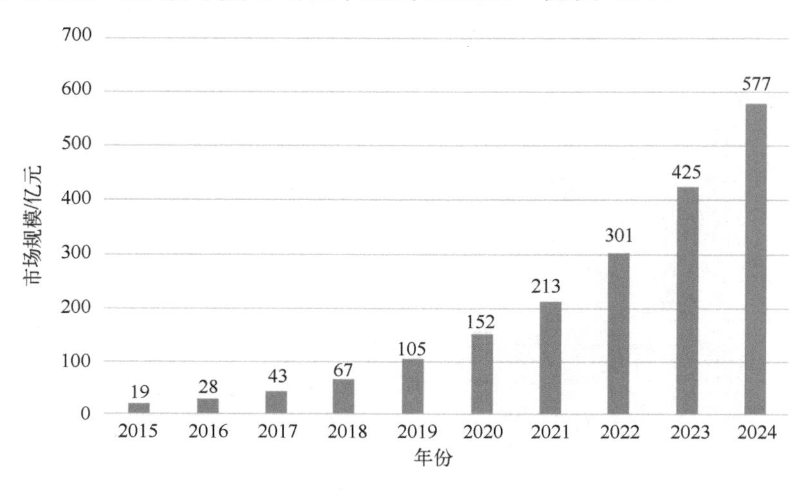

图 7.7 健康医疗大数据市场

7.3.1 大数据电子病历

大数据技术的真正意义不在于收集无限庞大的信息资源，而在于对所拥有的海量信息进行专业化数据分析处理，从中挖掘出相关联信息的隐含价值，实现原有信息的增值。电子病历信息应用前景非常广阔，具体如下。

（1）可以为疑难重症患者寻求优选就近治疗途径

目前，我国优质医疗资源集中配置于大城市的中心医院，偏远地区疑难重症患者远赴大城市诊疗不仅就医困难、成本高，而且加剧了中心医院的诊疗负担。利用完善的电子病历系统，不仅可以为疑难重症患者寻求优选就近治疗的途径，同时便于规范不同级别医院之间的双向转诊、双向交流，避免不必要的重复检查和过度治疗，使有限的医疗资源得以充分利用。

（2）可以为主治医师寻求最佳临床治疗方案提供参考

大数据技术条件下，选择有代表性的相关电子病历进行分析挖掘，不仅有助于搜集疾病的关联要素，提高临床诊断的准确率，而且可以分析同类疾病不同症状患者的治疗方式，为主治医师寻求最佳临床治疗方案提供参考，甚至可以发现更为有效的治疗路径。

（3）可以为慢性病患者自我改善健康状况提供远程信息服务

近年来，心脑血管病、糖尿病、高血压、骨质疏松等慢性病发病率居高不下，这在很大程度上与患者的工作压力、生活习惯、运动过少等种种原因有关。如果将电子病历系统的数据与医疗卫生信息共享中心的医疗卫生“大数据”相聚合，并给社会用户提供一个可公开信息的访问接口，就可以为慢性病患者提供自我改善健康状况的远程医疗卫生信息服务。此外，有条件的医院甚至可以开展公益性医患双方互动，由特殊患者向咨询服务专家提供病情检查结果电子病历信息，专家就可以通过网络向患者提供康复治疗建议。

7.3.2 大数据与流行病防控

在 H1N1 流感疫情暴发前的几周，谷歌公司的工程师在美国《自然》杂志上发表了一篇令公共卫生官员和计算机专家感到震惊的论文，详细阐释了谷歌公司如何通过分析人们在互联网上的搜索记录，预测出流感疫情将在全美范围内传播，甚至可以预测到具体的疫情暴发区域和州。由此可见，通过对有潜在关联的信息进行大数据分析挖掘，完全可以为预防和控制流行病提供科学的预警信息。

大数据在流行病防控具体应用如下。

（1）建立人口流动数据系统

疫情发生后，为了及时开展防控工作，各省立即采用大数据技术建立起人口流动数据系统。例如，百度大脑等大数据产品应运而生，依托于医院以及疫情防控中心等权威机构共享的数据，通过监控指定区域的用户频繁搜索的关键词信息，检测出某地区已经出现各种不明原因的未知疾病，再与数据库中已有资料进行对比分析，尝试找出可能病源。只有这样才能对潜在疫情发展进行及时有效的动态监测，并且为实时预警和精准防控提供全面系统、高效便捷的技术判断基础，也有利于相关部门、各地方政府及时做好疫情预警与防控工作。总的来说，在疫情防控工作中，运用大数据技术进行疫情防控，有效解决了手工登记人员的外出流动出现的效率低、流程多、分工杂等问题，并充分发挥大数据高效管理、精准识别身份、建立台账可追溯和操作简便可持续等优点。

（2）追踪疫情最新进展

在疫情面前，追踪疫情最新进展是主动对抗疫情的有效手段之一。大数据技术除了可以提供研判预警之外，在筛查、追踪传染源、阻断疫情传播路径等方面，发挥了积极的作用。可以看到在疫情暴发之后，数家科技互联网公司陆续通过数据和技术能力，给全社会提供了大量数据支撑。以 12306 票务平台为例，它利用实名制售票的大数据优势，及时配合地方政府及各级防控机构提供确诊病人车上密切接触者信息。如果出现确诊或疑似旅客，会调取旅客相关信息，包括车次、车厢等，然后提供给相关防疫部门进行后续处理。此外，利用大数据分析还可以看到人群迁徙图，具体到哪些城市。因此，人们可以通过大数据应用平台，时刻掌握各个省市的入省人数、疫区人数和体温异常情况等统计分析数据。

（3）共享公共信息平台

在重大疫情面前，如何安抚民心破除虚假疫情消息是一件必须要做到的工作。想象一下，民众如果得不到有效的对称性信息，就会引起误判和恐慌。因此，对民众释放多种信息，对这些给出提前的压力过程进行数据监控并进行压力释放、预防是非常重要的。公众主要通过社交网络、门户网站、搜索引擎等渠道了解疫情信息，但是这些信息不仅庞杂分散，而且良莠不分。为了让全国人民第一时间了解最新的疫情信息及防控进展，这个时候大数据技术就派上了大用场。像《人民日报》、新华社、人民网等主流媒体，以及阿里巴巴、字节跳动等科技企业，均依托大数据技术，通过网站、App 等渠道，以疫情地图、疫情趋势、国内国外疫情等形式，实时播报疫情动态，只要点击系统界面地图中的每个省份，就可以显示各省确诊、疑似、死亡的新增及累计数据详情，甚至能精确到每个小区。这样，不仅为疫情防控阻击战提供了数据支撑，也充分保障了海内外公众的知情权，对于增强科学防控知识、提高科学防控意识具有积极作用。因此，加快公共信息平台的建设、开放与共享，才显得尤为重要。

7.3.3 基因测序——精准治癌正在成为现实

大数据时代下的精准预防、精准诊断以及真正的个体化治疗，基因测序是其基础。所谓精准预防，就是通过基因层级的切入，判断先天患上哪一种疾病的风险比较高，判断哪个部位出现问题，事先预防；再说诊断，癌症完全是由于基因突变造成的，借助基因检测，可以精准识别突变的细胞是什么，再采取相应的措施，才能实现个体化的治疗。

基因技术对健康的影响正变成计算和分析的能力问题。一滴血能查所有的基因，问题在于哪个基因和哪个病配对，这时就需要建立大量基因数据库，与已知的进行对照。一旦实现自动化匹配对照，实现基因测序的大数据化，可能一滴眼泪、一点唾液就能进行分析。

如何及时获取、结构化整合、快速分析这些数据，并与临床数据相结合，成为当前首要解决的问题。华大基因联合英特尔、阿里巴巴打造精准基因数据分析云平台——BGI Online，旨在为研究机构、药厂和临床实验室等用户提供基因组学的数据和应用，满足行业需要。作为开放科学的平台，BGI Online 准备吸引第三方的应用开发者和数据分析服务厂商，将他们的应用整合到公共资源中。生命科学领域数据爆炸式的增长，对海量数据的计算、存储和分析提出新的挑战，华大基因已在深圳、香港、北京和武汉等地建立了多个大型生物信息超级计算中心，此前与英特尔有过多次合作。

一旦基因测序能在几分钟内完成，将会对整个医药产业产生巨大影响，包括小分子药物研发在内的医药领域将全面靶向化。

现实的瓶颈仅仅在于如何扩大样本数据库的容量。据统计，全球个人基因组数据可能将达到 1 万～10 万人的级别，而基因数据库数据越多越好，最基础的门槛至少要有 1 万例，才可能接近我们所要求的精准。

7.4 农业大数据

传统农业生产存在的问题如下。

1）现代化程度低，大部分地区仍是传统农业。

2）环境污染严重、资源浪费严重。

3）浇水、施肥、打药凭经验、靠感觉。

4）产出少、效率低、农业利润水平低。

5）农产品品牌化建设不完善，缺乏竞争优势。

存在这些问题的原因是缺少权威的并具有信用约束功能的农业大数据处理分析的平台。

7.4.1 农业大数据构成

农业大数据指在现代农业生产、经营、管理等各种活动中形成的，具有潜在价值的、海量的活动数据（见图 7.8）。

气象数据　生物信息数据　资源环境数据　生长监测数据　农业统计数据

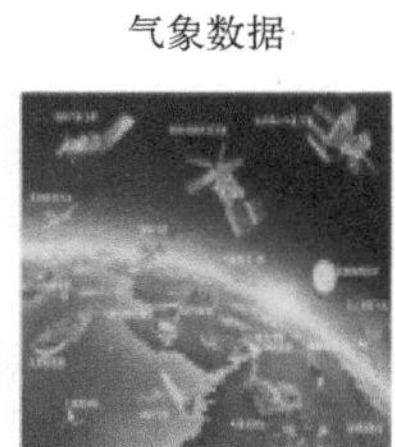

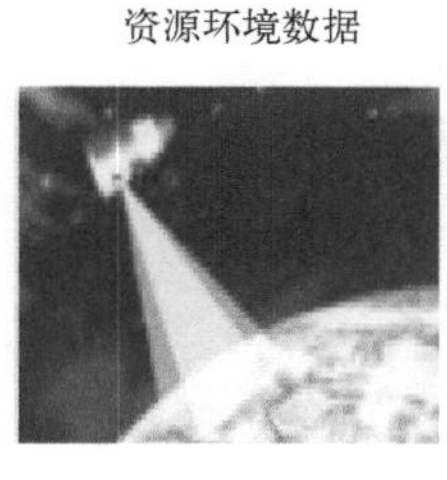

图 7.8　农业大数据

1．全球农业气象数据库

（1）详情描述

全球农业气象数据库整合了 1990 年 1 月 1 日以来的 2m 露点温度、2m 温度等 49 个涉农气象指标，同时温度、风速、辐射、气压等指标还可以根据要求进行最大、最小及其他统计方式的处理，通过对小时数据进行处理，可以满足小时、日度、月度、年度等不同时间维度的需求，在区域维度上，可以满足全球各个国家分地区层面的数据分析的需求。

（2）数据信息

全球农业气象数据库中的数据信息见表 7.1。

表 7.1　数据信息

指标	描述
时间范围	1990 年 1 月 1 日至今
时间格式	小时、日度、月度、年度
区域维度	全球各个国家及其主要地区
数据格式	API 接口；CSV
数据完整性	完备
更新频率	实时更新
数据来源	国内外权威气象研究机构。计算方法为将原始矢量数据，按全球各国家分地区高精度轮廓，求地理信息的 zoanl_statics（目前为地区均值，后续可根据需要增加最大值、最小值、方差等指标）

（3）数据预览

农业气象数据库中的预览信息如图 7.9 所示。

	PAC	time	dewpoint_temperature_2m	temperature_2m	skin_temperature	soil_temperature_level_1	soil_temperature_level_2	soil_temperature_level_3
0	360121	2013-01-11	2.14532	4.90573	4.57958	5.65026	6.45333	8.78585
1	360121	2013-01-31	11.91340	16.44210	14.43762	14.17430	12.78370	10.90847
2	360121	2013-02-14	6.03884	8.13568	8.23263	8.87640	9.18813	10.26220
3	360121	2013-02-15	3.97150	8.17425	8.64926	9.26595	9.27404	10.27557
4	360121	2013-03-04	4.23522	10.61040	9.86437	10.71475	10.64360	11.68777
...	...	...	...	...	...	...	...	...
11317	430582	2020-12-13	5.83090	7.55993	7.45727	9.21210	10.78628	12.81690
11318	430582	2020-12-14	-2.99796	0.18307	0.55923	4.33180	7.99390	12.68250
11319	430582	2020-12-23	3.70670	8.19650	8.12353	8.12917	8.15682	10.51458
11320	430582	2020-12-29	4.14324	5.64947	5.72448	8.37982	10.56924	11.49560
11321	430582	2020-12-30	-8.97420	1.07092	1.78520	4.82190	7.40252	11.39880

图 7.9　农业气象数据库

2．农业生物信息数据库

农业生物信息数据库中的信息如图 7.10 所示。

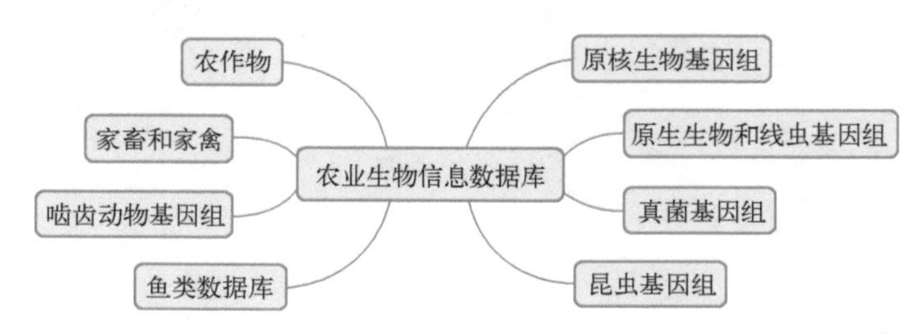

图 7.10　农业生物信息数据库

3．环境数据库

1）中国自然地理分区数据。

2）中国气象数据。

3）中国土地利用遥感监测数据。

4）中国陆地生态系统宏观结构数据。

5）植被类型数据。

6）土壤数据。

7）社会经济数据。

8）城市空气质量监测数据。

9）中国植被净第一性生产力 NPP 数据。

10）高分辨率卫星遥感影像数据。

11）中分辨率卫星遥感影像数据。

12）全球 100 万基础地理数据。

13）地形地貌数据。

14）中国水系流域空间分布数据集。

15）中国植被指数遥感反演数据集。

7.4.2 农业大数据应用

1．产前阶段

（1）土壤墒情监测

土壤墒情监测系统可实现全天候不间断监测。现场远程监测设备自动采集土壤墒情实时数据：土壤温度、土壤湿度、光照度、土壤盐度、pH 值以及土壤氮、磷、钾等元素的含量，并利用 GPRS 无线网络实现数据远程传输；监控中心自动接收、存储各监测点的监测数据到数据库中（见图 7.11）。

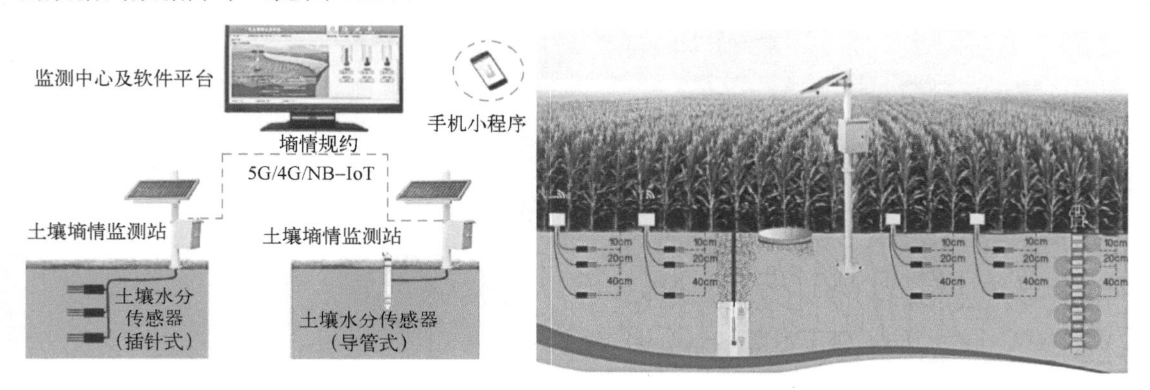

图 7.11　土壤墒情监测

（2）环境气象检测

环境气象监测系统也称为小型气象站（见图 7.12），用于采集空气中温度、湿度、光照强度、风速、风向、降雨量、沙尘暴、酸雨、紫外辐射、二氧化碳、一氧化碳、甲烷、臭氧、气溶胶等气象参数。实现对农业生产需要而制作发布的专业气象预报，主要有播种期预报、物候期预报、土壤水分预报、农作物和牧草产量预报、病虫害预报、农业气象灾害预报以及农用天气预报等。

图 7.12　小型气象站

（3）精准播种

人工智能可通过获取的土壤墒情、环境气象数据分析进行合理施肥、灌溉；通过对农作物市场周期需求的预测，选择适宜种植的作物品种，避免产销脱节引发价格剧烈波动，造成经济损失和农产品浪费。此外，云计算、大数据分析和机器学习等技术，还可以帮助筛选和改良农作物基因，达到提升口味、增强抗虫性、增加产量的目的。

2. 产中阶段

产中阶段的主要任务如图 7.13 所示。

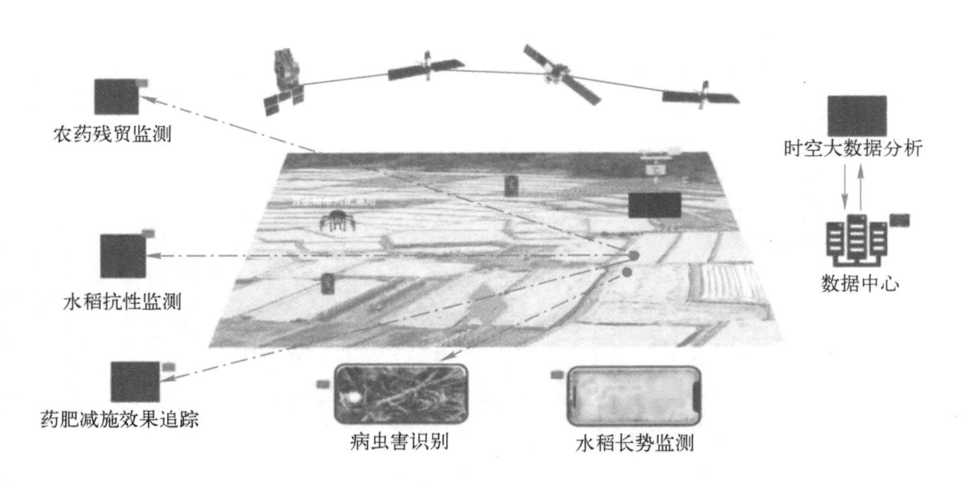

图 7.13　产中阶段的主要任务

（1）精准施肥/灌溉

全球面临着土地资源紧缺、化肥农药过度使用造成的土壤和环境破坏等问题。如何在耕地资源有限的情况下增加农业的产出，同时保持可持续发展？大数据是解决方法之一，其展示出了巨大的应用潜力。

传统的灌溉和施肥都是种植者凭经验来控制的，因此什么时候灌溉、什么时候施肥、灌溉量多大、施什么肥全凭经验，存在浪费、不精准的情况。

精准灌溉、施肥是根据传感器来控制的，设备自带的土壤湿度传感器安放在农田的土壤中，可以实时监测到土壤中的水分和氮磷钾等数据，传感器监测的土壤信息数据可以实时传送至后台计算机端，根据不同作物、不同区域、不同时间对灌溉的水量和施肥的种类进行记录和统计分析。当后台监测到土壤水分和养分低于标准值时，系统就能自动打开灌溉或施肥系统，当监测到土壤中的水分或养分达到了标准值时，系统又可以自动关闭灌溉或施肥系统，通过传感器反馈的数据来控制灌溉和施肥。

（2）气象灾害预警

农业气象灾害由温度引起的有热害、冻害、霜冻等；由雨水引起的有干旱、洪涝、雹灾；由风引起的有台风等，这些问题都给农民造成了极大的损失（见图 7.14）。

基于大数据的天气预报准确率逐步提高，专家知识规则不断丰富，通过气象灾害指标和农作物生产的关联分析和专家推理，可以实现农业气象灾害早期预警，为农业生产和管理者提供更有针对性和有价值的农业生产指导建议。

（3）智能病虫害监测

计算机视觉技术可识别作物品种、病害程度和杂草生长情况，实现智能预防和病虫害管理，减少经济损失，提升农产品安全性。而机器学习技术可以处理卫星图像数据，预测天气等环境变化对作物的影响，解决传统农业“看天吃饭”的问题（见图 7.15）。

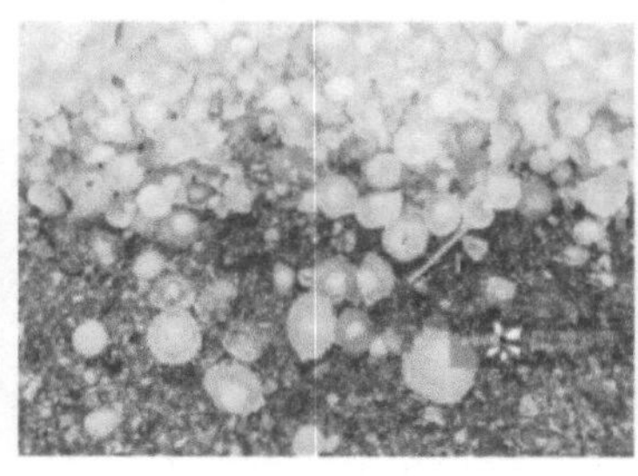

图 7.14　气象灾害

图 7.15　智能病虫害监测

（4）苗情监测

苗情监测是智慧农业产中阶段的一项重要内容，能够帮助农民准确掌握作物生长发育动态、生产特点，总结作物高产规律，并且可以将苗情监测的信息作为分类指导的依据以及作物生产宏观预测和预测的依据。

3．采收环节

计算机视觉技术与机械臂或机器人结合，可实现 24 小时自动化采收，节省人力、降低成本。此外，大数据处理和语音识别等技术可运用于农业智能专家系统中，为农业从业者提供专业咨询服务和指导。

4．产后阶段

具有计算机视觉的机械臂可进行农产品售前品质检测、分类和包装等工作；用大数据分析市场行情，可以帮助农产品电商运营，引导企业制定更灵活准确的销售策略；通过人工智能遗传算法和多目标路径优化数学模型，可以对物流配送路径进行智能优化，完善生鲜农产品供应链。

5．智慧大棚

智慧大棚（见图 7.16）可远程获取现场环境的空气温湿度、土壤水分温度、二氧化碳浓度、光照强度及视频图像，自动控制温室湿帘风机、喷淋滴灌、内外遮阳、顶窗侧窗、加温补光等设备。通过数据模型分析，可以合理地根据现场条件开启、关闭设备，使作物始终处于生长的最佳环境。同时，用户还可以通过手机、触摸屏、计算机等信息终端向管理者推送实时监测信息、报警信息，实现现场环境的信息化、智能化远程管理，可减少人工成本，实现无人值守、精准调控、降低生产风险、提高农作物产量。

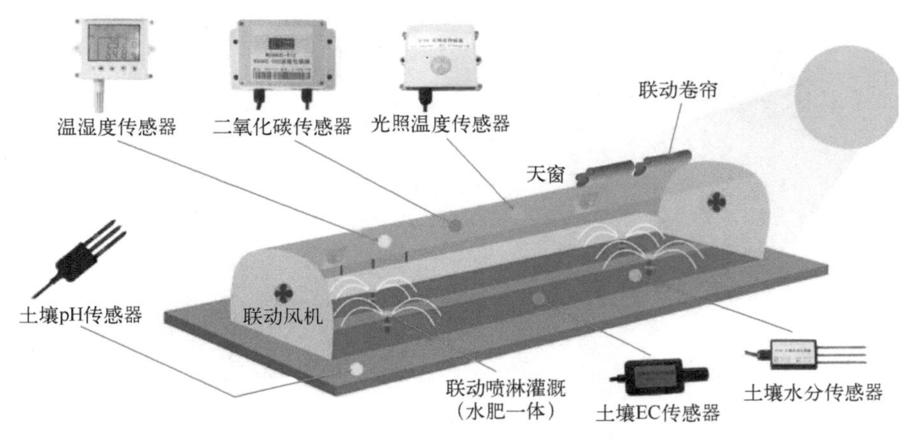

图 7.16　智慧大棚

大棚无土栽培是指作物不是栽培在土壤中，而是种植在溶有矿物质的营养液里。此技术有节水、省肥、高产、清洁卫生无污染、省工省力、易于管理等优点。只要有一定的栽培设备和管理措施，作物就能正常生长，并获得高产。而营养液指标分析监测需要大数据和人工智能技术。

7.4.3　智慧畜牧业

畜牧业是否为农业支柱产业是衡量一个国家农业发达程度的主要标志，而人均畜禽供应及消费也是评价一个国家发展程度的重要指标。随着人口的增长和社会经济的发展，城市人口不断增多，人们收入不断提高，对畜禽产品的需求也急剧增加。智能畜禽养殖系统的出现，实现了智慧养殖，满足了人们对肉蛋奶的需求，并对发展国民经济，提高城乡居民生活水平做出了较大贡献。

智慧畜禽养殖系统是将物联网智能化感知、传输和控制技术与养殖业结合起来，利用先进的网络传输技术，围绕集约化畜禽养殖生产和管理环节设计而成。该系统可以准确、实时监测温度、湿度、有害气体浓度等主要环境参数，同时集成及改造现有的养殖场环境控制设备，实现畜禽养殖的智能生产与科学管理，从而实现智慧养殖。

1．智慧猪舍

猪舍环境与猪的成长息息相关，环境质量变差会导致猪的发育不良直至暴发疾病。在线监测猪生长的环境信息（包括空气温度、NH_3、H_2S、CO_2、照度等），通过智能无线控制设备自动调控猪舍生长环境条件，可以实现猪的健康生长、繁殖，从而提高母猪的生产率，提供优质的猪肉（见图 7.17）。

2．人工智能在畜牧业中应用

（1）计数

对散养鸡、牛、羊等，可以将高清摄像头对着通道，牲畜走过的时候进行计数，通过无线通信连接网络，把计数结果传到云端存储。

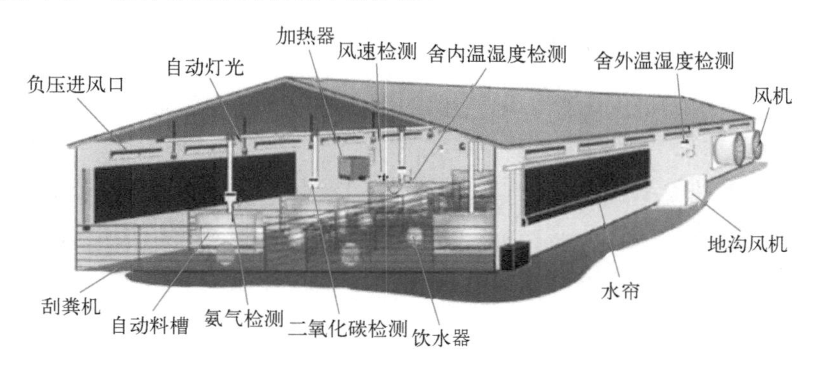

图 7.17　智慧猪舍

（2）家畜的识别，猪脸识别

通过高清摄像头抓拍猪脸，传到后端，对猪脸数据进行标注和训练，可以识别出不同的猪；猪脸结构比较复杂，要识别具体那只猪比较困难，要不断地调优训练。还可以利用猪脸异常表现确定是否发情、生病，如图 7.18 所示。

图 7.18　猪脸识别

（3）家畜联网，猪联网、牛联网，跑步猪计步

通过耳钉、指环、腿环等物联网终端，标示牲畜的唯一性，周期性上报信息，也可以装上计步器、定位芯片实现牲畜联网。

（4）家畜养殖供需预测

采集养殖业的各种数据、市场销售数据、猪流行病数据，建立牲畜出栏、存栏、售价曲线，及时调整养殖策略。

（5）体重判断

牲畜是否长成，及时出栏是非常重要的，代表着成本和收益，因为牲畜长成之后就会长得很慢，体重甚至会下降。结合牲畜识别技术，每天抓拍到同一头牲畜时对体型进行3D建模，判断体重，进而判断长势情况，对于长成的猪及时提示出栏。

（6）牲畜流行病监控

根据牲畜的发病数据进行监测，发布流行病趋势，给养殖企业提供指引。

（7）幼崽声音监测

幼崽死亡诱因之一就是成年猪挤压，而语音识别技术能够有效捕捉幼崽在被挤压时发出的叫声，让系统能够第一时间监测到。

7.4.4 水产养殖环境监测

利用安装在水塘等渔业养殖水域的水产物联网数据采集装置和高清摄像装置采集 pH 值、氨氧浓度和水温等水质参数，通过 NB-IoT、2G、3G、4G、5G 等通信模块将数据上传到云平台，汇总统计分析鱼苗和水质状况，并依据分析结果进行鱼塘增氧、饵料投放、鱼病防疫等渔业操作，如图 7.19 所示。

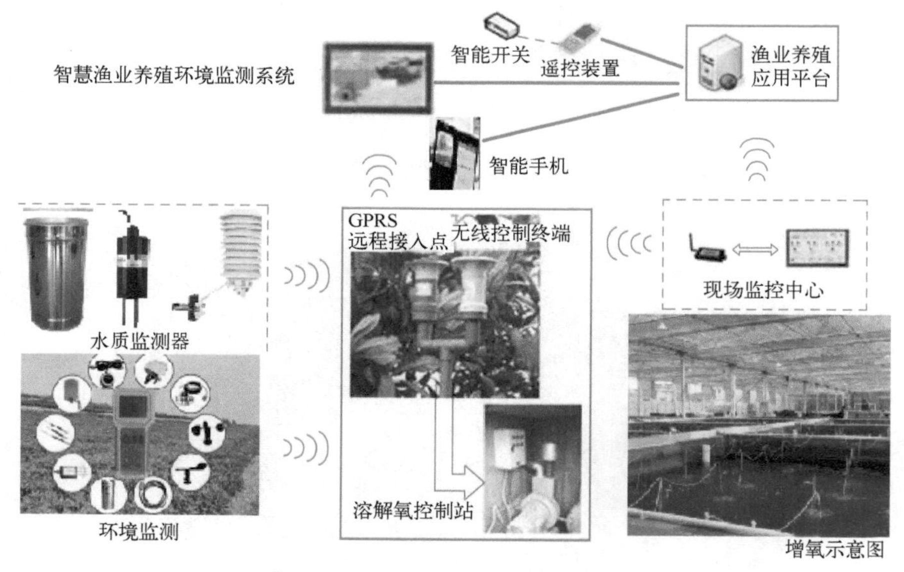

图 7.19　水产养殖环境监测

7.4.5 食品溯源

（1）溯源场景

质量追溯制就是在生产过程中每完成一个农业生产环节或一项工作，都要记录其检验结果及存在问题，记录操作者及检验者的姓名、时间、地点及情况分析，在产品的适当部位做出相应的质量状态标志。这些记录与带标志的产品同步流转。食品溯源场景如图 7.20 所示。

（2）基于区块链的溯源系统

基于区块链的溯源系统如图 7.21 所示。

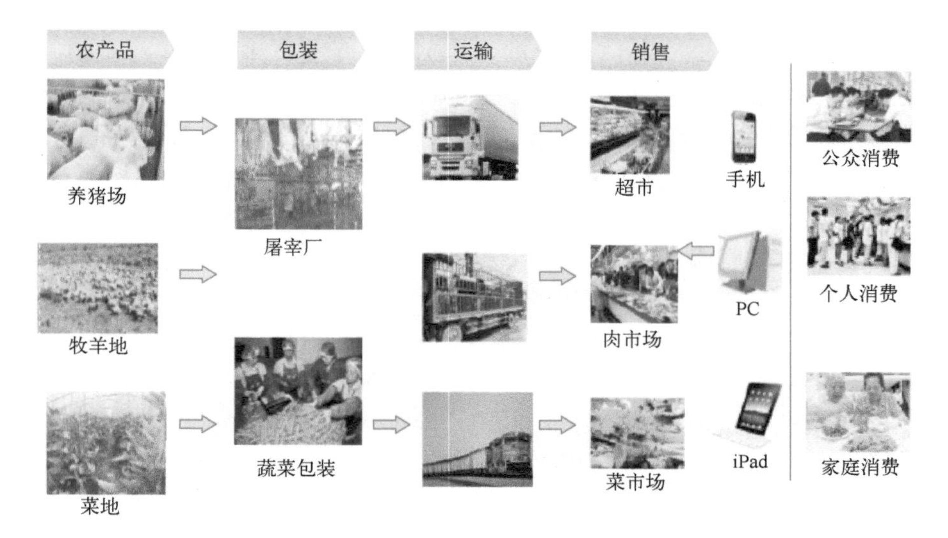

图 7.20　食品溯源场景

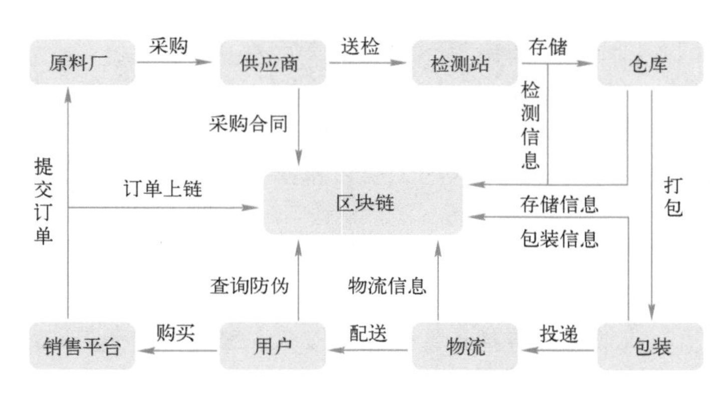

图 7.21　基于区块链的溯源系统

7.5　环保大数据

随着环境污染问题变得越来越严重，人们越来越重视身边的居住质量和生活质量，人们的环境保护意识变得越来越强烈，运用大数据进行环境的治理已成为各国环境治理领域发展的新趋势。

7.5.1　多维度的环保数据整合

对于城市环保数据，天气预报、空气质量等数据往往需要综合分析，因此，聚合越多的城市环保数据，其潜在的价值就越有可能被挖掘出来。

1）气象气候数据。最为常用的环保数据是气象数据，主要包括天气现象、温度、气压、相对湿度、风力、风向、降雨量、紫外线辐射强度以及气象预警事件等。

2）大气质量数据。通过特征因子检测仪器及 PM2.5 监测设备，可以有效地监测大气中的主要污染因子，如 PM2.5、PM10、NO_2、SO_2、O_3 等空气中的主要污染物，对于特定区域（如化工生产企业周边），还包括监测空气中 H_2S、NH_3、NO_2、SO_2，以及有机溶剂气体、可燃气体等污染因子的需求。空气中的花粉浓度、孢子浓度、大气背景的辐射强度在很多场合也是重要的环保监测对象因子。

3）水体水质数据。监视和测定水体中污染物的种类、各类污染物的浓度及变化趋势，评价水质状况。水质监测范围十分广泛，包括未被污染和已受污染的天然水（江、河、湖、海和地下水）及各种各样的工业排水等。主要监测项目可分为两大类：一类是反映水质状况的综合指标，如温度、色度、浊度、pH 值、电导率、悬浮物、溶解氧、化学需氧量和生化需氧量等；另一类是一些有毒物质，如酚、氰、砷、铅、铬、镉、汞和有机农药等。为客观地评价江河和海洋水质的状况，除上述监测项目外，有时还需进行流速和流量的测定。

4）土壤质量数据。通过对影响土壤环保质量因素的代表值的测定，确定环保质量（污染程度）及其变化趋势。监测因子包括 pH 值、湿度、氮磷含量等。

5）自然灾害数据。台风、地震、洪水、龙卷风、泥石流、雷击等自然灾害的发生时间、地点、影响范围等也是环保数据中的一个重要分类。

6）污染排放历史。城市或地区因人类生产或生活活动所产生的污染物及其他有害物质排放水平也是一类重要的环保数据。与此相关的数据还包括用水量、用电量、化石燃料的用量，这些数据可以定量地衡量地区的工业化和城市化的水平，因而越来越成为环保质量指标的重要组成部分。

以上各类环保数据之间其实存在着各种直接的或间接的、显式或隐含的、或强或弱的关联。例如，大气中污染物的移动受到风力、风向、温度、湿度等因素的影响，过去在缺少测量数据的情况下，人们无法解释各种环保事件或现象间的内在关联，而大数据技术的出现，使人们能充分利用所采集和存储的大量多维度的历史数据样本，通过数据挖掘技术、深度神经网络学习技术以及数值模型模拟等手段，揭示和发现数据间潜在的关联和规律。

7.5.2 环保数据服务接口

目前包括百度 API Store 和京东万象等在内的大多数数据交易平台都提供了限定条件下免费或收费的第三方环保数据服务接口，云创大数据推出的环保云-环保大数据服务平台（http://www.envicloud.cn）则另辟蹊径，通过接收云创自主布建的包括空气质量指标、土壤环保质量指标检测网络等在内的各类全国性环保监控传感器网络所采集的数据，并获取包括中国气象网、中央气象台、国家环保部数据中心、美国全球地震信息中心等在内的权威数据源所发布的各类环保数据，结合相关数据预测模型生成的预报数据，依托数据托管服务平台万物云（http://www.wanwuyun.com）所提供的基础存储服务，提供了一系列功能丰富的、便捷易用的综合环保数据 REST API 接口，向环保应用的开发者提供包括气象、大气环保、地震、台风、地理位置等与环保相关的 JSON 格式的数据，如图 7.22 所示。

图 7.22　环保云-环保大数据服务平台

企业或个人开发者在开发天气预报、空气质量等与环保相关的应用 App 时，可以直接通过环保云网站查看支持的数据接口，并根据其说明来调试这些接口，降低环保应用开发成本，提高开发效率。

7.5.3　环保数据可视化

环保数据服务接口对于了解计算机编程的人来说是个很好的福利，但对于那些并不了解计算机编程的人来说，他们往往更倾向于直观地了解这些环保数据，因此，将环保数据进行可视化应用，就显得尤为重要。

环保云平台的数据地图直观地展示了全国 2500 多个城市的天气预报、历史天气、大气环保、污染排放、地质灾害及基本的地理位置等数据，让用户可以一目了然地了解自己所在城市的环保信息。

结合地理信息数据，也可以直观地在地图上展示并标识环保数据。

7.6　教育大数据

7.6.1　教育大数据特点

与用传统方法收集的教育数据相比，教育大数据有更强的实时性、连续性、综合性和自然性，并使用不同的应用程序来分析和处理不同复杂度和深度的数据。传统教育数据收集的大多是阶段性的数据，而且大多在用户知情的情况下收集，使用的分析方法也通常是简单的统计分析方法。教育大数据收集的是整个教育教学过程中静态和动态的所有数据，可以在不影响教师和学生活动的情况下，连续记录整个教学活动的所有数据，如教学资料、互动反映和学生在每个知识点上停留的时间等。教育大数据收集包括以下两个方面。

1）教学大数据：如考试数据、测验数据、作业数据、课堂数据、教研数据、资源数据等。

2）管理大数据：如学生成长数据、教师成长数据、办公数据、消费数据、安全数据等。

7.6.2 教育大数据作用

教育局：辅助决策，提升教育质量。

教研室：优化教研，高效督导。

学校：评先推优，提高教学水平。

教师：分层教学，因材施教。

学生：精准推送，个性化辅导。

1. 教育大数据对教育管理的支持

传统的教育决策制定形式往往是以自己有限的理解、假想、推测依据直觉或趋势来制定的，这种决策可能会经常更改，教育大数据正可以帮助解决这种不足。

大数据时代，教育者将更加依赖于数据和分析，而不是直觉和经验；同样，教育大数据还将改变领导力和管理的本质。服务管理、数据科学管理将取代传统的行政管理、经验管理。随着技术不断发展，教育数据挖掘与分析不断深入，不仅要着眼于已有的确定关系，更要探寻隐藏的因果关系。利用大数据技术可以深度挖掘教育数据中的隐藏信息，暴露教育过程中存在的问题，提供决策来优化教育管理。大数据不仅可以运行和维护各教育机构的人事信息、教育经费、办学条件和服务管理的数据，而且可以长期积累所有类型教育机构的数据，利用统计分析、应用模型等技术将数据转换为知识，最终为教育者和学习者提供科学的决策。

2. 教育大数据对教学模式的支持

教师在智慧教学环境下，利用大数据技术可以更深入地了解每一个学习者的学习状况，与学习者的沟通更加通畅，教师的整个教学过程和学习者的学习过程更加精准化和智能化。教师对教学过程的掌握从依靠经验转向以教育数据分析为支撑，学生对于自己学习状况的了解从模糊发展到心中有数，可以更好地认识自我、发展自我、规划自我。大数据技术可以帮助教师及时调整教学计划和教学方法，有利于教师自身能力的提高和职业发展。

3. 教育大数据对个性化学习的支持

除了学生学习的行为可以被记录下来外，学生在学习资源上的数据也可以被精确记录下来，如点击资源的时间、停留多久、问题回答正确率、重复次数、参考阅读、回访率和其他资源信息，通过大数据可以定制个人学习报告，分析学习过程潜在的学习规律，还可以找到学生的学习特点、兴趣爱好和行为倾向，并了解教育状态信息。大数据技术使教育围绕学习者展开，使传统的集体教育方式转向个性学习方式。同时还伴随着教育者和学习者思维方式的改变，进一步朝着个性化学习的方向迈出重要的一大步，使得精准的个性化学习成为可能。

4. 教育大数据对教育评价的支持

教育评价正在从“经验主义”走向“数据主义”，从“宏观群体”评价走向“微观个体”评价，从“单一评价”走向“综合评价”。教育大数据下教育评价的变化，不仅表现在评价思想，还包括评价方法；不仅包括对学生的评价，还包括对教学管理、评估质量等具体水平的评价。教学评估不再仅仅是由考试成绩和纪律帮助教师评价的主观传统意义上的感受，而是由大量的数据感知得到，为实现教学评价的公正提供了依据，优化了教学方向。教育评价可以是多元化的，而不是仅停留在知识掌握程度这一单一维度。

7.6.3 大数据应用于教育行业十大案例

1. 个性化毕业典礼

华中科技大学通过个性化大数据分析，整理出学生在校期间生活和学习的主线，并放在一个故事化的场景里来叙述，引起了众多毕业生共鸣。

一封名叫“光阴的故事——致某某”的电子邮件和截图在华中科技大学毕业生的微信朋友圈广为流传。每一位即将离校的学子只要打开连接，输入自己的校园账号就能获取在校期间学习、读书、餐饮等各方面的数据和收获。

“毕业生大数据——光阴的故事”由华中科技大学网络中心与信息化办公室在 2015 年第一次推出，2021 年在教务类数据基础上还增加了毕业生借书、进出图书馆、党员组织发展、校园卡刷卡、计算机等级考试等相关信息。

2. 你是吃货还是学霸

厦门大学图书馆设计了一个网站，收集整理了毕业生大学时代的阅读记录、进馆次数等，被毕业生视为大学生活的图书馆记忆，此后，该网站还特意增加了毕业生在食堂的消费记录，毕业生登录后，不仅能看到自己最爱去的餐厅、超市、消费金额，还能看到自己打了多少米饭。

3. 为贫困学生充饭卡

据报道，南通理工大学教育基金会通过数据分析，将每个月在食堂吃饭不超过 60 顿、一个月总消费额不超过 420 元的同学列为受资助对象。南通理工大学还采取直接将补贴款打入学生饭卡的方式，学生无须填表申请，不用审核。

4. 寻找校园最孤独的人

电子科技大学曾做过一个课题——寻找校园最孤独的人。从 3 万名在校生中，采集了 2 亿多条行为数据，数据来自学生选课记录、进出图书馆、寝室以及在食堂用餐、超市购物等数据。通过对不同的校园一卡通“一前一后刷卡”的记录进行分析，可以发现一个学生在学校有多少个亲密朋友，比如恋人、闺蜜。

最后通过这个课题找到了 800 多个校园最孤独的人，他们平均在校两年半的时间，一个知心朋友都没有。这些人中的 17% 可能存在心理疾病，剩下的则可能用意志力战胜了症状，但需要家长和学校重点给予关爱。

5. 预测学生是否能正常完成学业

纽约州波基普西市玛丽斯特学院（Marist College）与商业数据分析公司 Pentaho 合作发起开源学术分析计划，旨在一门新课程开始的两周内预测哪些学生可能会无法顺利完成课程。

该计划基于 Pentaho 的开源商业数据分析平台开发了一个分析模型，通过收集学生点击线上阅读材料、是否在论坛上发言、完成卓越时长等信息，来预测学生的学业情况，及时干预帮助有问题的学生，从而提升毕业率。

6．判断老师的成长

KickUP 是一个专注教师评测的标准化 SaaS 工具，测评数据来自教师的自查报告以及学年内的各项教学成果的反馈，这些数据可以纵向记录教师的成长历程，提出有待改善的地方，KickUP 根据学生和老师的数量，按地区进行收费，目前美国有超过 50 个学校使用该款软件。

7．选择心目中的大学

以美国著名高校卡耐基梅隆大学和普度大学为例，Linkedln 收集了这两所大学 60000 多名毕业生的职业生涯数据，数据量之庞大，足以在其中看出一些规律。输入“MIT”会很快看到这所大学的毕业生在谷歌、IBM 和甲骨文等公司找到工作。输入“普度”，会发现利莱、康明斯和波音是毕业生的首选。

这类信息对于中学的高年级和低年级学生来说都是一座金矿，因为大多数中学生对将来的职业都只有模糊的想法。运用 Linkedln，对太阳能、编剧或医疗器械感兴趣的学生，就可以挑选那些毕业生最容易进入相关领域的大学报考了。

8．择优录取学生

据 PBS 报道，伊萨卡学院（Ithaca College）自 2007 年开始收集学生的社交网络数据。该学院为申请者设立了一个类似 Facebook 的网站 IC PEERS，让申请者得以通过网站联系学院教师。

伊萨卡使用 IBM 统计分析系统来收集 IC PEERS 上产生的数据，研究拥有怎样的网络行为的学生更有可能选择就读伊萨卡。收集的数据包括申请者上传了多少张账户照片、拥有多少名 IC PEERS 好友，研究人员认为这能反映出申请者对这所学校感兴趣的程度。

9．帮助学生提高成绩

Civitas Learning 是一家专门聚焦于运用预测分析、机器学习从而提高学生成绩的公司。Civitas Learning 提供了一套应用程序，学生和老师可以在其中规划自己的课程和安排，Civitas Learning 中，各种基于云的智能手机第三方应用程序（PAA）都是用户友好型的，能够满足高校的个性化需求。这意味着高校能聚焦于不同的对象，使用这家公司的分析工具开展大数据工作。

该公司在高等教育领域建立了最大的跨校学习数据库。通过这些海量数据，能够看到学生的分数、出勤率、辍学率和保留率的主要趋势。通过使用 100 多万名学生的相关记录和 700 万个课程记录，这家公司的软件能够让用户探测性地知道导致辍学和学习成绩表现不良的警告性信号。此外，还允许用户发现那些导致无谓消耗的特定课程，并且看出哪些资源和干预是最成功的。

10．帮助学习设计个性化课程

一家名为 Knewton 的大数据公司开发了一个数字平台，该平台分析了几百万名学生（从幼儿园到大学）的学习过程，并基于这一分析来设计更加合理的测试题目和更加个性化的课程目标。该公司与 Houghton Mifflin Harcourt 建立了合作关系，开发出 K-12 阶段的个性化数学课程，同时还与法国创业公司 Gutenberg Technology 一同开发了智能数字教科书。

简单地说，这些课程和教科书能够适应每个学生的差异。学生可以按照自己的节奏来控制学习进度，而不会受到周围其他学生行为的影响。然后，系统会给教师一个反馈，告知哪个学生在哪个方面有困难，同时给出全班学生表现的整体分析数据。

7.6.4 教育大数据技术

1. 课堂教学行为分析

行为是指为实现某种意图而具体进行的活动。教学行为可理解为教师的教和学生的学两方面的统一。课堂教学行为包括教师行为、学生行为和互动行为。课堂教学行为具有情景性和动态性，然而，在一定情境中，课堂教学行为同时又具有一定的规律性。课堂教学行为研究就是要在零散、具体的课堂教学行为特征和表现中，探究教学行为的发生、发展规律，以增强师生在教学中的行为自觉，提高教学行为的效率。课堂教学行为研究对促进教学评价的客观性、优化教学设计、发展教师实践性知识等有重要意义。信息技术的发展使课堂教学环境发生了改变，课堂教学行为分析方法也随之进化。以下以课堂教学环境的发展变化为线索来介绍课堂教学行为分析方法的发展。

（1）教师行为分析

利用图像处理技术，可以识别教师是否有板书、板书内容是否规范、是否合理使用教辅工具、教师的音量和语速、互动次数和效果、对课堂的驾驭能力等（见图 7.23）。

图 7.23 教师行为分析

（2）学生行为分析

通过人脸识别、情感识别技术，可以分析学生的听课状态（即是否睡觉、是否交头接耳、是否留神、互动是否积极），可解决自动签到问题（见图 7.24）。

图 7.24　学生行为分析

2. 语言分析

传统语言发音教学中，纠正学生发音错误由老师判定。利用语音识别技术，通过声波匹配，学生可以自己完成错误发音纠正（见图 7.25）。

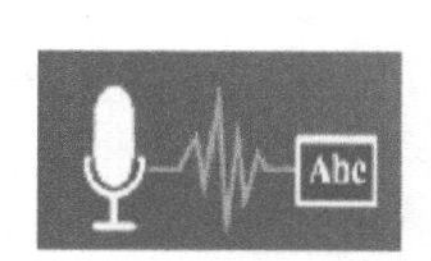

图 7.25　语言分析

7.7　政府大数据

政府通过大数据可以了解居民生活状况，交通部门通过大数据可以了解道路拥堵状况。甚至通过大数据分析，有很多疾病可以得到及时遏止。

7.7.1　政府主要部门的数据内容及数据应用开发价值

表 7.2 给出了部分政府部门的数据内容及数据应用开发价值。

表 7.2　部分政府部门的数据内容及数据应用开发价值

政府单位	数据内容	数据价值
气象局	气象、天气预报、灾害预警、灾情公布数据	企业经营范围预测与指导
教育局（教委）	提供区域内教师资源、学生资源、教育财政资金、教育活动开展、教师工资发放、图书采购、学生学习情况追踪、学生个人发展情况追踪等教育领域的数据	有利于教育资源合理化配置和开发，提供合理的助学金发放机制，为精准营销学习资源和在线教育提供数据保障

（续）

政府单位	数据内容	数据价值
地震局	提供地震预测、地震预防、减灾发展、安全评估、地震监测、地震破坏度等数据	为政府监测预报、震灾预防、紧急救援等民政工作提供数据支持，也可以为商业保险提供数据价值
知识产权局	提供企业、产品、服务等的知识产权数据，也提供知识产权审查、复审、侵权等数据	开放知识产权数据，有利于公众对于知识产权数据检索、查询的需要，及时了解到专利文献收集和国际交换规则，为企业节约研发时间和研发经费
交委	提供汽车及自行车数量、交通工具种类统计、基础设施建设、行业安全生产、交通行业对外交流与合作、交通专项资金落实以及交通违章数据	对于政府区域经济发展实力分析提供数据支撑，制定符合本地交通发展的政策，有利于节能减排工作以及智能交通系统建设，为汽车公司提供指标参考，实施精准营销
农委	所辖区域内各类农业发展状况数据	准确判断地域经济作物的发展时机，为农民致富打下数据基础；提升都市型现代农业产业布局规划，推进农业结构战略性调整，提高专业化、规模化、集约化水平；推动农村产业结构优化升级，指导农村科技服务体系建设
民政局	提供社会服务统计、低保统计、灾情分布、社会福利事业统计数据	对人口发展趋势做出判断，及时了解辖区内人口的变化（新增、死亡等），了解贫富发展情况，及时配合自然灾害救治等工作
人社局	提供人力资源市场分布、人力资源流动、社会保障基金投资、劳动和人事争议调解仲裁以及公积金安置状况数据	促进人才合理流动，监督社会保险基金总体收支平衡，了解各企业人事仲裁情况。及时发现企业相应的社保行为是否违法，为社会征信提供数据支持
国税局	企业国税缴纳情况及税务处罚数据	纳税统计分析、成本预算、企业税务信用统计
科学技术部	国内科技媒体焦点、国内外科技动态、国家科技政策动态、国家科技计划	企业科研战略指导
监察部	党风党政、纪律审查、巡视工作、信访举报、国际合作	企业和个人信用统计分析、行业预警
人力资源和社会保障部	社会就业、社会保障、人才队伍建设、人事制度改革、工资收入分配、劳动关系	区域劳动力价值预测、企业劳动力流动性分析、企业实力分析
住房和城乡建设部	住房改革与发展、城乡规划、住房保障、对外交流与合作、住房公积金监管	房地产企业发展战略指导

7.7.2 政府大数据应用案例

1. 治理逃税漏税

逃税是指纳税人故意违反税收法规，采用欺骗、隐瞒等方式逃避纳税的违法行为，如为了少缴纳或不缴纳应纳税款。漏税是指纳税人因无意识而发生的漏缴或少缴税款的违章行为，如由于不熟悉税法规定和财务制度，错用税率，漏报应税项目，少计应税数量、销售金额和经营利润等。

大数据技术可以广泛应用于税收风险管理，包括行业、事项和大企业三类税收管理领域，通过从互联网上收集与纳税人相关的数据，经数据处理后与征管系统的数据进行分析和比对，对税收风险疑点进行实时预警。通过大数据技术寻找偷税、漏税行为的共同特征，发现逃税行为；通过对纳税人申报信息和网上公开信息进行比较，建立数据模型，寻找税收风险疑点，能够有效查处虚假税前列支、退税欺诈行为。

近年来，随着直播带货成为电商平台最大的增长点，网络主播的收入也水涨船高，部分头部主播的单场带货交易额达到千万甚至上亿元。某主播在 2019—2020 年期间，通过隐匿个人收入、虚构业务转换收入性质、虚假申报等方式偷逃税款 6.43 亿元，其他少缴税款 0.6 亿元，相关部门依法对其做出税务行政处理处罚决定，追缴税款、加收滞纳金并处罚款共计 13.41 亿元。这场重大偷逃税案件如何被发现？税收大数据功不可没。偷税漏税在大数据面前无所遁形。

2. 安全生产预警

信息化一方面加速了安全生产事故信息的传播速度，导致安全生产被关注度空前高涨，另一方面，也为解决安全生产问题带来了“利器”——大数据。

大数据应用可及时准确地发现事故隐患，提升排查治理能力。当前，企业的安全生产隐患排查工作主要靠人力，通过人的专业知识去发现生产中存在的安全隐患。这种方式易受到主观因素影响，且很难界定安全与危险状态，可靠性差。通过应用海量数据库，建立计算机大数据模型，可以对生产过程中的多个参数进行分析比对，从而有效界定事物状态是否构成安全隐患。

大数据应用可揭示事故规律，为安全决策提供理论支撑。当前，在安全生产管理中，由于缺少有效的分析工具，缺少对事故规律的认识，导致我国对于安全生产事故主要采取“事后管理”的方式，缺少事前预防，在事故发生后才分析事故原因、追究事故责任、制定防治措施。这种方式存在很大的局限性，不能达到从源头上防止事故的目的。大数据的发展为海量事故数据提供了有效的分析工具。

大数据应用可完善安全生产事故追责制度。从大量的事故调查处理情况可以看出，我国的安全生产事故追责制度还存在许多不完善之处，如事故取证难、事故资料搜集难、责任认定难等。美国大数据下的矿难追责制度给予了很好的启示。2010 年，美国西弗吉尼亚州发生死亡 29 人的矿难，由于该煤矿的监管记录保存完整，每条记录都包括检查的时间、结果、违反的法律条款、处理的意见、罚款金额、已缴纳的金额、煤矿是否申诉等数据项。逾千条的监管记录为事故追责提供了重要证据，最终事故认定说明煤矿安全健康局无监管失职，出事煤矿所属公司应承担主要责任。可见完善的监管、执法数据库对大数据安全生产事故追责制度异常重要。

3. 精准扶贫

传统扶贫模式对贫困户的识别，主要依赖于基层政府对人工数据的采集及抽样调查。但这种识别方式受人力、财力、物力等因素限制，对于贫困人口信息的收集、整理属于粗放式的，所获信息会有一定程度的偏差。

而精准扶贫，就是要对扶贫对象实行精细化管理，对扶贫资源实行精确化配置，对扶贫对象实行精准化扶持，确保扶贫资源真正用在扶贫对象身上、真正用在贫困地区（见图 7.26）。

如何制定一户一策个性化帮扶方案，针对每个贫困户应优先保障哪一项?

如何确保有限的扶贫资源投入精准高效，对症下药开展精准帮扶?大数据是重要工具。

通过运用大数据对贫困户的致贫原因、生产生活条件、家庭人力资源进行分析，输出贫困户的保障短板及建议采取的帮扶措施，可以使扶贫工作者更精准地了解贫困户的内在需要，从而少走弯路高效率地授人以渔，进而真正帮助贫困户摆脱贫困。

图 7.26　大数据精准扶贫

4．公安大数据

（1）大数据环境下公共安全治理机制实现重构

大数据带来了数据处理方式变革，基于大数据的挖掘分析，将有助于公共安全治理机制由“事后处理”转变为“事前预测”。传统公共安全治理方式为应对式决策，体现为“事件突发—逻辑分析—寻找因果关系—进行突发事件应急决策”的流程；而预测式决策则是一种“正向”思维，体现为“挖掘数据—量化分析—寻找相互关系—进行突发事件预测决策”的流程（见图 7.27）。

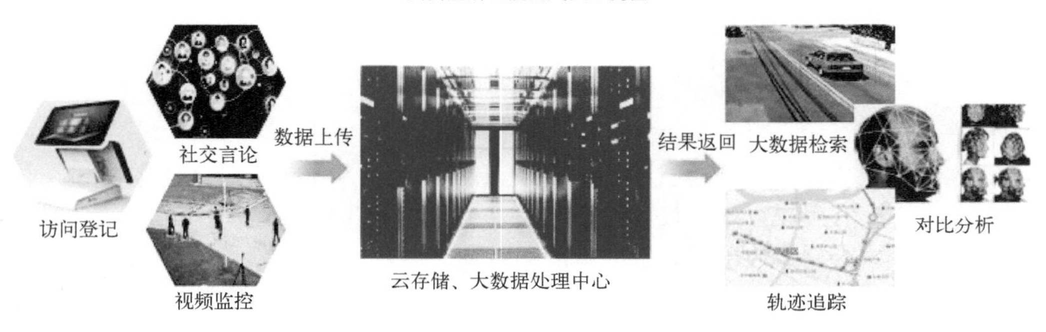

图 7.27　公共安全治理流程

在大数据技术支撑下，由“（客观）事实驱动”的决策取代“（主观）经验驱动”的决策，将成为大数据时代智慧治理过程的关键特征。

（2）政府主导下多元化主体参与建设

在传统的公共安全应对中，政府部分几乎是唯一的治理主体。而在大数据时代，企业成为公共安全治理的重要参与主体。特别是一些互联网、信息技术行业领先企业，可以凭借其所拥有的大数据处理技术，协助政府管理者从海量数据中挖掘有益信息。

目前，国内公安大数据的主要参与主体大致可以分为五类：第一类是以中国电信、中国移动为代表的通信企业；第二类是大数据、云计算等技术与服务提供商；第三类是以华为、海康威视等为代表的设备供应商；第四类是以阿里、腾讯等为代表的互联网企业，具有强大数据获取能力；第五类是公安部的直属科研单位。

5. 舆情监督

随着移动互联网的迅速发展，人类已进入大数据时代。每天人们会不知不觉地接触无数或真或假的信息，使人们无法分辨信息的真与假，有时容易被舆论带偏。现在政府、机构及企业已开始重视舆情，深知负面舆情带来的危害是巨大的。但在大数据时代，信息量巨大、传播迅速，简单的操作已无法控制舆情在互联网上的爆发，那如何利用大数据实施舆情监测呢？

1）将大数据和日常舆情管理紧密结合起来，提高网络舆情整体掌控能力。要运用大数据突破传统舆情管理的狭窄视域，建立网络舆情大数据监测系统，实时采集网站、博客、微博、微信、论坛等各个网络平台数据，全面分析舆情传播动态。

2）将大数据和舆论引导紧密结合起来，提高感染力和说服力。大数据时代的舆论引导，一方面，要"循数而为"，通过分析网上数据，掌握网民意见倾向，了解网民的喜好和特点；另一方面，要"用数据说话"，数据最有说服力，要在充分收集相关数据的基础上，通过图表等数据可视化技术，全面呈现事件的来龙去脉，让网民既了解事件真相，也了解事件背景和脉络，掌握网民情绪，带着网民观点去应对问题。

3）将大数据和网上政务信息公开紧密结合起来，提升政府公信力。当前，政府已经建立了统一的数据开放门户网站，并提供接口供社会各界开发应用程序来使用各部门数据，此举将政务公开从"信息层面"推进到"数据层面"，开辟了政府信息公开的新路径。我们要在保障数据安全的基础上，推进我国的大数据政务公开系统建设，引导社会力量参与对公共数据的挖掘和使用，让数据发挥最大价值。

7.8 工业大数据

工业大数据是在工业 4.0 和工业互联网基础上，利用其主要特征（即智能和互联），主旨在于通过充分利用先进通信技术，把产品、机器、资源和人有机结合在一起，推动制造业向基于大数据分析与应用基础上的智能化转型。

工业大数据的应用将成为未来提升制造业生产力、竞争力、创新能力的关键要素，也是全球工业转型必须面对的重要课题。

7.8.1 工业大数据概述

工业大数据是指在工业领域中，围绕典型智能制造模式，从客户需求到销售、订单、计划、研发、设计、工艺、制造、采购、供应、库存、发货和交付、售后服务、运维、报废或回收再制造等整个产品全生命周期各个环节所产生的各类数据及相关技术和应用的总称。其以产品数据为核心，极大延展了传统工业数据范围，同时还包括工业大数据相关技术和应用。其主要来源可分为以下三类：第一类是生产经营相关业务数据；第二类是设备物联网数据；第三类是外部数据。

工业大数据技术是使工业大数据中所蕴含的价值得以挖掘和展现的一系列技术与方

法，包括数据规划、采集、预处理、存储、分析挖掘、可视化和智能控制等。工业大数据应用则是对特定的工业大数据集，集成应用工业大数据系列技术与方法，从而获得有价值信息。工业大数据技术的研究与突破，其本质目标就是从复杂的数据集中发现新的模式与知识，挖掘得到有价值的新信息，从而促进制造型企业的产品创新、提升经营水平和生产运作效率以及拓展新型商业模式。

7.8.2 工业大数据架构

当前，工业领域主流的架构主要是从智能制造的视角进行设计，包括德国、美国、中国、日本等国家，见表 7.3。

表 7.3 工业大数据架构

架构名称	发布时间	机构名称	核心内容
工业 4.0 参考架构	2015 年 4 月	德国电工电子与信息技术标准化委员会	从信息技术、生命周期和价值流三个维度展示工业 4.0 架构、工业 4.0 组件模型
工业互联网参考架构	2015 年 6 月	美国工业互联网联盟（IIC）	针对工业互联网具有跨行业适用性的参考架构
智能制造系统架构	2015 年 12 月	中国国家标准化管理委员会	从生命周期、系统层级和智能功能三个维度构建
工业价值链参考架构	2016 年 12 月	日本工业价值链促进会	通过多个智能制造单元的组合成通用功能块，展现制造业产业链

7.8.3 工业大数据的价值创造

（1）整合数据孤岛，优化运营效率

在传统的制造企业中，大量的数据分布于企业的各个部门中，要想在整个企业内及时、快速提取这些数据存在一定的困难。而有了工业大数据，就可以利用大数据技术帮助企业将所有的数据集中在一个平台上，以此充分整合来自研发、工程、生产部门的数据，创建产品生命周期管理平台，对工业产品的生产进行虚拟模型化，优化生产流程，确保企业内的所有部门以相同的数据协同工作，从而提升组织的运营效率，缩短产品的研发与上市时间。

（2）优化供应链，细分市场

利用传感器创造并存储更多数据和出自供应商数据库的数据，制造企业可以实时收集更多准确的运作与绩效数据，可以不断跟踪产品库存和销售价格，而且准确地预测全球不同区域的需求，从而运用数据分析得到更好的决策来优化供应链。制造企业还可以利用大数据技术对客户进行细分，优化生产流程以定制化产品和服务来满足不同用户的不同需求，创造更好的产品。企业不仅可以满足消费者高度个性化的需求，还能够对原材料供应变动和市场需求变化做出及时的反应和调整，实现产品由大规模趋同性生产向规模化定制生产转变。

（3）提升竞争力，创新商业模式

大数据让传统制造企业能够创新产品和服务，从而创造全新的商业模式。传统的制造企业不再单单是围绕产品产销的实体物理设备的生产企业，而是充分借助大数据、网络等新技术的生产服务型企业。在工业 4.0 或工业互联网时代，制造企业通过内嵌在产品中的传感器获得数据，从发电设备到工程机械，一切都可以连接到互联网上，为机器设备的作业监控、性能维护和预防性养护提供状态更新和性能数据。例如，实时位置数据的出现已经创造了一套全新的跟踪服务体系，可以使飞机发动机制造企业提供航空信息与服务管理。这不但可以使制造企业自身提升生产效率和产业竞争力，更可以为其所服务的客户创造新的价值。

7.8.4 工业大数据应用案例

（1）大数据改善订单处理方式

大数据技术不管是在哪个行业中应用，其最为根本的优势就是预测能力，用户利用大数据的预测能力可以精准地了解市场发展趋势、用户需求以及行业走向等，从而为用户自身企业的发展制定更适合的战略和规划。企业通过大数据的预测结果，可以得到潜在订单的数量，然后直接进入产品的设计和制造以及后续环节。

也就是说，企业可以通过大数据技术在客户下单之前进行订单处理。而传统企业通过市场调研与分析，得到粗略的客户需求量，然后开始生产加工产品，等到客户下单后，才开始处理订单，这大大延长了产品的生产周期。现在已经有很多制造行业的企业用户开始利用大数据技术来对销售数据进行分析，这对于提升企业利润方面是非常有利的。

（2）大数据库存过剩问题

由于大数据能够精准预测出个体消费者的需求以及消费者对于产品价格的期望值，企业在设计制造产品之后，可直接派送到消费者手中。虽然此时消费者还没有下单，但是消费者最终接受产品是一个大概率事件。这使得企业不存在库存过剩的问题，也就没有必要进行仓储运输和批发经营。

（3）工业采购变得更加精准

大数据技术可以从数据分析中获得知识并推测趋势，可以对企业原料采购的供求信息进行更大范围的归并、匹配，效率更高。大数据通过高度整合的方式，将相对独立的企业各部门信息汇集起来，打破了原有的信息壁垒，实现了集约化管理。

用户可以根据流程中每一个环节的轻重缓急来更加科学地安排企业的费用支出，同时，利用大数据的海量存储还可以对采购原料的附带属性进行更加精细化的描述与标准认证，通过分类标签与关联分析，可以更好地评估企业采购资金的支出效果。

（4）大数据让产品设计更优化

借助大数据技术，人们可以对原物料的品质进行监控，发现潜在问题立即做出预警，以便及早解决问题从而维持产品品质。大数据技术还能监控并预测加工设备未来的故障概率，以便让工程师及时执行最适决策。大数据技术还能应用于精准预测零件的生命周期，在需要更换的最佳时机提出建议，帮助制造业达到品质成本双赢。

比如日本的 Honda 汽车公司将大数据分析技术应用在了电动车的电池上，由于电动车不像汽车或油电混合车一样可以使用汽油作为动力来源，其唯一的动力就是电池，所以 Honda 希望进一步了解电池在什么情况下绩效表现最好、使用寿命最长。Honda 公司通过大数据技术搜集并分析车辆在行驶中的一些信息，如道路状况、车主的开车行为、开车时的环境状态等，这些信息一方面可以帮助汽车制造公司预测电池目前的寿命还剩下多长，以便及时提醒车主做更换；另一方面也可以提供给研发部门，作为未来设计电池的参考。

（5）大数据让终端零售畅通无阻

对于一家企业来说，供应链方面的业务需求也是整体运作中非常重要的一环，在零售行业中的一些企业也将大数据技术融入了进来，沃尔玛的零售链平台提供的大数据工具，将每家店的卖货和库存情况大数据成果向各公司相关部门和每个供应商定期分享。供应商可以实现提前自动补货，这不仅减少了门店断货的现象，而且大规模减少了沃尔玛整体供应链的总库存水平，提高了整个供应链条和零售生态系统的投入回报率，创造了非常好的商业价值。

对于工业制造业来说，由于自身在技术创新性等方面的特殊需求，对于大数据技术的需求改变是非常庞大的，这就需要在实际应用过程中将海量数据变得能够真正被实际应用所用，那么大数据在工业领域和制造业领域等方面也就能起到非常重要的意义了。

（6）设备管理

设备管理同样是企业关注的重点。设备维修一般采用标准修理法、定期修理法和检查后修理法等方法。其中，标准修理法可能会造成设备过剩修理，修理费用高；定期修理法有利于做好修理前的准备工作，充分使用先进修理技术，修理费用较低；检查后修理法解决了修理费用成本问题，但是修理前的准备工作繁多，设备的停歇时间过长。

目前，企业能够通过物联网技术收集并分析设备上的数据流，包括连续用电、零部件温度、环境湿度和污染物颗粒等潜在特征，建立设备管理模型，从而预测设备故障，合理安排预防性的维护，以确保设备正常作业，降低因设备故障带来的安全风险。

习题 7

一、名词解释

交叉销售，客户分析，产品分析，价格分析，渠道分析，工业大数据。

二、简答题

【1】简述大数据在零售行业市场营销中的应用。

【2】简述大数据在零售行业商品管理中的应用。

【3】简述大数据在零售行业运营管理中的应用。

【4】简述交通大数据的应用。

【5】简述大数据电子病历的作用。

【6】简述大数据在流行病防控中的具体应用。

【7】简述农业大数据产前阶段的应用。

【8】简述大数据在畜牧业中的应用。

【9】简述教育大数据的作用。

【10】简述政府大数据的应用。

第 8 章　大数据安全

大数据已经逐步应用于产业发展、政府治理、民生改善等领域，大幅提高了人们的生产效率和生活水平。适应、把握、引领大数据，将成为时代潮流。在大数据时代，数据是重要的战略资源，但数据资源的价值只有在流通和应用过程中才能够充分体现出来。这就要求打破传统垂直应用中所形成的数据孤岛，形成适应大数据时代的数据湖，并需要数据在不同应用之间流动，这难免会出现数据泄露和滥用问题。在发展大数据的同时，也容易出现政府重要数据、法人和其他组织商业机密、个人敏感数据泄露，给国家安全、社会秩序、公共利益以及个人安全造成威胁。没有安全，发展就是空谈。大数据安全是发展大数据的前提，必须将它摆在更加重要的位置。

启示：理解数据安全源自居安思危。居安，需思危。一味地沉溺于享乐，会使人们停滞不前。在暂得安逸之时，应想到以后的打算，随时迎接困难的来临；在略得成就时，应记得成果的来之不易，而能再次准备奋斗，赢得挑战。否则便是空有华丽的皮囊而无内在。纵使名利双收，也是德不配位。长久如此，将会一无所获。

大数据启示 8

8.1　大数据安全的重要意义

大数据系统自身安全防护具有重要意义。大数据的数据量大且相互关联，黑客一次成功的攻击就能够获得大量的数据，可以从大数据中快速捕捉到有价值的信息，尤其是个人敏感信息。因此，蕴含海量数据和潜在价值的大数据成为网络攻击的显著目标。另一方面，传统网络安全防御技术以及现有网络安全行政监管手段与大数据安全保护的需求之间还存在较大差距：Hadoop 对数据的聚合增加了数据泄露的风险；NoSQL 技术在维护数据安全方面缺乏严格的访问控制和隐私管理；复杂多样的数据存储在一起，在数据管理和使用环节也容易形成安全隐患；安全防护手段的更新升级速度无法跟上数据量指数级增长的步伐等。因此，需要在各层面、各环节保障大数据的安全。从数据的层面来看，大数据自身安全涉及采集、传输、存储、处理、交换、销毁等各个环节，每个环节都面临不同的威胁，需要采取不同的安全保障措施，这些工作都是保障大数据安全的重要内容。从系统的层面来看，保障大数据自身安全需要从大数据系统的各部分采取措施，建立坚固、缜密、健壮的防护体系，保障大数据系统正确、安全、可靠地运行，防止大数据系统被破坏、被渗透或被非法使用。从服务的层面来看，需要规范大数据安全服务内容，提高对大数据安全的风险识别能力，建立健全大数据安全保障体系，降低大数据安全隐患和安全事件发生频率。

大数据在保障网络安全方面也具有重要作用。当前，各种网络攻击频发，攻击过程越来越复杂，网络攻击手段变得越来越隐蔽，传统的入侵检测、防御等网络安全产品往往难以奏效，采用大数据技术来检测高级网络攻击成为一种趋势。当前，利用大数据来加强企业信息安全能力，包括采用大数据技术来实现网络安全威胁信息分析，采用基于大数据的深度学习方法来替代传统入侵检测方法中的攻击特征模式提取，采用大数据技术来实现网络安全态势感知，以及对多种复杂网络攻击的检测、溯源和场景重现。可以说，大数据技术将重塑未来的网络安全技术和产业发展趋势。

未来，在大数据应用的飞速发展过程中，大数据安全问题将始终伴随左右。针对大数据安全问题和安全风险，必须加大大数据安全技术的研究力度，必须以现有安全技术为依托，深入研究新型的大数据安全技术，比如同态加密技术等。确保大数据在存储、处理、传输等过程的安全性，在充分挖掘数据价值的同时保护用户隐私，从而避免因大数据安全问题而给用户的利益造成损失。需要进一步完善大数据安全相关法律体系建设，对数据权属界定、数据流动管理、个人信息保护等各种问题，给出明确规定。需要创新研制和推广大数据安全保护的产品和服务，基于大数据研制网络安全产品和服务，推动大数据安全市场发展，保障大数据时代的信息安全。

8.2 大数据面临的挑战

（1）大数据成为网络攻击的显著目标

在网络空间中，大数据成为更容易被“发现”的大目标，承载着越来越多的关注度。一方面，大数据不仅意味着海量的数据，也意味着更复杂、更敏感的数据，这些数据会吸引更多的潜在攻击者，成为更具吸引力的目标。另一方面，数据的大量聚集，使得黑客一次成功的攻击能够获得更多的数据，无形中降低了黑客的进攻成本，增加了“收益率”。

（2）大数据加大隐私泄露风险

网络空间中的数据来源范围很广（如传感器、社交网络、记录存档、电子邮件等），大量数据的聚集不可避免地加大了用户隐私泄露的风险。一方面，大量的数据汇集，包括大量的企业运营数据、客户信息、个人的隐私和各种行为的细节记录。这些数据的集中存储增加了数据泄露风险，而保护这些数据不被滥用，也成为保护人身安全的一部分。另一方面，一些敏感数据的所有权和使用权并没有明确的界定，很多基于大数据的分析都未考虑到其中涉及的个体隐私问题。

（3）大数据对现有的存储和安防措施提出挑战

大数据存储带来新的安全问题。数据聚集的结果是复杂多样的数据存储在一起（如开发数据、客户资料和经营数据存储在一起），可能会出现违规地将某些生产数据放在经营数据存储位置的情况，造成企业安全管理不合规。大数据的大小影响到安全控制措施能否正确运行。对于海量数据，常规的安全扫描手段需要耗费过多的时间，已经无法满足安全需求。安全防护手段的更新升级速度无法跟上数据量非线性增长的步伐，大数据安全防护存在漏洞。

（4）大数据技术被应用到攻击手段中

在企业用数据挖掘和数据分析等大数据技术获取商业价值的同时，黑客也正在利用这些大数据技术向企业发起攻击。黑客最大限度地收集更多有用信息（比如社交网络、邮件、微博、电子商务、电话和家庭住址等信息），为发起攻击做准备，大数据分析让黑客的攻击更精准。此外，大数据为黑客发起攻击提供了更多机会。黑客利用大数据发起僵尸网络攻击，可能会同时控制上百万台傀儡机并发起攻击，这个数量级是传统单点攻击所不具备的。

（5）大数据成为高级持续性威胁的载体

黑客利用大数据将攻击很好地隐藏起来，通过传统的防护策略难以检测出来。传统的检测是基于单个时间点进行的基于威胁特征的实时匹配检测，而高级持续性威胁（APT）是一个实施过程，并不具有能够被实时检测出来的明显特征，无法被实时检测。同时，APT 代码隐藏在大量数据中，让其很难被发现。此外，大数据的价值密度低，让安全分析工具很难聚焦在价值点上，黑客可以将攻击隐藏在大数据中，给安全服务提供商的分析制造了很大困难。黑客设置的任何一个会误导安全厂商目标信息提取和检索的攻击，都会导致安全监测偏离应有的方向。

8.3 大数据安全技术

在大数据场景下，数据在生命周期的各个阶段都面临着安全风险，因此，大数据安全防护策略需着眼于数据的全生命周期来进行安全管控，保障数据在存储、传输、使用、销毁等各个环节的安全。目前，大数据安全防护技术依赖于传统的安全防护技术，虽然能够取得一定的效果，但还存在许多不足；和大数据安全相关的一些关键技术也在研究当中，已经取得了一定的进展。

1. 数据加密技术

数据加密是用某种特殊的算法改变原有的数据信息使其不可读或无意义，使未授权用户获得加密后的信息，因不知解密的方法仍无法了解信息的内容。加密建立在对信息进行数学编码和解码的基础上，是保障数据机密性最常用也是最有效的一种方法。

在大数据环境中，数据具有多源、异构的特点，数据量大且类型众多，若对所有数据制定同样的加密策略，则会大大降低数据的机密性和可用性。因此，在大数据环境下，需要先进行数据资产安全分类分级，然后对不同类型和安全等级的数据指定不同的加密要求和加密强度。尤其是大数据资产中非结构化数据涉及文档、图像和声音等多种类型，其加密等级和加密实现技术不尽相同，因此，需要针对不同的数据类型提供快速加解密技术。

2. 身份认证技术

在虚拟的互联网世界中，要想保证通信的可信和可靠，必须正确识别通信双方的身份，这就要依赖于身份认证技术，其目的在于识别用户的合法性，从而阻止非法用户访问系统。身份认证技术是确认操作者身份的过程，基本思想是通过验证被认证对象的属性来确认被认证对象是否真实有效。

用户身份认证的方法有很多，主要分为三类：一是基于被验证者所知道的信息，即知识证明，如使用口令、密码等进行认证；二是基于被验证者所拥有的东西，即持有证明，如使用智能卡、USB Key 等进行证明；三是基于被验证者的生物特征，即属性证明，如使用指纹、笔迹、虹膜等进行认证。当然也可以综合利用这三类方式来鉴别，一般情况下，鉴别因子越多，鉴别真伪的可靠性越大，当然也要综合考虑鉴别的方便性和性能等因素。

在大数据环境中，用户数量众多、类型多样，必然面临着海量的访问认证请求和复杂的用户权限管理的问题，而传统的基于单一凭证的身份认证技术不足以解决上述问题。

3. 访问控制技术

访问控制指对用户进行身份认证后，需要按用户身份及用户所归属的某预定义组来限制用户对某些信息项的访问，或限制用户对某些控制功能的使用。访问控制技术可以可靠地支持对多用户的不同级别或类别的信息进行有效隔离和完整性保护。包含在授权数据库中的访问控制策略用来指出什么类型的访问在什么情况下被谁允许，访问控制策略一般分为自主访问控制（DAC）、强制访问控制（MAC）和基于角色的访问控制（RBAC）这三种。以上三种策略并不是相互排斥的，一种访问控制机制可以使用两种甚至三种策略来处理不同类别的系统资源。

在大数据场景下，采用角色挖掘技术可根据用户的访问记录自动生成角色，高效地为海量用户提供个性化数据服务，同时也可用于及时发现用户偏离日常行为所隐藏的潜在危险。但当前角色挖掘技术大都基于精确、封闭的数据集，在应用于大数据场景时，还需要解决数据集动态变更以及质量不高等特殊问题。

4. 安全审计技术

安全审计是指在信息系统的运行过程中，对正常流程、异常状态和安全事件等进行记录和监管的安全控制手段，防止违反信息安全策略的情况发生，也可用于责任认定、性能调优和安全评估等目的。安全审计的载体和对象一般是系统中各类组件产生的日志，格式多样化的日志数据经规范化、清洗和分析后形成有意义的审计信息，辅助管理者形成对系统运行情况的有效认知。

按照审计对象的不同，安全审计分为系统级审计、应用级审计、用户级审计及物理访问审计四类。

在大数据环境中，设备类型众多，网络环境复杂，审计信息海量，传统的安全审计技术和已有的安全审计产品难以快速准确地进行审计信息的收集、处理和分析，难以全方位地对大数据环境中的各个设备、用户操作、系统性能进行实时动态监视及实时报警。

5. 跟踪与取证技术

早在大数据概念出现之前，数据溯源（Data Provenance）技术就在数据库领域得到广泛研究。其基本出发点是帮助人们确定数据仓库中各项数据的来源，例如，了解它们是由哪些表中的哪些数据项运算而成，据此可以方便地验算结果的正确性，或者以极小的代价进行数据更新。除数据库以外，还包括 XML 数据、流数据与不确定数据的溯源技术。数据溯源技术也可用于文件的溯源与恢复，例如，研究者通过扩展 Linux 内核与文件系统，创建一个数据起源存储原型系统，可以自动搜集起源数据。此外，跟踪与取证技术也有在云存储场景中的应用。

未来数据溯源技术将在网络安全领域发挥重要作用。然而，数据溯源技术在大数据安全中的应用还面临如下挑战。

1）数据溯源与隐私保护之间的平衡。一方面，基于数据溯源对大数据进行安全保护首先要通过分析技术获得大数据的来源，然后才能更好地支持安全策略和安全机制的工作；另一方面，数据来源往往本身就是隐私敏感数据，用户不希望这方面的数据被分析者获得。因此，如何平衡这两者的关系是需要研究的问题之一。

2）数据溯源技术自身的安全性保护。当前数据溯源技术并没有充分考虑安全问题，例如，标记自身是否正确、标记信息与数据内容之间是否安全绑定等。而在大数据环境下，其大规模、高速性、多样性等特点使该问题更加突出。

6. 恢复与销毁技术

数据恢复技术就是把遭到破坏，由硬件缺陷导致的不可访问或不可获得，由于误操作、突然断电、自然灾害等突发灾难所导致的，遭到犯罪分子恶意破坏等各种原因导致的原始数据在丢失后进行恢复的功能。数据恢复技术主要包括几类：软恢复、硬恢复、大型数据库系统恢复、异型系统数据恢复和数据覆盖恢复等。

1）软恢复针对的是存储系统、操作系统或文件系统层次上的数据丢失，这种丢失是多方面的，如系统软硬件故障、死机、病毒破坏、黑客攻击、误操作、阵列数据丢失等。这方面的研究工作起步较早，主要难点是文件碎片的恢复处理、文档修复和密码恢复。

2）硬恢复针对的是硬件故障所造成的数据丢失，如磁盘电路板损坏、盘体损坏、磁道损坏、磁盘片损坏、硬盘内部系统区严重损坏等，恢复起来难度较大，如果是内部盘片数据区严重划伤，会造成数据彻底丢失而无法恢复数据。

3）大型数据库系统中存储着相当重要的数据，数据库恢复技术是数据库技术中的一项重要技术，其设计代码占到数据库设计代码的10%，常用的方法有冗余备份、日志记录文件、带有检查点的日志记录文件、镜像数据库等。

4）异型操作系统的数据恢复指的是不常用、比较少见的操作系统下的数据恢复，如MAC、OS2、嵌入式系统、手持系统、实时系统等。

5）数据被覆盖后再要恢复的话，难度非常大，这与其他四类数据恢复有本质的区别。目前，只有硬盘厂商及少数几个国家的特殊部门能够做到，它的应用一般都与国家安全有关。

从管理角度来讲，对于敏感程度高的数据，接触到它的人员可分为数据使用者和数据保管者。数据使用者在使用完敏感数据后就应该将其销毁，在使用过程中，应有专人监督，另设专人负责销毁。对于敏感程度低的数据，由于它散落在各个角落，不可能对其进行非常彻底的清除，所以，只能要求人员自行销毁，并定期对其进行提醒。

从技术角度来讲，对于不同敏感程度的数据，可采用不同成本的销毁方法，例如，日常工作中，将自身数据的敏感程度分为 4 个层次——较低、一般、较高、最高。对于军队来说，相当多的数据应该属于最高。对于敏感度较低的数据可采用覆写软件对其进行覆写，覆写算法可选得较为简单，覆写遍数可以只设为一遍；对于敏感度一般的数据可采用更复杂的覆写算法和更多的覆写遍数，这样增加了安全性，但同时加大了时间成本；对于较高敏感度的数据，覆写软件不够安全，可以采用消磁法进行销毁；对于敏感度最高的数据，可能还要配合焚毁或物理破损等手段，当然，需要通过这种方式销毁的数据很少，可委托专门机构进行销毁。另外，对于一般的基层单位，对返修和报废的设备通常都有较为成熟的管理流程，只要在已有的流程中增加数据销毁一环，即可极大地提高整体的网络安全程度。

7. 区块链技术

（1）区块链概念

区块链是一种去中心化的分布式账本，这是一种互联网数据库技术，具有开放性、不可撤销、不可篡改、加密安全性的特点，它可以让每个用户之间实现点对点交易信息记录。此外，由于区块链采用一种单向哈希算法，那么当每个区块严格按照时间线来顺序推进时，时间的不可逆性和不可撤销性导致任何试图入侵篡改区块链内数据信息的行为很容易被追溯，所以区块链技术并不依赖权威机构。区块链技术的主要特点如图 8.1 所示。

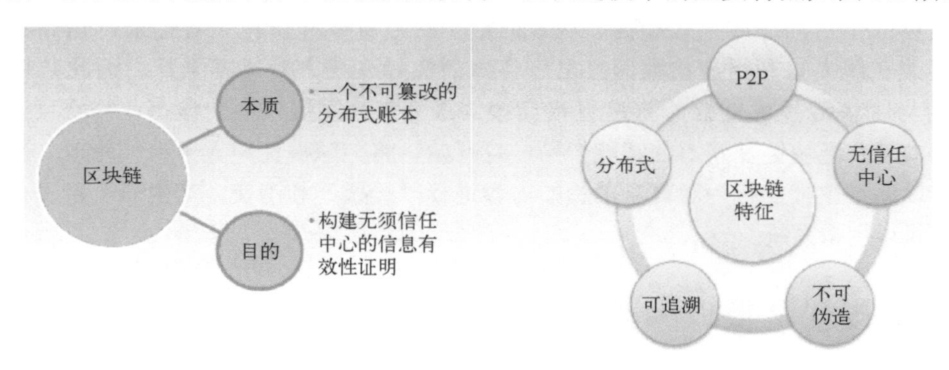

图 8.1　区块链技术的主要特点

基于上述特点，该技术可以应用于物联网、金融服务、医疗健康、慈善公益数字版权、公证服务等行业，以保护用户的隐私，保证信息不遭篡改。

（2）将区块链与大数据处理技术结合的原因

任何社会活动过程都需要交流，而交流是以信息交换为奠基石的。信息流通不便利可能无法满足市场参与者对信息的需求，因此各种类型的中介应运而生。这种基于中心化的体系存在成本高、效率低、类型价值分散、“信息孤岛”以及数据存储不安全等问题。但由于技术实现和周围环境因素使得这种体系仍然持续运营下去，直到互联网的出现。互联网的起点是 TCP/IP，就是在网络所有节点上执行统一格式，并对等传输信息的开放代码，把市场统一化所需要的各种水平的自由、平等的基本价值观程序化、协议化以及可执行化。因此，现阶段互联网必须突破的是如何建立全球信用，让价值传递低成本高效率地进行。

（3）区块链在大数据中的应用

区块链分类中有完全公开化、不受外界控制、依靠自身加密技术来保证安全性的公有链，也有完全中心化控制的私有链。在特定情况下，去中心化与中心化并不应该非此即彼。

若将此技术应用至商业领域，其对商业环境的“净化”效果将可想而知。各种实际例子主要分布在互联网服务的提供者中，如域名注册机构、电子邮件运营商等。

区块链的应用使得互联网发展为共享经济与实际价值链接的“分布式商业”模式，将催生大量的跨机构新型创新合作场景，构建起以区块链技术为虚拟中心的新产业生态系统，将对经济社会治理、产业变革与创新产生颠覆式影响。

由上看来，区块链在大数据的应用能使其在有效数据的收集和清洗中的成本大大减少，借此能更高效地实现大数据应有的价值。

1）区块链在金融业中的应用。在金融业中，区块链利用分布式数据存储、点对点传输、共识机制、加密算法等新型应用模式的发展使得比特币等加密货币成为存储数据的一种独特方式，它具备公开透明、无法篡改、方便追溯的特点。确保资金和信息安全对金融机构来说具有重大意义。探索区块链技术的应用一方面是为了防范被颠覆的风险，另一方面也是可以“为我所用”，提高产出效率、降低实际成本，从而巩固、优化并扩大既有势力。

2）区块链在娱乐业中的应用。随着直播用户以及平台数量的不断攀升，大数据问题逐渐凸显。直播平台的利润产生是围绕虚拟礼物及打赏的数量价值的抽成来运营的。然而，由于直播行业采用的盈利模式是中心流量分发、高比例提成，所以一些后台技术人员可以通过修改平台的在线人数和播放次数而给平台自身或利益相关者带来一些非法利益。例如，篡改在线人数和播放次数而打出广告，而实际在线人数寥寥无几。因此，将直播的奖惩机制与区块链技术结合，打造直播新模式成为未来发展方向。该产业需要直接面向内容生产者本身，区块链及其上的智能合同一旦开始，将无法被任何人干涉和修改。最终，观看者便可以通过主播的行为对自身消费的内容进行“投票”和消费，产生一个趋于公开、公平的数字娱乐生态系统。

8.4 大数据安全保障体系

伴随着各国对于数据安全重要性认识的不断加深，各国纷纷从法律法规、战略政策、技术手段、标准评估等方面展开了数据安全保障实践，构建大数据安全保障体系，为大数据产业健康发展保驾护航。大数据安全保障体系架构如图 8.2 所示。

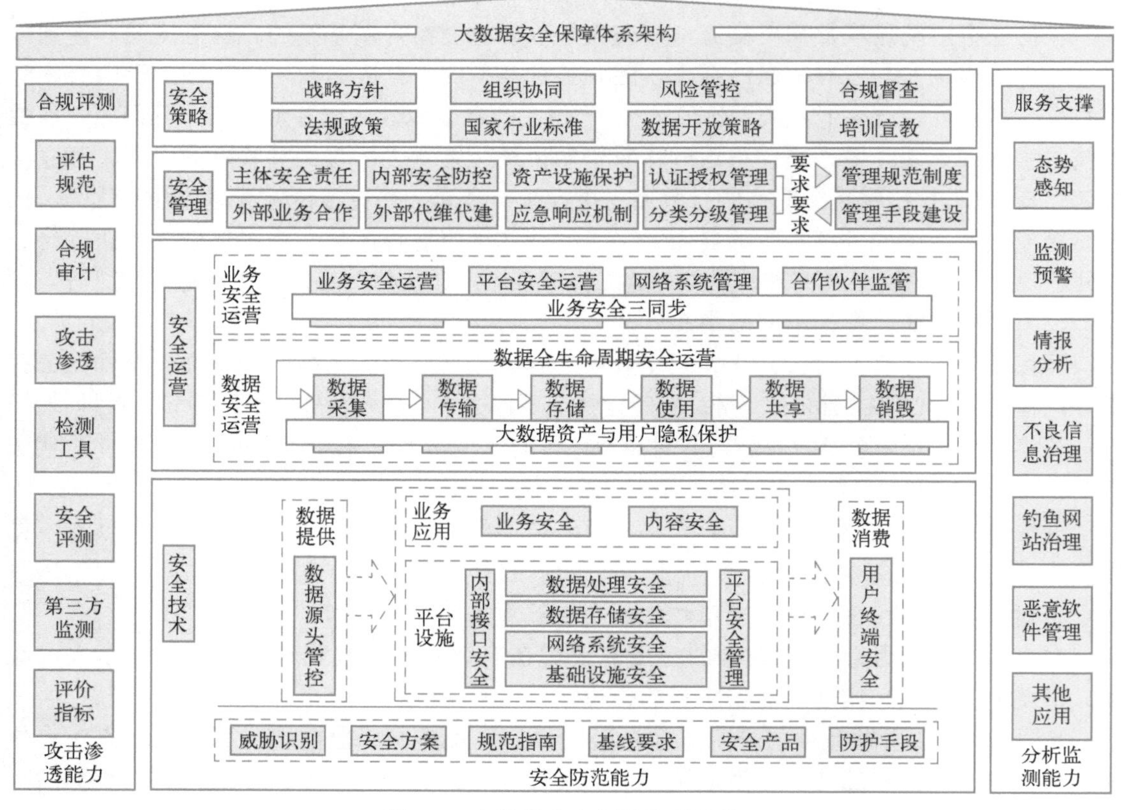

图 8.2 大数据安全保障体系架构

首先，加强大数据安全立法，明确数据安全主体责任。政府应当推动互联网行业数据安全保护指导意见的出台，严格规范网络数据的收集、存储、使用和销毁等，落实数据全生命周期各环节的安全主体责任。此外，社会公共服务部门也要加大网络大数据安全宣传，让公众树立安全意识，建立网络数据追溯机制，以有效应对当前大数据应用引发的个人信息安全风险。

其次，抓住数据利用和共享合作等关键环节，加强数据安全监管执法。相关部门要集中开展数据安全合规性评估和违法违规专项治理，督促互联网企业强化网络数据安全管理，及时整改、消除重大数据泄露、滥用等安全隐患。同时，进一步明确相关主体安全义务和责任，加大数据安全事件行政执法力度，依法依规对相关涉事企业违法行为进行严厉处罚。

最后，强化技术手段建设，构建大数据安全保障体系。相关部门或企业需要从数据生命周期或者业务流程角度考虑问题，将大数据安全保障的解决方案贯彻到数据处理的各个环节之中。比如在采集阶段对数据进行分类分级管理；在数据存储阶段对敏感数据进行特殊保护与脱敏处理，并对数据使用人员进行授权管理与访问控制；在数据挖掘与应用阶段对数据的使用行为进行审计与溯源。运用大量的新型技术手段，真正确保数据信息的可信性和安全性。

习题 8

一、判断题

【1】大数据的数据量大且相互关联，黑客不太能够通过一次成功的攻击获得个人敏感信息。

【2】传统网络安全防御技术以及现有网络安全行政监管手段与大数据安全保护的需求之间差距较小。

【3】Hadoop 对数据的聚合增加了数据泄露的风险。

【4】NoSQL 技术在维护数据安全方面缺乏严格的访问控制和隐私管理。

【5】复杂多样的数据存储在一起，在数据管理和使用环节容易形成安全隐患。

【6】黑客利用大数据将攻击很好地隐藏起来，使传统的防护策略难以检测出来。

【7】区块链是一种去中心化的分布式账本。

二、简答题

【1】简述数据在保障网络安全方面的作用。

【2】简述大数据安全面临的挑战。

【3】简述大数据安全技术。

附　　录

附录 A　大数据运维“1+X”考证样卷（初级）

一、单选题（20 道）

大数据平台安装 5 道

1．从 vi 编辑模式下保存配置返回到 CentOS 7 系统使用（　　）。

A．按〈Shift+:〉组合键

B．按〈Esc〉键，然后按〈Shift+:〉组合键

C．按〈Esc〉键，然后按〈Shift+:〉组合键，输入 wq 后按〈Enter〉键

D．直接输入“exit”

2．在 CentOS 7 系统中，查看和修改 IP 信息需要用到（　　）文件。

A．/etc/sysconfig/network/ifcfg-ens0

B．/etc/sysconfig/network-script/ifcfg-ens0

C．/etc/sysconfig /ifcfg-ens0

D．/etc/resolv.conf

3．tar 命令用于对文件进行打包压缩或解压，-t 参数含义为（　　）。

A．创建压缩文件　　　　B．查看压缩包内有哪些文件

C．解开压缩文件　　　　D．向压缩文档末尾追加文件

4．Hadoop 安装部署的模式属于本地模式（　　）。

A．默认的模式，无须运行任何守护进程，所有程序都在单个 JVM 上执行

B．在一台主机模拟多主机。即 Hadoop 的守护程序在本地计算机上运行，模拟集群环境，并且是相互独立的 Java 进程

C．完全分布模式的守护进程运行在由多台主机搭建的集群上，是真正的生产环境

D．高容错全分布模式的守护进程运行在多台主机搭建的集群上

5．Hadoop 安装部署的模式属于伪分布模式（　　）。

A．默认的模式，无须运行任何守护进程，所有程序都在单个 JVM 上执行

B．在一台主机模拟多主机。即 Hadoop 的守护程序在本地计算机上运行，模拟集群环境，并且是相互独立的 Java 进程

C．完全分布模式的守护进程运行在由多台主机搭建的集群上，是真正的生产环境

D．高容错全分布模式的守护进程运行在多台主机搭建的集群上

大数据平台配置 5 道

6．HDFS 默认 Block Size 的大小是（　　）。

A．32MB　　B．64MB　　C．128MB　　D．256MB

7. 下列关于 MapReduce 的说法不正确的是（　　）。

A. MapReduce 是一种计算框架

B. MapReduce 来源于 Google 的学术论文

C. MapReduce 程序只能用 Java 语言编写

D. MapReduce 隐藏了并行计算的细节，方便使用

8. HDFS 是基于流数据模式访问和处理超大文件的需求而开发的，具有高容错、高可靠性、高可扩展性、高吞吐率等特征，适合的读写任务是（　　）。

A. 一次写入，少次读　　B. 多次写入，少次读

C. 多次写入，多次读　　D. 一次写入，多次读

9. 关于 Secondary NameNode，（　　）是正确的。

A. 它是 NameNode 的热备份

B. 它对内存没有要求

C. 它的目的是帮助 NameNode 合并编辑日志，减少 NameNode 启动时间

D. Secondary NameNode 应与 NameNode 部署到一个节点

10. 大数据的特点不包括（　　）。

A. 巨大的数据量　　B. 多结构化数据

C. 增长速度快　　D. 价值密度高

大数据平台组件安装配置 5 道

11. HBase 依赖（　　）存储底层数据。

A. HDFS　　B. Hadoop　　C. Memory　　D. MapReduce

12. HBase 依赖（　　）提供消息通信机制。

A. ZooKeeper　　B. Chubby　　C. RPC　　D. Socket

13. 在 Hive 中已知表 test(name)的记录如下：

```
tom
tom_green
tomly
lily
```

代码 select * from test where name rlike 'tom.*'的结果有（　　）条记录。

A. 1　　B. 2　　C. 3　　D. 0

14. Flume 的（　　）组件用于采集数据。

A. Source　　B. Channel　　C. Sink　　D. Web Server

15. Flume（　　）类型支持 UNIX 的命令标准所生产的数据。

A. Avr0 Source　　B. Thrift Source

C. Exec Source　　D. JMS Source

大数据平台实施 5 道

16. 大数据正在快速发展为可以对数量巨大、来源分散、格式多样的数据进行采集、存储和关联分析，从中发现新知识、创造新价值、提升新能力的（　　）。

A. 新一代技术平台　　B. 新一代信息技术和服务业态

C．新一代服务业态　　　　　　　　D．新一代信息技术

17．整个大数据平台按其职能划分为五个模块层次，运行环境层（　　）。

A．为基础设施层提供运行时环境，它由两部分构成，即操作系统和运行时环境

B．由两部分组成，即 ZooKeeper 集群和 Hadoop 集群。它为基础平台层提供基础设施服务

C．由 3 个部分组成，即任务调度控制台、HBase 和 Hive。它为用户网关层提供基础服务调用接口

D．用于为终端客户提供个性化的调用接口以及用户的身份认证，是用户唯一可见的大数据平台操作入口

18．大数据平台架构设计基于（　　）的思想。

A．分层模块化设计　　　　　　　　B．高集合化设计

C．统一结构化设计　　　　　　　　D．全分布设计

19．大数据系统出现“java.net.NoRouteToHostException: No route to host”的解决方案是（　　）。

A．ZooKeeper 的 IP 要配对

B．关掉防火墙 service iptables stop

C．Master 和 Slave 配置成同一个 IP 导致的，要配成不同 IP

D．SSH 配置错误导致，主机名一定要严格匹配，重新配置 SSH 免密码登录

20．HBase 分布式模式最好需要（　　）个节点。

A．1　　　B．2　　　C．3　　　D．4

二、多选题（10 道）

21．下面描述正确的是（　　）。

A．HDFS 兼容数量众多的廉价机器，使得硬件错误成为常态

B．HDFS 支持多种软硬件平台中的可移植性

C．HDFS 上的一个文件大小是 GB 或 TB 数量级的，支持的文件数量达到千万数量级

D．HDFS 上的文件可以任意修改

22．YARN 服务组件包括（　　）。

A．NameManager　　　　　　　　B．ApplicationMaster

C．Container　　　　　　　　　D．ResourceManager

23．对 NodeManager 服务描述正确的是（　　）。

A．整个集群有多个 NodeManager，它负责单节点资源管理和使用

B．NodeManager 管理当前节点的 Container 资源抽象

C．通过心跳机制定时地向 ResourceManager 汇报本节点的资源使用情况

D．NodeManager 服务器与 ResourceManager 毫无关系

24．下列属于 Hadoop 的发行版本的是（　　）。

A．Apache　　　B．Cloudera　　　C．RedHat　　　D．CentOS

25．下列命令描述正确的是（　　）。

A．创建一个名称为 test 组的命令：groupadd test

B．改用户 Tom 密码的命令：passwd Tom

C．删除用户名为 Tom 的命令：userdel Tom

D．切换当前用户账户为 admin 的命令：su admin

26．下列场景中，关于 MapReduce 的说法正确的是（　　）。

A．MapReduce 不适合在低延迟数据访问场景中使用

B．MapReduce 不适合存储大量小文件

C．MapReduce 不支持多用户写入及任意修改文件

D．MapReduce 不支持大文件存储

27．以下哪些是 Linux 的特点（　　）。

A．开放源代码的程序软件，可自由修改

B．与 UNIX 系统兼容，具备几乎所有 UNIX 的优秀特性

C．可自由传播，收费使用，无任何商业化版权制约

D．适合 Intel 等 x86 CPU 系列架构的计算机

28．HDFS 保障可靠性的措施是（　　）。

A．数据冗余机制　　B．数据节点心跳包

C．数据节点块报告　　D．数据完整性检测

29．以下（　　）不属于大数据库。

A．MySQL　　B．关系型数据库　　C．NewSQL　　D．NoSQL

30．ResourceManager 由（　　）组件组成。

A．调度器　　B．资源容器　　C．缓存　　D．应用程序管理器

附录 B　数据分析“1+X”考证样卷（初级）

一、单选题（共 20 题）

1．在 Excel 2016 中，“删除重复值”图标位于“数据”选项卡的（　　）命令组中。

A．“获取和转换”　　B．“数据工具”

C．“排序和筛选”　　D．“分析”

2．使用 Excel 2016 导入 Access 数据源的数据，下列步骤正确的是（　　）。

A．在“数据”选项卡的“获取外部数据”命令组中，单击“自 Access”图标

B．在“开始”选项卡的“获取外部数据”命令组中，单击“自 Access”图标

C．在“数据”选项卡的“连接”命令组中，单击“自 Access”图标

D．在“数据”选项卡的“获取外部数据”命令组中，单击“自 Access 现有连接”图标

3．下列关于 Python 中 for 语句的说法错误的是（　　）。

A．Python 中 for 语句只有一种写法：“for...in...”

B．for 语句可以用 break 终止当前循环，重新进入循环的下一次迭代

C．continue 语句可以跳过循环的当前一步

D．for 语句可以有 else 部分

4．在 Power BI 中，从“2019 年 12 月月考考试成绩”字符串中剪出“12 月月考”字符串。剪切的起始和结束位置分别是（　　）。

A．6，13　　B．6，14　　C．7，13　　D．5，10

5．在 Excel 2016 中，打开“导入文本文件”对话框的具体步骤是（　　）。

A．直接打开 TXT 文本文件

B．新建一个空白工作簿，在“数据”选项卡的“获取外部数据”命令组中，单击“自文本”命令，弹出“导入文本文件”对话框

C．新建一个空白工作簿，在“开始”选项卡的“获取外部数据”命令组中，单击“自文本”命令，弹出“导入文本文件”对话框

D．新建一个空白工作簿，在“数据”选项卡的“连接”命令组中，单击“自文本”命令，弹出“导入文本文件”对话框

6．下列代码的结果是（　　）。

```
list1=['a','b','c','d']
list2=['A','B','C','D']
[i+j for i,j in zip(list1,list2)]
```

A．['aA','bB','cC']　　B．['cC','dD']

C．['aA','bB']　　D．['aA','bB','cC','dD']

7．使用 Excel 2016 对数据进行描述性统计分析时，通常需要假定样本所属总体的分布属于（　　）。

A．二项分布　　B．泊松分布　　C．多项分布　　D．正态分布

8．标题栏的快速访问工具可以快速访问（　　）命令。

A．保存　　B．撤销　　C．恢复　　D．以上三个都对

9．下列不属于 Power BI 视图的是（　　）。

A．报表视图　　B．模型视图　　C．关系视图　　D．数据视图

10．在 Excel 2016 中，双击图标区会调出（　　）。

A．“设置坐标轴格式”对话框　　B．“设置图例格式”对话框

C．“设置绘图区格式”对话框　　D．“设置图表区格式”对话框

11．在 Power BI Desktop 模型设计中，（　　）类型的对象强制执行级别安全性。

A．表　　B．列　　C．度量值　　D．角色

12．Excel 2016 用户界面包括（　　）。

A．标题栏、功能区、编辑栏、状态栏

B．标题栏、功能区、名称框和编辑栏、工作表编辑区、状态栏

C．功能区、名称框、编辑栏、工作表编辑区

D．功能区、名称框、工作表编辑区、状态栏

13．用 Power BI Desktop 开发一个模型，该模型有一个名为 Sales 的表，其中包含一个 CustomerKey 列，在报表中，如果使用计算来显示已下达订单的不同客户数量，则需要向 Sales 表添加（　　）类型的 DAX 计算。

A．计算表　　B．计算列　　C．计算组　　D．度量值

14．下列适合用于比较成对数值的图表类型是（　　）。

A．雷达图　　B．条形图　　C．散点图　　D．曲面图

15．在 Excel 2016 中，应用主题格式化工作表时对应选择（　　）菜单。

A．数据　　B．插入　　C．视图　　D．页面布局

16．在 Excel 2016 中，合并工作表的两列数据，可以使用的函数是（　　）。

A．DATEDIF 函数　　B．NETWORKDAYS 函数

C．CONCATENATE 函数　　D．SUMIF 函数

17．Python 自定义函数需要使用的关键字是（　　）。

A．from　　B．def 或 lambda　　C．return　　D．import

18．下列代码的运行结果是（　　）。

```
x=2
x*=2**2**3//100
print(x)
```

A．0　　B．4　　C．5　　D．5.12

19．在 Excel 2016 中，图表是工作表数据的一种视觉表示形式，图表是动态的，改变图表（　　）后，系统就会自动更新图表。

A．所依赖的数据　　B．y 轴数据

C．标题　　D．x 轴数据

20．下列导入包的格式错误的是（　　）。

A．from file1,file2 import test

B．import file1,file2 as test

C．from seaborn,jieba as sns.jieba

D．import seaborn as sns.jieba as jieba

二、多选题（15 题）

21．下列属于根据单个关键字进行排序的步骤有（　　）。

A．选择单元格区域　　B．打开“排序”对话框

C．设置主要关键字　　D．单击“确定”按钮

22．下列数据类型，Power BI 可连接的是（　　）。

A．Excel　　B．CSV 文件

C．XML 文件　　D．SQL Server 数据库中的数据

23．下列属于 open 函数标识符可输入的参数是（　　）。

A．r　　B．rb　　C．w　　D．a+

24．使用 DAX 运算符创建表达式，可以执行（　　）。

A．处理字符串　　B．算数计算　　C．比较值　　D．测试条件

25．下列不是 Excel 2016 安装成功后默认显示选项，需要用户自己加载的是（　　）。

A．“数据”选项卡“数据工具”功能组　　B．“数据”选项卡“分析”功能组

C．“插入”选项卡“表格”功能组　　D．“开发工具”选项卡“代码”功能组

26．下列属于 Python 开发工具的是（　　）。

A．PyCharm　B．Spyder　C．RStudio　D．Jupyter Notebook

27．在 Python 中数据结构可分为可变类型与不可变类型，下列属于可变类型的是（　　）。

A．字典　B．列表　C．字典中的键　D．集合

28．下列不属于可变参数 args 传入函数时的存储方式的是（　　）。

A．元组　B．列表　C．字典　D．数据框

29．标题栏位于应用窗口的顶端，包括（　　）。

A．快速访问工具栏　B．当前文件名

C．应用程序名称　D．窗口控制按钮

30．下列属于可视化工具的是（　　）。

A．Tableau　B．FineReport　C．Power BI　D．MongoDB Compass

31．下列关于 self 的说法正确的是（　　）。

A．self 可有可无，也无所谓它的参数位置

B．self 是可以修改的

C．self 代表当前对象的地址

D．self 不是关键字，也不用赋值

32．DAX 支持的运算符是（　　）。

A．算数运算符　B．比较运算符

C．文本串联运算符　D．逻辑运算符

33．Power BI Desktop 中可编辑交互的可视化关系的选项是（　　）。

A．排序　B．过滤　C．高亮　D．无关

34．下列属于 DAX 函数的是（　　）。

A．日期和时间函数　B．数学和三角函数

C．统计函数　D．文本函数

35．while 循环语句和 for 循环语句使用 else 的区别是（　　）。

A．else 语句和 while 循环语句一起使用，当条件为 False 时，则执行 else 语句

B．else 语句和 while 循环语句一起使用，当条件为 True 时，则执行 else 语句

C．else 语句和 for 循环语句一起使用，else 语句只在 for 循环正常终止时执行

D．else 语句和 while 循环语句一起使用，else 语句只在 for 循环不正常终止时执行

三、判断题（共 15 题）

36．Power BI 更改列的数据类型，需要在数据表格中选中列，然后在“建模”选项卡中单击“数据类型”图标打开快捷菜单，在菜单中选中对应的类型。

37．Power BI 数据模型由多个表组成。

38．{'name':'john','code':6734,'dept':'sales'}代码的数据类型属于字符串。

39．在 Excel 2016 中，使用 MEDIAN 函数返回的中位数一定是给定数据中出现的一个值。

40．在 Excel 2016 中，在图表中的两个数据之间差距很大而导致一个数据无法正常

显示时，可以使用数据标记来解决。

41．for 语句可以遍历对象的方式构成循环，有时却需要构造一种类似无限循环的程序控制结构或某种不确定运行次数的循环，就需要使用 while 语句。

42．在 Python 中，代码“c//=a”等价于“c=c//a”。

43．在 Excel 2016 的图表分析中，通过添加趋势线的方法可以清晰地显示出数据的趋势和走向，有助于数据的分析和梳理。

44．在 Excel 2016 的编辑栏中输入“201608030137”，按下〈Enter〉键后，Excel 自动将该数值转换为文本来处理。

45．Power BI 将一个文件中的视觉对象集合称为“报表”，报表可以有一个或多个页面，类似一个 Excel 文件包含一个或多个工作表，报表文件扩展名为 pbix。

46．迭代输出序列（如列表）时使用 for 比 while 更好。

47．DAX 会自动标识引用的模型对象的数据类型，并在必要时执行隐式转换以完成指定的操作。

48．在 while 和 for 循环中，使用 continue 语句可以跳出本次循环，而使用 break 则跳出整个循环。

49．在 Excel 2016 中，创建图表时选择数据区域必须要连续。

50．在 Power BI 中可直接使用 Excel 图表。

参考文献

[1] 马尔．大数据实践：45 家知名企业超凡入圣的真实案例[M]．赵艳斌，张威，卢庆龄，等译．北京：电子工业出版社，2020.

[2] 耿立超．大数据平台架构与原型实现[M]．北京：电子工业出版社，2020.

[3] 杨俊．实战大数据：Hadoop+Spark+Flink[M]．北京：机械工业出版社，2021.

[4] 王国珺，饶绪黎，王鹏．大数据应用技术：原理+技术+实战[M]．北京：人民邮电出版社，2021.

[5] 陈军君，吴红星，张晓波，等．中国大数据应用发展报告[M]．北京：社会科学文献出版社，2021.

[6] 张洁，吕佑龙，汪俊亮，等．智能车间的大数据应用[M]．北京：清华大学出版社，2020.

[7] 桑文锋．数据驱动：从方法到实践[M]．北京：电子工业出版社，2018.

[8] 林子雨．大数据技术原理与应用[M]．北京：电子工业出版社，2017.

[9] 程显毅，曲平，李牧．数据分析师养成宝典[M]．北京：机械工业出版社，2018.

[10] 汤彪．数字化教育：基于大数据和智能化场景应用下的教育转型与实战[M]．北京：中华工商联合出版社，2021.

[11] 陈海滢，郭佳肃．大数据应用启示录[M]．北京：机械工业出版社，2017.

[12] 天津滨海迅腾科技集团有限公司．大数据应用开发案例实践教程[M]．天津：天津大学出版社，2021.

[13] 中国电子技术标准化研究院，清华大学，四川大学，等．大数据安全标准化白皮书：2018 版[Z]．2018.